中央宣传部
2019年主题出版重点出版物

绿色脊梁上的坚守

新 时 代 中 国 林 草 楷 模 先 进 事 迹

上

国家林业和草原局 ◆ 编

图书在版编目（CIP）数据

绿色脊梁上的坚守：新时代中国林草楷模先进事迹（上、下册）/ 国家林业和草原局编. -- 北京：中国林业出版社，2020.1（2020.10重印）
ISBN 978-7-5219-0484-0

Ⅰ. ①绿… Ⅱ. ①国… Ⅲ. ①林业－先进工作者－先进事迹－中国－现代 Ⅳ. ①K826.3

中国版本图书馆CIP数据核字(2020)第020711号

中国林业出版社·林业分社

总策划：刘东黎

策划、责任编辑：于界芬　李　敏　何　鹏　刘香瑞
于晓文　王　越　张　璠

出版发行　中国林业出版社
（100009 北京西城区德内大街刘海胡同7号）
网　　址　http://www.forestry.gov.cn/lycb.html
电　　话　(010) 83143542
印　　刷　北京雅昌艺术印刷有限公司
版　　次　2020年1月第1版
印　　次　2020年10月第2次
开　　本　889mm×1194mm　1/16
印　　张　30.25
字　　数　411千字
定　　价　132.00元（全2册）

前　言

“让赤地变青山，黄河流碧水”，“新中国的林人就是新中国的艺人”，面对千疮百孔、百废待兴的新中国，面对经历战火、河山不整的神州大地，首任林业部部长梁希为全国林草工作者树立了宏伟目标，凝聚了坚定信念。

林草事业既是一项重要的公益事业，又是一项重要的基础产业。当新中国需要大量建设物资的时候，林草资源作为最易开发的自然资源，提供了大量的木材、能源、食品等物质产品，有效保障了社会发展和人民生活需求；当新中国需要建设良好生态的时候，林草自然生态系统作为陆地最大的自然生态系统，又快速推进生态建设，显著地改造着祖国的山河，创造了世界上生态建设的奇迹。

新中国林草事业70年的发展历程，跌宕起伏，波澜壮阔，书写了与众不同的一部历史。在建设新中国林草事业征程上，前赴后继的林草工作者中涌现出一大批先进人物和感人事迹，他们的命运就是新中国林草事业的生动写照和真实记录，他们的精神就是新中国各行各业努力奋斗形成的精神宝库的重要组成部分。在诸多劳模英雄中，他们有的是勤劳朴实的普通农民，有的是曾经担任地委书记的国家干部；有的是堂堂七尺男儿，有的是坚忍不拔的巾帼须眉；有的是祖孙三代接续奋斗不停干，有的是全家老少一个不落全员上；无论他们从何时何地出发，无论他们的选择属于主动被动，他们都一样把自己的命运和祖国的绿化事业紧紧系在一起，坚定向前，默默忍耐，忘却名利，牺牲一切，与林草为伴，与大山对话，形成了独具光芒的人生。那些在林间绽放笑容饱经沧桑的脸，是人世间的最美脸庞；那些在山梁上躬身前行不屈不挠的身影，是人世间的最美身影。他们，是新中国生态建设的脊梁，是亿万建设祖国的代表和缩影。

基于此，国家林业和草原局组织编写了《绿色脊梁上的坚守——新时代中国林草楷模先进事迹》（上、下册）一书。书中收录了杨善洲等21个先进个人和甘肃八步沙等5个先进集体事迹，旨在全面展现我国林草系统在推进生态文明建设中涌现出的时代楷模优秀事迹，大力弘扬先进模范人物艰苦奋斗、无私奉献、久久为功的精神，激励和引领更多的力量投身生态文明建设伟大实践。本书从个人介绍、经典语录、先进事迹、社会评价和采访手记五方面全面立体地向读者展示先进模范风采。本书嵌入融媒体技术，读者可通过扫描人物图片下方的二维码直接观看先进人物事迹。该书已成功入选中央宣传部2019年主题出版重点出版物。本书的出版得到了相关单位的大力支持和帮助，在此一并表示感谢！

在坚持人与自然和谐共生、加快建设生态文明和美丽中国的今天，我们应该记住这些铸就和坚守绿色脊梁的人们，不让时间的风沙蚀去他们的名字。记住他们，更要传承精神，在生态文明和美丽中国建设新征程中激励后人，为实现中华民族伟大复兴作出贡献。

编者

2019年12月

上 目 录

先进个人

下 目 录

先进个人

全国绿化模范

新中国第一代拓荒者

绿色生态工匠

全国绿化奖章

先进集体

绿色脊梁上的坚守

——新时代中国林草楷模先进事迹

先进个人

杨善洲　王有德　李保国

申纪兰　文朝荣　苏　和

马永顺　余锦柱　孙建博

石述柱　牛玉琴　石光银

于海俊　任继周　李洪占

朱彩芹

绿色脊梁上的坚守

——新时代中国林草楷模先进事迹

杨善洲

入党时我们都向党宣过誓，干革命要干到脚直眼闭，现在任务还没完成，我怎么能歇下来？如果说共产党人有职业病，这个病就是“自讨苦吃”！/共产党员不要躲在机关里做盆景，要到人民群众中去当雪松。/我在保山工作了一辈子，退休前就有改造荒山的愿望，现在终于有时间了却我种树的心愿了。/千万不要把这么一大笔财富归到我一个人头上，它从一开始就是国家的，我只是代表国家在植树造林，实在干不动了，我只好物归原主。/我们干工作不是做给上级看的，是为了人民群众的幸福，只要还有贫困和落后，我们就应该一天也不安宁！

杨善洲 汉族，中共党员，1927 年 1 月生，云南保山市施甸县姚关镇人。先后在施甸县和保山地区任领导职务。1988 年 6 月至 2008 年 11 月，退休后回家乡施甸县大亮山义务造林，创建林场；2009 年 4 月，将林场无偿交给国家经营管理；2010 年 10 月因病逝世，享年 83 岁。先后被授予“全国十大绿化标兵”、“全国绿化奖章”、“感动中国”2011 年度人物、全国“老有所为”先进个人、“改革先锋”、新中国成立 70 周年“最美奋斗者”等荣誉称号。

一个老共产党人的绿色情怀

——记“改革先锋”杨善洲

以杨善洲同志命名的“善洲林场”，原名“大亮山林场”，是杨善洲老书记1988年3月退休之后上大亮山牵头创办的国社联营林场。善洲林场坐落在施甸县南端，距保山市政府所在地104公里，距施甸县城44公里，位于姚关镇、旧城乡、酒房乡三个乡镇的交会处，涉及11个行政村，2400多户农户的山林权。林场收益国家占8成，农户占2成。林场管护面积为7.2万亩（1亩=1/15公顷），人工林5.6万亩，基本上为华山松。老书记去世后，为了铭记他兴办林场、绿化荒山的功绩，“大亮山林场”于2010年11月更名为“善洲林场”，这也是我国第一个以人名命名的国社联营林场。

在20世纪60年代以前，大亮山曾是一片原始森林，山清水秀，飞禽高歌，野兽出没，是自然生态非常好的地方。那时候山下有200多个

■ 杨善洲在林场窝棚办公

自然村、2 万多村民，靠着大亮山数不尽汩汩山泉的滋养，吃米有水碓，吃面有水磨，种田地不愁水，人们过着一年四季不缺水、不误农时耕作、喝着清澈山泉、呼吸着新鲜空气的纯朴生活，大山里四代同堂、五代同堂的人家不胜枚举。后来经过了三次人为的大破坏："大跃进"时期，砍伐林木，大炼钢铁；为了解决温饱，开发热区，移民下坝，刀耕火种，扩大开荒，山上林木再次被砍光；1982—1983 年集体山、自留山"两山到户"，承包到户后，群众只管砍树，无人管护，大亮山又遭到第三次劫难，变得一片荒凉，昔日生机就此消失。整个保山地区的森林覆盖率从 60% 多下降到 28.3%，施甸县下降到 20%，大亮山所属的姚关、酒房、旧城三个区只有 17%。山上树光水干，山下群众遭殃，水库蓄水减少，三条大沟断流，水土保不住，山体滑坡，旱涝灾害频发，栽种经常误节令，水稻包谷减收。群众缺树、缺水、缺粮，尤为严重的是缺

■ 杨善洲在田间劳作

水，村民要到 10 多里外找水，用人背马驮运回来。遇上红白喜事，亲戚朋友把送水作为礼物，主人还要建立“水礼簿”。雷打树村 8 个合作社，7 个社只有一口水井，连饮水都不够，很多村寨人畜共饮。这些情况，杨善洲看在眼里，急在心头。

■ 杨善洲走在林间小路上

在职的时候，杨善洲就开始不声不响地为退休后回乡造林作准备，1984 年在黄泥沟一带做调查勘测工作，搞国户林场试点，造了 1500 多亩松树林。1987 年 7 月 10 日，杨善洲带着保山地委、施甸县委干部及县林业局局长、副局长、工程师、技术员一行 15 人，一大早就来到大亮山山脚下酒房区公所召开会议，对是否支持成立大亮山林场征求意见。区委委员都表态坚决支持，最后决定由区长赵定全带队，用两个星期的时间完成勘察设计工作，报地委讨论通过后，迅速报给省委、省政府。

1987 年 10 月，杨善洲带着省林业厅同意保山地区在施甸县大亮山建设华山松用材林项目的批复来到施甸县，正式启动大亮山林场建设项目。杨善洲安排3个月的时间，对所涉及的姚关、酒房、旧城3个区、11个乡、78个合作社、2448户农民，开展了荒山植树造林是为了防风固沙、保持水土、净化空气、美化环境、发展经济、改善民生、脱贫致富的宣传教育，征求群众对荒山入股办林场的意见，层层做思想工作。3个月后，杨善洲又来了，县里汇报群众对办林场有3种不同意见：有60%的农户同意荒山入股办林场；有20%的农户认为办不办林场都可以；有20%的人坚决反对办林场，一部分是由于限制了放猪放牛、种粮耕地，不能自由砍伐而反对，另一部分是由于不相信大亮山上树能存活而反对，杨善洲听完汇报，马上和县里商量作出召开林农代表会的决定。1988年2月10日，林农代表会顺利召开，杨善洲在会上说到："没有树则没有水，水利不足则生命难保。"老书记还列举了保山五个县近些年来因森林植被破坏，多起自然灾害给人民群众带来巨大损失的真实事例，翔实数据面前，与会同志无不感到震惊。老书记接着说："建设大亮山林场，实际是建设森林水库，改善我们生产生活条件的需要。要解决山上没有树、没有植被、没有水的问题，解决群众生产生活困难和脱贫致富的问题，只有种树。我想好了，职务上的退休是有明文规定的，但是共产党员没有退休的规定，我到下个月就办退休手续，退休后我就和大家一块儿上山造林种树，绿化我们的家园，还群众一片青山绿水。今天请大家讨论，把办林场的事定下来。"顿时会场响起了如雷般的掌声。

1988年3月，杨善洲同志光荣退休。时任云南省省委书记的普朝柱代表省委找他谈话，让他搬到昆明居住，并说还可以到省人大常委会工作一段时间。杨善洲婉言谢绝了："我要回到家乡施甸种树，为家乡百姓造一片绿洲。"杨善洲选择了大亮山，就是为了改变家乡的生态环境，造福家乡人民。他说："我是在兑现许给家乡老百姓的承诺，在党政机关工作多年，因为工作关系没有时间回去照顾家乡父老，家乡人找过我多次，叫我帮他们办点事我都没有答应，但我答应退休以后帮乡亲们办一两件有益的事，许下的承诺就要兑现。至于具体做什么，经过考察我认为还是为后代人造林绿化荒山比较实在，这既对全县有利，也对当地群众生产、生活有利。”

1988 年 3 月 8 日上午，两辆大卡车拉着从各地抽调的 16 人的造林团队，还有帐篷、工具、粮食和锅碗瓢盆等物资，来到原酒房区摆田乡政府。因为大亮山没有公路，杨善洲便雇了 18 匹骡马驮着物资，走了 3 个多小时，登上了“半年雨水半年霜”的大亮山，开始了他 22 年的造林生涯。林场成立大亮山造林指挥部，杨善洲亲自担任指挥长。成立当晚，他们在用树枝围起的简易帐篷里，围着火塘召开了第一次造林会议，把林场职工分成宣传动员、整墒、育苗三个小组，要求抢在五六月份雨季来临前育下能种万亩以上的树苗。在杨善洲的带领下，大家齐心合力，埋头苦干，上山第一年就实现育苗 100 亩的计划，植树造林完成 1.2 万亩(包括茶地 400 亩)，还超额了 2000 亩。3 年完成造林 33300 亩，育苗 310 亩，开茶地种茶 700 亩，建哨所 11 个，还增加了护林人员 10 人。省林业厅林业营联处、财政厅农财处，还有地县林业局，每年都派人来实地检查验收，成活率在 95% 以上。

但植树造林 3 年后发现了新问题，种下去的树苗被外来物种紫茎泽兰侵害，和小树苗争夺水土养分，许多小树苗被困死了，松树苗损失达 40%。面对这样的问题，大家有些失望了。杨善洲就把大家带到实验地，鼓励大家说：“你们看，小树苗只要长到 50 厘米以上，根深了叶壮了，紫茎泽兰就争不过树苗了。我们种下 10 棵树，哪怕只能活一棵，也是一个胜利，只要坚持下去，今年活一棵，明年活一棵，后年又活一棵，总有一天，我们会让大亮山都长满大树。”针对造林成活率不高的情况，杨善洲采取了一个对策，从 1991 年开始补植补造工作，当年就补栽 1.3 万亩，直到 1995 年才补种完。

随着改革开放的深入，杨善洲意识到大亮山林场要发展壮大，必须顺应市场经济的大潮，改变传统单一的经营方式，进行多种经营。建场之初，杨善洲主要以种植华山松为主，在党的十四大后，他感到仅仅种植华山松不能最快地产生效益，林场要以林养林，要提高经济效益。于是，他们从广东、福建等地引种龙眼树苗，开辟了龙眼水果基地。施甸县的立体气候十分突出，高海拔地区常年云遮雾罩，是种植茶叶的好地方。酒房乡供销社茶厂生产的袋装黑山银峰茶，1994 年曾荣获省农业厅优质产品称号，供不应求。他们从中得到启示，也建立了茶叶生产基地，还专门投资建了一个粗茶叶加工厂；另一方面，杨善洲号召林场职工开拓新的生产经营领域。在他和林场职工的努力下，大亮山林场没有几年时间就红火起来了，家业扩大，经济效益也逐步显现出来。为了搞好多种经营，他们办起了茶叶基地，又建起茶叶精制厂，茶树也长得有半人高了。但正在这时，发生了一场鼠患，一只只肥大的老鼠几夜之间就把三分之二的茶树啃死了，人们辛勤多年的茶园毁于一旦。面对挫折，有的人畏缩了，但杨善洲却没有被困难压垮。他鼓励大家，茶园毁了可以重新种植，人的精神垮了，事业就真正完了。他要职工振奋精神，重新与大自然搏斗。

■ 昔日荒凉的大亮山

1996年，省林业厅来现场检查验收，都说老书记造林决心大，干劲足，栽了死，死了栽，栽了又死，死了再栽。又追加了30000亩次生林指标，于是1996年又作规划，要求1999年完成种植任务。

由于林场规定，林场职工冬季要守好山林，防止偷砍偷伐和牲畜毁坏苗木，春夏季要护林防火，秋季要抓紧节令种树，一年忙到头，有家也不能回。于是，1997年，有的职工提出，要求杨善洲不要再种树了，说山上长出的杂草杂质也可以覆盖了，再者日子太苦、太累。针对职工

■ 如今郁郁葱葱的大亮山

的思想问题，他拿出了毛主席写的《为人民服务》《纪念白求恩》和《愚公移山》，组织大家学习，让大家轮流着一字一句地读，之后他结合造林讲了自己的体会，教育和统一大家的思想。1999 年 11 月，手提砍刀给树修枝时，杨善洲不幸踩着青苔滑倒，左腿粉碎性骨折，但半年后他又拄着拐杖执意爬上了大亮山。从 2000 年开始到 2006 年，杨善洲带领职工又用了 7 年时间，进行补植补造工作，把光秃秃的大亮山变成了望不到边的绿荫林海。

2009 年 9 月至 2010 年 5 月，保山遭遇了百年不遇的特大干旱，但由于大亮山的植被非常好，涵养的水源多，水量充裕，周边群众的生产生活用水在干旱期间仍然充足。2009 年 4 月，杨善洲将活立木蓄积量价值超过 3 亿元的大亮山林场经营管理权无偿移交给国家。

社会评价

做人民满意的好党员好干部，就要像杨善洲同志那样以正确的世界观立身，始终坚定理想信念、忠于党忠于人民。

做人民满意的好党员好干部，就要像杨善洲同志那样以正确的权力观用权，始终做到克己奉公、清正廉洁。

做人民满意的好党员好干部，就要像杨善洲同志那样以正确的事业观干事，始终尽心尽力做好工作。

做人民满意的好党员好干部，就要像杨善洲同志那样以正确的群众观做人，始终保持公仆本色。

——习近平（2011 年 4 月 13 日，时任中共中央政治局常委、中央书记处书记、国家副主席）在学习杨善洲精神、做人民满意的好党员、好干部座谈会上的讲话

杨善洲的六十年告诉我们：大公无私、坚守信念、一生奉献依然是党员干部的根本。

——“感动中国”2011 年度人物推选委员孙伟

一个人能够给历史、给民族、给子孙留下些什么？杨善洲留下的是一片绿荫和一种精神！

——“感动中国”2011 年度人物推选委员陈淮

绿了荒山，白了头发，他志在造福百姓；老骥伏枥，意气风发，他心向未来。清廉，自上任时起；奉献，直到最后一天。六十年里的一切作为，就是为了不辜负人民的期望。

——“感动中国”2011 年度人物颁奖词

已经72岁的杨善洲如今隐居在大亮山的浓荫之中。1986年，他从云南保山地委书记的岗位上退了下来，此后便在滇西这片海拔2600多米的荒凉山坡上开始他60岁以后的人生。对于他的选择并不是所有的人都能理解，有人劝他，退休了就好好地安度晚年，何必还受这份苦呢？杨善洲没有解释，他似乎从来就不爱解释。人嘛，各有各的活法。让家乡的大亮山那片人迹罕至的荒山野岭长满树木，这是他很早以前的一个梦想，只是那时他还当着地委书记顾不过来。如今退下来了，可以一心一意地实现他从前的梦想了。

很多年之后，人们都还记得杨善洲初上大亮山时的情景。那时他住在用树枝搭起的窝棚里，脚上穿着草鞋，俨然是一个放牧的老人。杨善洲当时的职务是：大亮山林场的义务承包人，这是个无需组织任命也不拿一分工资的职务。当然，林场雇来的工人是要发给工资的，因为他们要用工资去养家糊口，而杨善洲有退休工资。后来林场过意不去了，执意要给他工资，他才接受了每月70元的伙食补助。1996年林场给他增加到每月100元，理由是因为物价上涨，林场的伙食标准比从前高了，这次杨善洲没有拒绝。

位于施甸县城西北边，距县城60多公里的大亮山，平均海拔2600多米。在这里你看不到一点树木的影子，只有一望无际的荒凉和空旷。杨善洲为什么要在这里建立林场实现他的绿色的梦想？一个曾和他在一起工作过的人告诉我，杨善洲在施甸县当县委书记时曾徒步在大亮山走了20多天，大亮山的荒凉无疑给他留下了深刻的印象，他说这个地方只有栽树，不然永远也富不起来。退休前他两次到大亮山实地考察，当地农民劝他，你到别处去种吧，这地方连野樱桃树和桤木树都不长。然而他还是来了，他要在这片辽阔而荒凉的高原上，用他60岁以后的生命建立一个5万亩的绿色王国。

大亮山多了个赶马老倌。马帮一直是大亮山一带绵延不绝的人文风景。畜力是这里用途最广泛的资源。杨善洲从地委大院里消失后，大亮山就多了一个赶马人。大亮山一带的群众有叫他大爹的，有叫他大哥的。林场食堂开饭时，你肯定能在林工中间发现他的身影。他说他从50年代当区委书记时就和职工一起吃饭，他的这个习惯一直保持到现在。

要把大亮山方圆几十里的不毛之地变成森林，需要时间和金钱。而这些他都很不宽裕。于是他让林工们除了种树之外，平时带上工具，只要看见路边的树苗就挖来移种到大亮山上。他把家里平时种下的几十盆盆景全部移种到大亮山上，这些原来摆放在地委宿舍里的雪松、白梅、银杏，从此便在大亮山上自由生长，如今这些庭院花木都已经长成挺拔的大树了。他有捡果核的嗜好，每次回到城里，就到马路上捡别人随意扔掉的果核，然后放到地委宿舍用麻袋装好，积少成多后便用马驮到山上。这自然让一些人有了想法，一个原地委书记居然到大街上捡别人扔掉的果核。可是他不在乎，林场资金紧，省一个是一个。他说，你不要想着你是地委书记，你就无所谓了，不出钱又可以发展生产，何乐而不为。每年的端阳花市是保山的传统节日，自然也是果核最多的时节。杨善洲便利用这个节日到街上捡果核。女儿不愿意了，他说是不是给你丢脸了，那以后你就不要说你父亲是杨善洲。如今只要到了大亮山，你就会看到杨善洲拾来的果核已长成成片美丽的果树。

在大亮山，他常常独自走到高处，无言地凝视着远处依然荒凉的背景下生长着的大片美丽的绿色。他的身影与此时的环境融为一体，这时你会觉得他简直就是一棵树。他选择了大亮山为他的人生做最后的修炼。

杨善洲用生命换来亮丽绿色。大亮山林场用树枝搭起的窝棚和帐篷是在油毛毡房建起之后才消失的。云南省林业厅、财政厅给大亮山林场拨了100多万元，林场贷了90万元。杨善洲用这笔钱在大亮山修了一条18公里的林区公路，建了5公里长的高压线，还盖了一排简易的油毛毡房。此后，杨善洲和他的林工在里面一住就是10年。直至1997年他们用砖瓦平房取代油毛毡房时，林场已被四周的绿荫所掩盖。

——杨善洲干部学院

（图文、视频：杨善洲干部学院）

王有德

不忘初心，牢记使命，生命不息，治沙不止，在治沙播绿中，实现自己的人生价值。

王有德　回族，1954年9月生，宁夏灵武人。自1985年以来，他先后担任宁夏灵武市白芨滩防沙林场副场长、书记、场长，白芨滩国家级自然保护区管理局党委书记、局长，现任宁夏沙漠绿化与沙产业发展基金会理事长。40多年来，他始终以一个共产党员的标准、林业工作者的赤诚严格要求自己，团结、带领林场广大干部职工坚持不懈改革创新、攻坚克难，艰苦奋斗、无私奉献，以“宁肯掉下十斤肉，不让生态落了后”的毅力和韧劲，累计完成治沙造林60多万亩，控制流沙近100万亩，实现了人进沙退，兑现了“让职工富起来、让沙漠绿起来、使林场活起来”的承诺，为防沙治沙和生态文明建设事业作出了突出贡献。他先后当选第十届全国人大代表，党的十七大、十八大代表，获得“全国优秀共产党员”“全国治沙英雄”“全国先进工作者”“双百感动中国人物”“建国60周年最具影响力劳动模范——时代领跑者”“国土绿化突出贡献人物”“全国生态建设突出贡献者”“改革先锋”“最美奋斗者”“人民楷模”等荣誉称号。

甘当治沙拓荒牛
誓把沙漠变绿洲

——记“人民楷模”王有德

王有德从事林业工作40多年，绿化祖国大地，治沙造林是他最大的人生追求。王有德说，我是在党组织的教育培养下，在人民群众的关心支持下，在英雄模范人物的精神激励下，逐步成长起来的。英勇献身的革命先辈值得我们每一个中国人永远敬重和怀念，无私奉献的英雄楷模是我们每一个中国人心中永远的骄傲和自豪，感谢这个伟大的时代，给了我实现人生价值的舞台。

■ 王有德的情怀，一缕阳光，一抹绿

说到让沙漠变绿洲，在王有德这些年的治沙经历中，“改革”是个关键词

1985年，王有德被组织任命到白芨滩防沙林场工作。当时，受计划经济体制制约、干部职工观念陈旧等因素的影响，林业经营单一、人心涣散，159名职工中有三分之二要求调走。要让林场活起来，留得住人，必须推行改革。

看到这种情况，王有德顶着压力、谩骂和怀疑，制定了3项改革措施，搬掉铁交椅，砸烂铁饭碗。一是精简后勤管理人员，将原来的28人减少到16人，当年减少人头经费2万元；二是取消一线职工工资级别，实行工效工资，采取按劳分配、多劳多得分配机制；三是将全场林业生产任务分解承包到职工手中，彻底改变过去“造林抚育靠民工，林场工人只带工”的讲数量不讲质量的工作方式，让职工“干自己的活，挣自己的钱”。当年，全场共完成治沙造林5093亩，比改革前增加了3000亩，成活率达72%，比改革前提高了40多个百分点。

为增强防沙治沙的后劲，王有德乘势而上，又提出了“立足林业促林业，围绕林业发展多种经营，力推林业建设综合发展”的深化改革方案，为林场今后的发展奠定了坚实的基础。王有德在一次检查工作时，发现林子里平茬时留下的一堆堆柳条子，被许多人背回去当柴烧，这让王有德想到如果利用这些废弃的柳条搞编织，还可为闲散人员找一条致富的路子。于是场里成立了柳编厂，编制果筐和柳笆子，柳条一下子成了宝贝。林场职工每天平均工资2.82元，部分职工每天编10多个筐，收入是日工资的3倍，调动了职工的积极性。1990年，林场投资兴建一个年产1000万块红砖的机砖厂和预制厂，当年点火生产，盈利4万元。自1994年以来，场里先后成立了3个绿化造林公司，承揽绿化工程，走“以林养林，以副促林”的路子，每年创收4000多万元，拿出近2000万元用于治沙造林，占治沙总投资的80%，为治沙造林提供了强有力的资金保障。

为了最大限度地调动全场职工植树造林、防沙治沙的积极性，2000年开始，王有德提出“内改经营机制，外拓生产空间，靠创新求发展”的工作思路，把创新机制作为林业发展的根本动力。大力推行以家庭、联组或个人划片承包机制治沙造林，制定实施“六个一”治沙目标：全场职工平均每人一年扎设一万个草方格，栽植一万株树苗，挖一万个树坑，治沙面积达一百亩，实现治沙收入一万元。严格考核3项指标：当年成活率在85%以上，第二年保存率在75%以上，第三年植被覆盖率在50%以上。严明奖惩机制，严格合同管理，限期绿化达标，超额全奖，完不成任务全罚。多年来，林场在毛乌素沙漠营造防风固沙林60多万亩，实现了人进沙退，为三北防护林建设作出了突出贡献。职工收入也保持年均12%的增长速度，成功地走出了一条“以林为主，林副并举，多种经营，全面发展”的兴场之路。

■ 王有德与职工一起扎草方格

让大伙安心、幸福，劳有所获，是王有德最开心的事儿！

王有德这辈子，让他心安而且有点“小骄傲”的事，除了实现人进沙退外，就是让林场的职工们工作称心、生活安心、收入开心！大家为了防沙治沙吃了很多苦，不能在生活中再受苦，必须让大家劳有所获，让大家幸福！

王有德刚到林场工作的时候，许多职工常年住在沙漠腹地，吃苦咸水、住土坯房、没电、缺医少药、孩子上不了学。为了让职工搬出那些“风天进沙、雨天漏水”的土坯房，王有德四处筹款，将自己和亲朋好友等 10 多户的房子抵押贷款，为职工建房，在市区盖起了简易住宅楼，让老职工从沙漠搬到县城，解决他们的后顾之忧。2000—2014 年，场里利用多种经营收入，共计投资 4000 多万元，为职工办好事、办实事。采取私建公助的形式，自建和团购职工住房，解决了 264 户职工住房难的问题。鼓励支持职工发展种植业、经果林、苗木产业、养殖业，采取养一头牛补贴 300 元、一只羊补贴 30 元、一只鸡补贴 3 元、一头猪补贴 50 元的方式，由过去每年花几十万元从市场购买肥料，变成自己造肥，来弥补肥料不足的问题，增加职工收入。解决了职工的住房困难、支持职工发展副业后，这时王有德感受最深的是林业发展没有专业人才不行。不久，林场出台政策，对职工上学子女实行助学金补助，小学 600 元、中学 700 元、高中 800 元、大专 900 元、本科 1000 元，让林场职工子弟的求学梦都能实现。30 年前林场没有一名中专以上学历的学生，到现在先后培养出 60 多名大中专学生，一半都回林场成为了技术骨干。改革开放以来，白芨滩的事业发生了翻天覆地的变化：一是经营面积大变化。由过去的 25.9 万亩，发展到现在的 148 万亩。二是思想观念大变化。过去要钱找场长，现在要钱找市场；过去要我挣钱，现在我要挣钱；过去要我造林，现在我要造林。三是职工收入大变化。由

20 世纪 80 年代年均收入不足 1000 元，增加到现在的年均收入超过 6 万元，职工全部搬进了楼房，而且有些职工收入相当好。比如，大泉管理站职工李桂琴凭着吃苦耐劳的精神，努力实干，大力发展养殖业，既解决了果园肥源问题，又增加了收入，现在饲养奶牛 100 多头，实现了经济发展良性循环，被国家林业局授予“绿色长城奖章”。四是经济效益大变化。固定资产由原来的 40 万元增加到 1 亿多元，林木资产由原来的不足 500 万元增加到 6 亿多元，多种经营年创收 2000 多万元。五是基础设施大变化。由 20 世纪 80 年代的一个基础设施落后的小林场发展到现在有 8 个管理站，每个管理站都配有现代化的设备，基础设施完善，正逐步向数字化、智慧型保护区迈进。

■ 小憩，王有德与职工聊天

宁肯掉下十斤肉，不让生态落了后！

王有德开展公益植树活动

防沙治沙是件苦差事，是个慢活儿，必须能吃得苦中苦，必须得持之以恒。

1985 年，那时王有德刚到白芨滩防沙林场，林场规模小、基础差底子薄，穷得出了名。面对茫茫沙海，王有德和班子成员共同调研确定了发展方向，提出了要治理沙漠，就要发展壮大林场的思路。首先，开发北沙窝，发展经果林。北沙窝离王有德家只有 3 公里，在开发建设中，王有德始终与工人吃在工地、住在工地。白天，与职工一起推沙、平田、砌渠道；夜晚，点着煤油灯，在昏黄的灯光下安排第二天的工作。那些日子里，打水泥板、起渠板，7 人一组，人均每天 30 元，每天的任务是打 210 块水泥板，王有德坚持工作了 20 多天，最多的一天打了 580 块水泥板。夏天，沙漠热得烫脚，25 千克重的水泥板，背在背上，脊背磨烂了，汗水渗进去，太阳一晒，钻心地疼。冬天，顶着风沙，冒着严寒，带领工人修路、拉电线，手上皴裂的口子渗出斑斑血迹。王有德觉得要想把工作干好，那就要扑下身子和职工一起干，这也是作为一名党员要起的率先垂范和带头作用。

1992 年，灵武市政府将大泉乡东边的 8700 亩沙荒地划拨给白芨滩防沙林场，要求到年底初步开发 1000 亩。接到任务后，王有德立即带领林场的几十名职工向茫茫大漠进发。那时正值初冬，寒风呼啸，沙子打在脸上像刀割一样疼痛。黄沙漫漫，没有地方做饭，王有德和职工就啃干馍、喝冷水；没有住处，就把麦草往地上一铺和衣而眠。那时候，职工每人每天定额挖沙渠 25 米，要连续挖 10 多天，王有德也一天不落、一米不少。建工房时，一个技工搭配两个小工，王有德就和另一名职工拉砖运水泥，钉是钉，铆是铆，直到工房建成。那时候，王有德几乎每天只睡三四个小时，工房阴湿冰冷，常常被冻醒。就这样，王有德与工人们共同栽下了 2 万株果树，治理沙地 1040 亩。

茫茫大漠深处，看着一座座工房，勾起了王有德的回忆。那是在建水泵房往房顶上运送空心板时，快拉到房顶时，一块板突然脱落，沿着支架滑向工人吴敬国。危急时刻，王有德推开了吴敬国，用身体阻挡住了滑落的空心板。吴敬国脱险了，王有德却被砸倒在地，肋骨损伤。为了不耽误工期，他强忍着伤痛继续和大家一起工作。

就这样，王有德一干就是 30 多年，凭着“宁肯掉下十斤肉，不让生态落了后”的拼劲、干劲，赢得了民心。大家跟着王有德每年完成治沙造林 2 万～ 3 万亩，比过去提高了近 10 倍，累计治沙造林 60 多万亩，控制流沙百万亩，是前 40 年的总和，有效阻止了毛乌素沙漠的南移和西扩，将沙漠向东推出去 20 多公里，保护了母亲河，保护了万顷良田，极大地改善了周边生态环境和职工的生活条件，实现了场子活、沙漠绿、职工富的奋斗目标，创造了改造利用沙漠、实现沙区经济循环发展的成功范例，为全国科学治沙提供了宝贵的经验。王有德和职工们一步一个脚印，一年一个台阶，攻克了一个又一个难关，锁住了一片又一片沙丘，形成了一片又一片绿地，林场先后获得“全国防沙治沙先进单位”“全国生态建设先进集体”“全国十佳林场”“国土绿化突出贡献单位”等荣誉称号。

坚持科学治沙、综合治沙，才能实现治沙事业的可持续发展

这些年来，在总结治沙造林经验的基础上，王有德意识到，只有坚持科学治沙、综合治沙，才能实现治沙事业的可持续发展。在治沙模式上将过去单一植苗、成活靠天的被动造林模式，改变为现在的工程措施与生物措施相结合、三季造林的综合治沙模式，重点总结推广草方格沙障治沙、雨季穴播造林、雨季人工模拟飞播造林、营养袋造林、秋冬延迟造林等 5 项技术和措施，克服了干旱少雨、风蚀沙埋等不利因素的影响，确保造林一次性成功。在治沙资金保障上，由单一防沙造林转向经果林苗木培育、种养殖业、设施园艺、承揽公路街道景观绿化工程等多种经营的轨道，坚持走多种经营的路子，拓宽增收致富渠道。通过多种经营收入，每年反哺治沙造林，成功探索出了“五位一体”综合治沙模式，即在沙漠外围大面积营造以灌木为主的防风固沙林，形成第一道生态防线；围绕干渠、公路、果园建设多树种、高密度、宽林带、乔灌结

■ 荒漠治理现场指导工作

合、针阔混交的大型骨干林带，构成第二道生态屏障；在两道生态防线的保护下，内部引水拉沙造田，培育经果林和苗圃，果园成为职工的“摇钱树”，苗圃成为职工的“绿色银行”；在田间空地种植畜草，发展养殖业，形成了牲畜粪便肥田、林草养殖牲畜两项循环产业。党的十九大报告提出“必须树立和践行绿水青山就是金山银山的理念”，彰显了中国共产党对人类文明发展规律的高瞻远瞩。刚到林场参加工作时，风沙肆虐，没有人愿意在这样恶劣的环境中生活工作，每次回到家里，头上、身上、衣服里、鞋子里全是沙子。谁能想到，随着改革开放，一系列重大林业政策的制定、重大生态工程的实施，林场也在不断改革创新中实现了由黄到绿的变化。脱胎换骨的白芨滩见证着改革开放 40 年来我国在生态文明建设中取得的重大成就：天更蓝了，水更清了，山更绿了，也让人们深切地感受到环境就是民生、青山就是美丽、蓝天就是幸福。40 多年来，王有德和林场广大职工群众一道，伴随着改革开放的大潮走出了一条绿色、生态发展之路，创造了治沙奇迹，见证并实践着“绿水青山就是金山银山”的理念。

王有德曾说，这些殊荣的取得，离不开党组织的教育培养、人民群众的关心厚爱和林场职工几十年如一日的支持。

他的父亲也给了他一生的教诲。王有德的家风很好，家教很严。从他 8 岁记事起，每年都要开家教会，他的父亲邀请长辈、邻居参加，了解情况，对他进行教育。

他的父亲对党的事业特别忠诚，对人民群众的疾苦特别关心，热爱集体。王有德的父亲在磁窑堡公社当书记时，有一年下大雪，他不顾危险，不怕寒冷，冒雪从马家滩步行 50 多里到磁窑堡各村，查看羊只过冬的情况，确保集体财产不会受到损失，给王有德也树立了无私奉献的榜样，使他受益终身。

1986 年开发北沙窝时，王有德几十天回不去，他的母亲生病，脱不开身的他只能请单位的同志骑着三轮摩托车送母亲去医院看病，被他

王有德抢墒造林（营养袋栽植）

父亲知道后，严厉地批评了他，说：“那是你的母亲，不是林场的母亲，你派职工骑公家摩托车送你母亲看病，违反纪律，手中的权力是为人民服务的，不是为个人谋私利的，你叫群众怎么看你？”父亲的话使王有德受到深刻的教育。

在王有德40多年的工作历程中，他的妻子给了王有德很大的支持，王有德的工作很忙，从来没时间到商场买衣服，都是他妻子拿旧的衣服照着尺寸买新的。两个孩子从幼儿园到上学王有德从没送过一次，没有开过一次家长会，连老师都没有见过他，都是由妻子来负责教育管理。王有德的父母也是由他的妻子来照顾、伺候，一直到养老送终。林场改革初期，由于开发出来的果园、场子缺乏资金投入，当时场里号召动员全场职工承包经营，王有德带头承包了40多亩果园，没时间管理，都由他妻子帮助打理。王有德回忆他每次感冒都没有时间看病，一直是在家打吊针，每次都是三四天，他的妻子就看着他输液直到半夜，从无怨言。

她善良忠厚，热心于事业，热爱家庭，付出了很多很多，让王有德十分敬佩，验证了军功章上的荣誉有王有德的一半，也有他妻子的一半。

新中国成立 70 周年之际，王有德被授予“人民楷模”国家荣誉称号，在人民大会堂颁奖台上，习近平总书记为王有德颁授“人民楷模”国家荣誉称号奖章。

王有德激动地说：“这次表彰的规格之高是前所未有的。我们所有受表彰的人都受到了国家超规格的接待，每人都配备了一对一的公务协调员，还有解放军总医院的医务人员，她们专门负责在京期间各类活动的协调和医务保障。29 号上午 8 点 30 分，我们乘坐礼宾车，从驻地京西宾馆出发，在国宾护卫队护卫下前往人民大会堂。我坐在礼宾车上，透过车窗，看到长安街沿线到处红旗招展，鲜花盛开，一个个振奋人心

■ 苹果丰收，王有德乐开了花

的场景，生动、热烈而感人，一种自豪之情油然而生。”

“习总书记用‘忠诚、执着、朴实’给予我们最高的礼赞。总书记的这 6 个字扎根在我的心里，至今印象深刻。我想，这 6 个字不正是对我们治沙人精神的最高褒奖吗？在总书记诠释这 6 个字的时候，我就在总书记跟前，当时是心潮澎湃，热泪盈眶。辛勤治沙的白芨滩人正是靠着这 6 个字战天斗地，与飞沙走石斗争，一步一个脚印地走到了今天。白芨滩人在‘三天一场风，从秋刮到春’‘风吹沙子跑，地上不长草’的毛乌素沙漠中坚守了 40 多年，靠的是什么？靠的就是忠诚。那时候，环境的苦、职工的穷、人心的散、铁饭碗的馋、改革的难一起横在我们面前，我们硬是咬着牙，爬坡过坎挺了过来，最后让沙漠变成了绿洲，荒山成了职工的口粮田，果园成了职工的摇钱树。‘梧桐树留住了金凤凰’，这些变化靠的就是干出来的，靠的是对党、对人民的忠诚，靠的是坚守和执着。回想治沙初期，我和职工搭建帐篷，几个月回不了家，

■ 王有德组织职工比赛搬运苗子

吃住都在沙漠，挖树坑、扎草方格、背麦柴、运树苗。三伏天沙漠温度在50℃左右，头顶烈日，脚踏黄沙，但是没有人喊苦叫累；冬天我们同样不畏寒冷，修路架桥。那时，职工背水泥板，脊背上的皮脱了一层又一层，危险时刻挺身而出，舍身为人，靠的也是这6个字‘忠诚、执着、朴实’。”

王有德认为，当劳模不能忘本，应不忘初心，牢记使命，继续前行。讲进步不能忘了党，要感恩党，感恩祖国，感恩如今的社会；讲成绩不能忘了人民群众，毛主席说“人民群众是真正的英雄”；讲奉献不能忘了家人。2014年，退休的王有德就知道，“老牛自知夕阳晚，不用扬鞭自奋蹄”，他退而不休，干着自己的老本行，成立了宁夏沙漠绿化与沙产业发展基金会，继续在生态绿化防沙治沙、沙产业发展等方面发挥余热，奉献社会。自沙漠绿化与沙产业发展基金会成立以来，创新发展思路，大力发展沙产业，通过削高填低，土地平整，生态修复，造林绿化，治理面积7000多亩，植树100多万株，为银川市兴庆区7个学校、灵武市2个校园和灵武市综合福利院、敬老院、儿童福利院等募捐资金150多万元，用于扶持绿化工程建设，绿化面积达到500多亩。

这也是王有德的人生目标：不忘初心，牢记使命，生命不息，治沙不止，在治沙播绿中实现自己的人生价值，为加快国土绿化事业，再造秀美山川的新宁夏，继续发挥余热，回报党，回报社会和人民。

社会评价

“不忘初心，牢记使命，生命不息，治沙不止，在治沙播绿中实现自己的人生价值。”这是“人民楷模”王有德一生的信念。40多年来，王有德带领林场职工，用脚步、双手、头脑以及坚持不懈的精神，在毛乌素沙漠西南边缘，建起了一道东西长48公里、南北宽38公里的绿色屏障，治理沙漠63万亩，控制流沙面积100多万亩，不仅有效阻止了毛乌素沙漠的南移和西扩，庇护了引黄灌溉区的万顷良田，也逼退了沙漠二十余公里，实现了治沙治穷、人逼沙退的喜人局面。

“劳模”是王有德身边的工作人员对他的尊称，在对他采访了两次后我也逐渐习惯了这样的称谓。从1985年担任灵武市白芨滩林场副场长到2014年退休，再到第二次创业至今，劳模的治沙造绿事业持续了30多年的时间，他是成功者的典范，是宁夏几代治沙人的优秀代表。十几分钟的电视画面，如何展现“人民楷模”王有德是很难的，我们只集中一条线，怎样种树，把树养活，最终让树木成林，沙漠变绿，人逼沙退。说心里话，做完这个节目，对劳模王有德的评价是：了不起！他是一位朴素的理想主义者，35年的光荣岁月用镜头表现是有限的，但学习劳模吃苦耐劳、艰苦奋斗的创业精神和学习劳模身上诚信忠诚的高尚品格却是无限的。“人民楷模”王有德，他的不忘初心、牢记使命的精神永不褪色……

采访王有德，我一直很好奇，他小时候是否做过一个沙漠变绿的梦。劳模告诉我说：他始终的一个梦想，就是治沙播绿。他要靠自己的努力，改变沙进人退的生存环境，改变父老乡亲的生存环境。我一直在思考，像王有德这样一位有着革命理想主义的最美奋斗者，不就是共产主义信念的最好践行者吗？当时在白芨滩林场，没有一名职工相信沙漠能够变绿，能够把树种活，但是靠着一种信念、一种奋斗精神，沙漠变绿的梦想最终实现了。这是奇迹吗？是的，奇迹背后，彰显的就是人的精神和责任心。

“以林为主，林副并举，多种经营，全面发展”。现如今，白芨滩林场参天白杨一排排矗立，傲然青松一行行挺拔，丛丛灌木好似亲友，见证诉说着“人民楷模”王有德数十年如一日与职工在风雨中固沙造林的动人故事。岁月如诗，生命如歌。白芨滩绿了，从过去的25.9万亩发展到现在的148万亩，绿色望不到边，黄沙踪迹难见；林场活了，从1985年固定资产不足40万元增加到如今1亿多元，林木资产由1985年的不足500万元增加到6亿多元。生态富有，经济富裕，靠沙吃沙，生机盎然，这就是今天白芨滩职工的幸福生活。

2014年，王有德光荣退休了，让人没有想到的是忙活了一辈子的他，又开始了第二次创业。他说：他要活到老干到老。5年的时间，王有德在马鞍山一带的荒漠上种树100多万株，7000多亩的绿洲就像绿色的盆景镶嵌在银川河东机场东麓。

治沙、固沙、播绿，是王有德一辈子的追求，40多年的奋斗，让他收获了16块奖章，这些荣誉的取得，也让他扛起了更大的责任。不忘初心，牢记使命，他将继续走在治沙播绿的路上，用实际行动诠释“绿水青山就是金山银山”的理念，为建设美丽新宁夏，共圆伟大中国梦贡献一生的力量。

——宁夏广播电视台　李咏梅

（图文、视频：王冠、李咏梅）

李保国

让荒地上能长出树来才是正道。/ 让核桃树在荒原上活起来才是目标。种出最好的核桃才是真理。/ 加入我的科研团队必须接地气，谁觉得吃不了这个苦，谁就别加入；谁当我的研究生，如果不到基地果园实习半年，拿不到一手的学习材料，谁就别毕业；搞林果的研发人员谁不到田间地头搞实验研究，仅仅在实验室闷头做研究，谁就不称职。/ 为农民服务决不能收一分钱，推广果树新技术是我们的使命，到田间地头服务是我们的职责。/ 只有我在果园里等农民朋友，不能让老哥们等我。

李保国 汉族,1958 年 2 月生，中共党员，河北武邑人。中国著名经济林专家，山区治理专家。1981 年 2 月河北林业专科学校（现为河北农业大学）毕业后留校工作，二级教授、博士生导师。先后出版专著 5 部，发表学术论文 100 余篇，完成山区开发研究成果 28 项，推广了 36 项林业技术，示范推广总面积 1080 万亩，累计应用面积 1826 万亩，累计增加农业产值 35 亿元，纯增收 28.5 亿元，建立了太行山板栗集约栽培、优质无公害苹果栽培、绿色核桃栽培等技术体系，培育出多个全国知名品牌，走出了一条经济、社会、生态效益同步提升的扶贫新路，被村民誉为“太行山上的新愚公”。先后荣获“全国先进工作者”“全国优秀科技特派员”“燕赵楷模”等称号。

2016 年 4 月 10 日，李保国积劳成疾，因病去世。被追授“改革先锋”“人民楷模”“最美奋斗者”等荣誉称号。

新愚公扎根太行四十年

——记“人民楷模”李保国

2016年4月10日凌晨，河北农业大学教授、博士生导师李保国心脏病突发，经抢救无效不幸去世，年仅58岁。距离中共河北省委作出的《关于开展向李保国同志学习活动的决定》刚刚过去两个月的时间。

4月12日，是李保国遗体火化的日子。4月11日，河北临城县、内丘县分别设立分会场给李保国召开追悼会。

内丘县岗底村党总支书记杨双牛在岗底村追悼会上哽咽着为李教授致悼词：

我们不能忘记，李老师心系岗底村民，把他的毕生精力奉献给了岗底人，我们的粮囤里、腰包里，都渗透着他的心血和汗水。

不能忘记，您把自己变成农民，把农民变成了专家，岗底200多名果农成了您。您给了村民金刚钻，使岗底人技术服务八百里太行，吃上了科技饭。

不能忘记，您是大学的教授，在岗底人眼里您是老师，又像邻居，吃百家饭、进百家园，20年和村民摸爬滚打在一起，您已变成了岗底村的一个劳力。

不能忘记，您一生惦记的是岗底人，唯独没有您自己。您走的前五天还在谋划以岗底为核心的50平方公里太行生态大花园、苹果袋、苹果深加工项目。您天天超负荷工作，多少人看到您已体力不支，劝您注意休息，您总是说脱不开，还拼命把额外的责任扛在肩上。岗底人知道您是累死的。

4月10日凌晨，李老师突发心脏病离世，岗底村的代表第一时间在李老师的灵前放上五个最大最红的‘富岗’苹果。他们告诉记者，这是李老师带领他们按照 128 道工序教他们种出来的一级果，市场售价不低于 10 元一个。

在河北临城县的绿岭山庄，76 岁的王大娘在 12 日的凌晨早早起床，用一双长满老茧的双手掰开薄皮核桃，取出其中的“分心木”，用火在门前核桃树下点燃。老人说：“李老师教会俺们全村人种核桃，让俺们富了，我这白发人送黑发人，舍不得呀。老辈人说分心木可以安神，让李老师好好安息吧。他对得起俺们太行老区的农民，俺们没有照顾好他呀。”

太行山区的农民以自己特有的方式来缅怀给他们带来财富的“太行财神”李保国。

■ 李保国到邢台指导果农

李保国，做基地的好专家

临城县有个公司名叫绿岭，这是国内著名的集薄皮核桃品种繁育、种植、技术研发、深加工和销售于一体的全产业链现代化大型企业，李保国的科研之路与绿岭相连 17 年。

从1999年绿岭公司筹建伊始，就与李保国结缘，甚至“绿岭”这个声名鹊起的名字也是李保国命名的。

1999年，李保国来到临城，从公司的发展方向、土地治理、果树管理、新品种培育、产品加工、经营策略等各方面给予指导和帮助。

17年间，李保国走遍了绿岭核桃种植基地的沟沟坎坎，用汗水浇灌了绿岭每一棵核桃树，绿岭每一项成绩的取得都凝聚着他的心血。没有李保国就没有绿岭的辉煌，就没有太行山区的核桃产业带。

在绿岭，李保国创造了荒山综合治理的模式，把荒芜丢进了历史，把绿色留给了未来，把荒岭变成了金山。

在绿岭，李保国创造了核桃的矮化密植技术，实现了壮枝挂果、连年稳产；所推行的“绿岭薄皮核桃矮化密植栽培技术”被中国工程院院士、时任北京林业大学校长的尹伟伦认定为国内首创。

在绿岭，李保国探索出国际先进水平的薄皮核桃省力化栽培技术，实现了规模化生产、产业化运营。

在绿岭，李保国研究选育出中国最好的核桃品种——‘绿岭’核桃，实现了核桃的良种化、品种化。

在绿岭，李保国创造了“树、草、牧、沼”四位一体的生态管理模式，实现了核桃品质的绿色有机，通过了欧盟有机认证，绿岭产品拿到了行销全球的“金钥匙”。

在绿岭，李保国创造了一二三产融合发展、相互促进的现代农业模式。

在绿岭，李保国指导建成了全省唯一一家设立在企业的农业类工程技术中心——河北省核桃工程技术研究中心，为产业扶贫提供了强大的科技支撑。

在绿岭，李保国开创的“标准化管理规模化发展”的模式被原国家林业局在此举办的首届“中国核桃节”推向全国。

狐子沟有忆，核桃林念情。

李保国情抛绿岭，17 个年头，5000 多个日夜，他用挚爱林果的情怀，在荒原上用心血绽放华彩。

是他，把绿岭当作研发基地，把狐子沟的荒山野岭遍播财富之果；

是他，把襁褓中的绿岭公司亲手一步步抚养长大，成为了核桃产业的翘楚；

是他，用对学术的赤诚，用对事业的坚守，心中有路，脚下丈量，走出了核桃产业发展的一二三产之路。

他是当之无愧的“中国薄皮核桃之父”。

今天在采访绿岭员工之时，他们依然说“苍天无眼，青山悲咽。可恨的病魔夺走了李老师的生命。绿岭公司痛失指路明灯。”

李保国指导果树科学修剪

李保国，做农民的好朋友

最了解李保国的人莫过于他的妻子郭素萍。她和李保国是大学同学，从 1981 年结婚开始共同生活的 35 年间，既是生活伴侣，也是工作搭档。

他们夫妻以太行山为中心，几乎走遍了河北的山山水水。郭素萍在保国生前常戏称，他们有三个家：一个在农业大学，一个在太行山中，一个在车里。

他的助手、河北农业大学的齐国辉教授这样评价李老师："作为一名大学教授，他为啥一年200多天扎在山里？因为他始终坚持一个理念'生产为科研出题，科研为生产解难'。保国老师常说，'百姓需要什么，我就研究什么'。"

齐国辉从1996年硕士毕业后就加入了李保国团队。20年来，他见证了李保国运用自己的知识和智慧，创新了一项又一项山区综合开发治理的新技术，打造了一批又一批山区开发的典范——邢台前南峪、内丘岗底、临城绿岭和平山的葫芦峪等。

"李老师在河北境内有多得数也数不清的帮扶点，他所到之处，都用点石成金的科技之手，让太行山区的一个个村子绿起来、富起来，他把最好的论文写在了太行山上。"

跟随李保国20年，齐国辉和他的团队成员一样，作为科技工作者，他们有同样严谨求真的科研态度、务实创新的科研作风、产业富民的责任担当。

"几个馒头一壶水，山当餐桌地当炕，对于我们是家常便饭。"

那是2013年4月18日、19日，正值果树的盛花期，本来温暖的天气突然由晴转阴，由阴转雨，随后下起了鹅毛大雪，气温骤降。处在山区和丘陵区的内丘和临城等地温度直降到-5℃。在保定正上课的李保国意识到情况危急，立刻通过电话指导农民"摇树除雪、熏烟防霜、霜后及时补充营养"。公司组织人马上上山，把树上的积雪摇下来，赶紧向果园运送柴草、锯末，在果园内熏烟。一晚上电话不断，李老师几乎是彻夜未眠，天刚蒙蒙亮，他又开车来到了绿岭、岗底，他的到来让所有人的心里都踏实了。

经过李老师的指导，2013年，在河北省中南部地区苹果几乎绝产、全省中南部核桃几乎绝收的情况下，绿岭基地却收获了40万斤（1斤=500克）核桃。

2004年刚开春时，正是春剪时节，李保国在基地附近的村子搞培训，讲完时快中午12点了。一个叫张爱增的农民怯生生地找到李保国，“李教授，我家有十几亩果树，您抽时间给我去看看，行不？”

“走，马上去。”培训场地距离张爱增的赵村有十多里路，当时，现场一辆汽车也没有。“我的时间是时间，农民的时间更是时间，我不能让兄弟们等我。”

二话不说，李保国上了张爱增的小三轮车，在坑坑洼洼的泥泞路上走了一个多小时来到张爱增的果园里帮他现场诊脉。两点多钟，滴水未沾又赶回了临城县。

春寒料峭的初春，一个大学教授坐在农用三轮车上，饿着肚子，为了给一个不相识的农民看果树，不取一分报酬，这绝对不是风景。

说起保国老师，最有必要提到的一个人就是贾志华，他的学生。他和贾志华，以及贾志华父亲贾书芹的故事可以写成一部长篇报告文学。

2000年，李保国在临城县赵庄乡南沟村向村民传授苹果树管理技术时，偶然认识了在那里打工的贾书芹。

贾书芹一家4口，年收入2000多块钱，上有父母、岳父母4个老人，下有一双儿女，经济上捉襟见肘。

当李保国听说贾书芹的家庭状况，又听说他不向贫困屈服，承包了300亩山场，准备依靠林果改变命运的打算，决心认下这门穷亲戚，并且帮助贾书芹实现理想。

李保国向贾书芹建议：让他初中毕业辍学在家的儿子贾志华到河北农业大学林学院进修经济林。

“孩子上学校跟着我们学点手艺，毕业回来后，管好自己300亩果园，除了自己发家致富，还要带领乡亲们摘掉穷帽子。”

贾书芹拿出全部积蓄，加上向亲戚挪借的5000块钱，作为学费，把儿子送到了保定。

贾书芹对李保国说："孩子交给你了，怎么管都行，打也行，骂也中，让他学门手艺就中。"

李保国亲自安排贾志华的插班学习，郭素萍帮助贾志华解决生活问题。

贾志华说："3 月份我到了学校，前两个月没有见到李老师，他都是在基地上，只见到郭老师好多次。见到李老师他对我说的第一句话是'你是否适应了？'我就给老师讲了基础差、没有上过高中、好多东西都听不懂等问题。李老师就细心地给我指点从哪里入手，重点学什么、难点是什么，什么阶段应该学什么，等等。"

从 2001 年 3 月，贾志华利用周末天天泡图书馆，查资料，看不懂的时候就复印下来准备回头问李老师。据贾志华说，他所有的钱几乎都交了复印费了。

2002 年春天，李老师带上贾志华他们班来内丘县岗底村实习修剪果树。刻芽、抹芽、套袋……农民干什么，贾志华他们跟着学什么。

李老师告诉贾志华他们班在这实习的七个学生："不许和农户要工

2008 年春，李保国教授在指导学生果树管理

钱，不许吃农户的饭。要认真和农民学东西，学做人做事。”

在李老师和师兄弟们的帮助下，贾志华克服了学历低、基础差等困难，顺利完成了两年大专学业。2002 年毕业后，他就来到了绿岭公司上班。

安置好了贾志华，李老师也没有忘记贾志华的父亲贾书芹。

2005 年，李保国惦记着贾书芹的核桃园，有一天，忙完了绿岭公司的工作，他提出到贾庄村看看贾书芹机械整地情况，顺便给全村乡亲讲讲整地、栽树的技术要点。

当他看到贾书芹的整地办法不得要领，他火气很大，顾不上贾书芹有没有面子，能不能接受，劈头盖脸一顿批评：“你这整法怎么行？你把几百年、几千年积攒的一点好土放到了梯田的边上，雨水一冲土就走了。小树栽到没有营养的生土里，怎么长大？”

气生完了，李老师又手把手地教给贾书芹和乡亲们，用挖掘机在山场开出宽 1 米、深 0.8 米壕沟，把表层肥土填到沟里栽树，把生土培在壕沟边缘挡水。雨水很大时，只能冲走沟沿的生土，冲不走沟里的肥土。贾书芹和乡亲们大受其益。

之后，他与贾书芹的电话不断，有时谈技术，有时聊市场。有时小事，李老师就委托贾志华回家去看下。

2010 年、2012 年李保国在工作特别忙的情况下，又专程两次去贾庄村，指导贾书芹等村民管理核桃树、板栗树，帮助他们规划果园的建设。

2015 年，贾书芹的 300 亩果园已有薄皮核桃 3000 多棵，其中 1300 棵进入了盛果期。这一年，贾书芹卖核桃收入 10 万元。

在贾书芹的带动下，贾庄村 2580 亩山场全部改造成果园，全部 250 多亩耕地由种玉米改成了种苹果，成为名副其实的林果专业村。120 户村民家家都有核桃、苹果或板栗园。全村拥有 80 亩以上核桃的农户 3 户，30 亩以上核桃的农户 6 户，10 亩以上核桃的农户 80 户。人均拥有苹果 2 亩、板栗 4 亩、核桃树 16 亩。林果业产值 300 多万元，人均年收入 7500 元。全村有小轿车的村民有 13 户，家家有三轮摩托车做运输工具，人人有手机。

“到 2020 年，俺们村所有果树就会全部进入盛果期了，林果业产值和村民收入比 2015 年会翻一番。”贾志华高兴地说。

贾志华因为勤奋、执着、负责任，在绿岭公司被任命为公司对外技术合作部总监，月收入 4000 多元。

在临城，经李保国扶持而脱贫致富的农民何止贾书芹一家，通过核桃、板栗、苹果等林果致富的何止赵庄乡贾庄村一个村？郝庄乡田家庄村因跻身核桃专业村，全村人均增收 3000 多元，成为该乡第一批脱贫村；黑城乡乔家庄村涌现 10 亩以上核桃专业户 10 多户，被评为市级、省级文明村。在临城，这样的例子比比皆是。

李保国，做大学的好老师

2016 年 4 月 10 日凌晨，年仅 58 岁的李保国，因心脏病突发，不幸离世。噩耗传出，不仅震惊了全校师生，也震惊了太行山区的群众，人们不敢相信，更不愿意相信。

4 月 12 日，是李老师遗体告别的日子，67 名他带过的博士生、硕士生跪倒在告别大厅，哭送这位情重如山的恩师。

那天清晨，天公落泪，群山含悲，为李老师送行的队伍绵延了几公里。他服务过的邢台县浆水镇的农民来了，要送一送这位带他们走上富裕之路的恩人；他服务过的富岗公司的领导和员工代表来了，要送一送他们的顾问；绿岭公司的领导和员工代表来了，要送一送他们的荣誉员工和产业指路人。

石家庄、邢台、保定、秦皇岛等地农民自发设置灵堂为他守灵。几天里，29 万多人通过手机微信为他点亮烛光，近百万人转发评论，网上点击量超过 9000 万次……

李保国的学生耿立锋，1992 年刚毕业时就和李老师在一起实习。“1992 年的 4 月 10 日，李老师带领我们经济林 9001 班从邢台前南峪圆满完成实习任务，顺利返校的日子。2016 年的 4 月 10 日，他却带着他对贫困农民的牵挂，带着他对钟爱一生的林果事业的牵挂，遗憾地走了。”

“李保国老师是一个好人，一个技术能手，更是一个合格的师长。”耿立锋是河北省林业和草原局某处处长，20 多年来，他一直和保国老师打交道。就在李保国去世的前几天还和他一直研究全省林果产业如何发展，林果产业如何在绿化太行、扶贫攻坚中发挥更大作用。

回忆学生时代和李老师半师半友的日子，耿立锋时时哽咽。“李老师第一次给我留下深刻印象是一堂教学实习课，讲解枣树的枣头、枣吊、枣股。由于当时是冬季，很多同学都一知半解，李老师在结束时，说到了生长季再讲，同学们谁都没有在意。直到 7 月份的某个星期天早晨，李老师突然出现在我们宿舍，说他刚从外地回来，现在是认识枣头、枣吊、枣股最佳时节，他带我们到标本园重新认真地讲解了一遍。

2008 年春，李保国在临城绿岭指导核桃管理

当时，让我们感到这个老师有点‘钻牛角尖’，实习课都结束这么长时间，还惦记着这点事。就是这件事，让我毕业20年了还依然忘不了这个技术问题。他的这些精神一直在影响着我。”

李保国教学的认真劲儿无处不在，学生们缅怀他的事迹时，他们会找到李保国批改的作业，找到当年的实习计划书，上面对学生们考核的批注，严到剪口不平滑不合格，发现一处扣一分；细到需要多少剪簧、螺丝，多少个标签。

在临城县绿岭，有一个现象。不管是在果园观测还是在实验室化验，不管是在田间地头做试验还是在实验室研发新品种，不管是在树间跟果农讲解管理技术还是在写论文，‘绿岭’薄皮核桃各种技术数据最终都会汇集到一个地方——河北省核桃工程技术研究中心。

这个中心的主任就是李保国，成员有李保国从农大带出来的管理团队和绿岭公司的研发团队，共计33人，学士及以上学位22人，高级职称10人。中心是由河北省科技厅、省发改委、财政厅联合认定的，是河北省唯一一家核桃研究中心。

有些人不理解，为什么把全省的核桃研究中心设在一家企业，尤其是农字号研究中心。一般来说，农字号的企业人员整体学历偏低，研究水平落后。如果研究中心设在大学，研究设施好、高学历人员多、实验室水平高，做实验也方便。李保国却坚持把核桃研究中心就设在绿岭，就设在田间地头，就设在果园。

“一来这样接地气，二来我相信绿岭的研发团队。在这个团队中，我的学生就占了大多数，谁觉得吃不了这个苦，谁就别加入；谁当我的研究生，如果不到果园实习半年，拿不到一手的学习材料，谁就别毕业；研发人员谁不到田间地头搞实验研究，仅仅在实验室闷头做研究，谁就不称职。”李保国在科研上一点情面也不讲。

正是在李保国亲自制定研究方向和课题规划，并严格要求和督促管理下，‘绿岭’薄皮核桃研究技术从新品种研发、土地治理、测土配方、苗圃繁育、病虫害防治、水肥管理、修剪拉枝、各阶段物候期、适时采收、采后处理等技术数据源源不断汇集到工程中心，李老师带领中心所有成员夜以继日地进行对比、筛选、汇总、分析、研究得出正确的结论，形成完整的技术体系。

在李保国的带领下，研究中心自成立以来完成了 7 项科技成果，完成了 10 多项技术标准，发表了 30 多篇论文……

李保国，做传承太行精神的好楷模

从 20 世纪 90 年代，作为河北农业大学“太行精神”坚定的执行者，留校任教的李保国蹲点太行山，扎根太行山，一干就是 30 年。

30 年来，他扎根太行山区，所有的论文都是出自太行的一手材料，探索出了一套可复制可推广的山区脱贫新模式。他创新了太行山板栗、苹果、核桃栽培等技术体系，培育出‘富岗’苹果、‘绿岭’核桃等多个全国知名品牌，实现山区农民增收 28.5 亿元，走出了一条经济、社会、生态效益同步提升的扶贫新路。

30 年来，他主要以太行山区的 10 多个国家扶贫开发工作重点县为示范点，累计培训农民 9 万余人次，示范推广种植面积 1080 万亩。他独创 128 道苹果生产管理工序，让村民像工人生产标准件一样生产苹果。他指导‘富岗’苹果连锁基地发展到 11 个县（市），带动 7 万多农民走上致富路。

在今天的太行山区，提起“李保国”三个字，万千果农人人点赞。李老师的电话果农们都写在墙上，记在心里，技术不懂随时说，家长里短啥都讲，甚至有的农民家里娶媳妇都要让李老师给“掌掌眼”。

李保国 2000 年在临城荒山上开山破土、掏石换土垫鸡粪，使这里的薄皮核桃卖到每千克 128 元。他动员赞皇县鲍家滩的农民给樱桃疏花疏果，指导这里的农民把樱桃园改成采摘园，使亩收入过万元。

笔者曾陪同他到内丘的岗底村指导农民进行苹果树下管理，看到过他让农民砍掉苹果树上的背生枝和农民吵起来的场面。

李保国的认真、肯干、实干在太行山区处处有名，得到了各方的认可。追求社会效益和生态效益的各级党委、政府官员认可他，得到实惠的农民认可他，学到真本事的学生认可他。就如同时任河北农业大学校长、李保国的同学王志刚所言："单是山区土质治理，保国同志和他的团队就研究了十几年。他起早贪黑，白天跑山上的沟沟坎坎，晚上挑灯夜读，分析数据，寻求破解之道，使前南峪从荒山秃岭变成了'太行山最绿的地方'之一。"

李保国以农民为友、做事考虑的是农民利益，始终把服务农民、服务农业、服务企业作为公益事业来做，不但不从企业、农户拿一分钱，不占一点股份，很多时候，下乡往返的路费、请专家前来培训的费用，他都是自掏腰包。

听到李老师去世的消息，太行山区的农民好多都痛哭失声。在农民心中，李老师早就是他们的亲人了。

李保国的夫人郭素萍说："老李该得到的都得到了，得到了上级部门的荣誉，得到了学生们的认可，得到了社会各界的帮助，得到了太行山区人民亲人般的关怀，他虽然失去了生命，我希望他的笑留在太行山上。"

社会评价

李保国，他是一名普普通通的大学教师，把原本三尺的讲台立在太行山麓，在广袤的太行山上传道、授业、解惑；他更像一个农民，以林果为业，负林果富民之责，呕心沥血，为民富而驰走太行，太行山区的农民兄弟尊他为“太行财神”；他用 17 年的岁月为太行树名、扬名，不拿群众一分福利，不取百姓一厘报酬；让一家家林果企业的声名走出太行，享誉世界，让小小的核桃披上产业的外衣，步入深加工的殿堂。

李老师因病逝世，事未竟而陡失执鞭之手，让太行山区林果扶贫的事业顿失领头人。他走的让人肝肠寸断，留在太行山上有他的半生心血和汗水，留在太行农家有他的执业教诲和产业财富，著作写在太行，财富留给农民，留给世间是一名科技干部不朽的奉献精神。

1999 年，从李保国老师在邢台临城县一个山坡上给农民讲果树冬剪技术开始，我就一直在关注他。那时，他还是一名大学讲师。李保国以农民为友、做事考虑的是农民利益，始终把服务农民、服务农业、服务企业作为公益事业来做，不但不从企业、农户拿一分钱，不占一点股份，很多时候，下乡往返的路费、请专家前来培训的费用，他都是自掏腰包。

从 1999 年开始，我跟踪采访李保国老师 17 年，我曾几十次采访过这位“农民”教授，我叫他“太行财神”。和李老师亦师亦友。

我采访他不仅仅是工作，还有他的生活，他的科研足迹。他从土地治理、果树管理、新品种培育、产品加工、经营策略等各方面给予太行山中的大小林果企业无私的指导和帮助。

17 年间，李保国走遍了太行山中的沟沟坎坎，用汗水浇灌了苹果、核桃树，许多农民靠他的技术帮扶脱贫致富，许多企业因他的指点走出困境，河北林果业每一项成绩的取得都凝聚着他的心血。

保国老师心系农民、情洒太行的赤子之心，引起我心灵的共鸣和强烈的震撼。他用科技的力量带领山区农民把荒山秃岭变成了绿水青山、金山银山。

李保国老师的成长道路也再次印证：知识分子只有扎根基层、与人民结合，只有把“小我”融入“大我”，把个人的聪明才智无私地奉献给人民，才能更好地实现自身价值。

李保国老师用行动和生命，展现了对人民的挚爱，诠释了绿叶对根的情意；他以务实的作风、为民的情怀，为当代知识分子如何体现自身价值、怎样实现自身价值树立了光辉的榜样。

我再写也写不出李老师的精神世界，再采访也挽留不了他活在人间，谨以此慰藉李老师，让他留笑在太行。

——河北林业和草原局信息中心　孙阁

（图文、视频：孙阁）

不是西沟离不开我，是我离不开西沟：
山是石头山，沟是石头沟；
没土光石头，谁干也发愁。
山上栽银行，山下建粮仓。
山上松柏核桃沟，河沟两岸种杨柳。
梯田发展经济树，西沟发展农林牧。
向荒山进军，向河沟要粮，
山上变银行，河沟变粮仓。
人要文化，山要绿化。

申纪兰 汉族，1929 年 12 月生，中共党员，山西平顺县西沟村人。1946 年 10 月参加工作，历任山西省平顺县西沟初级农业生产合作社副社长、西沟金星经济合作社社长、西沟村党总支副书记，平顺县委副书记，山西省妇联主任，长治市人大常委会副主任。2020 年 6 月 28 日，因病逝世，享年 91 岁。

申纪兰是第一至第十三届全国人大代表，倡导并推动“男女同工同酬”写入宪法。60 多年来带领群众艰苦奋斗，为老区建设作出巨大贡献，被誉为初心不改的农村先进模范。曾先后荣获全国劳动模范、全国优秀共产党员、全国道德模范、全国双百人物、全国脱贫攻坚奖、改革先锋、“共和国勋章”等荣誉称号。

太行山上的青松

——记“共和国勋章”获得者申纪兰

2019年9月29日，北京。

人民大会堂金色大厅，绿植点缀、鲜花吐蕊，气氛庄重而又热烈，中华人民共和国国家勋章和国家荣誉称号颁授仪式正在进行。在雄壮激昂的《向祖国致敬》的乐曲声中，中共中央总书记、国家主席、中央军委主席习近平，将一枚枚代表国家最高荣誉的国家勋章、国家荣誉奖章佩戴在共和国英雄的胸前。

这是在中华人民共和国成立70周年之际，根据宪法法律规定，由全国人大常委会决定、国家主席签发证书并颁授的国家勋章，是国家最高荣誉。在首次获得国家勋章、国家荣誉称号的42位功勋模范人物中，有一位满目沧桑却依然精神矍铄的农民代表，再次汇聚了各方目光……

■ 申纪兰在西沟

这个来自大山深处，一辈子对党忠诚、为民代言的女中豪杰，是山西人的骄傲，更是共和国的荣光。她，就是荣获“共和国勋章”的山西省平顺县西沟村党总支副书记申纪兰。

在申纪兰的身上，有无数的荣誉，她是全国唯一的第一届至第十三届全国人大代表，曾当选全国妇女代表大会代表，世界妇女代表大会代表，第四次世界妇女大会代表。她先后获得“全国劳动模范”“全国优秀共产党员”“全国道德模范”“全国‘双百’人物”“全国脱贫攻坚奖——奋进奖”“改革先锋”等无数个荣誉称号，2001年被全国保护母亲河行动领导小组授予“全国保护母亲河（波司登）奖”,2012年3月被全国绿化委员会评选为“国土绿化突出贡献人物”，2019年被推荐为“最美林草人”。

提到申纪兰，人们自然而然会想起生她养她的家乡——山西省平顺县西沟村。想起西沟，人们也自然而然地会想到林业。

有人说西沟是靠林业起家的，也是靠林业发家的。这话说的一点不假：林业是西沟人的命呀!

矢志绿化荒山

曾经的西沟村，山是石头山，沟是石头沟。有一句古话说：西沟是“没土净石头，谁干也发愁”。过去的西沟一棵树也没有，山大沟深、石厚土薄是西沟的特点。由于没有林木草皮的遮盖，直到20世纪50年代，这里仍是一个山高石头多、出门就爬坡的穷山沟。暴雨一来，洪水肆虐，遍地遭殃，水土流失相当严重。

1951年12月，西沟村初级农业生产合作社成立，李顺达当选社长，申纪兰当选副社长。合作社成立后，当年他们就利用冬春农闲时节，带领社员在河滩打坝造地30亩。春天，30亩地全部种上了玉米、谷子等粮食作物和土豆、红白萝卜等蔬菜。那年，人努力天帮忙，看见庄稼绿油油的长势，西沟人别提多高兴了。

然而，让西沟人没有想到的是，8月初的一场暴雨，把新垫的30亩土地、新垒的100多米大坝冲了个净光，粮食和蔬菜几乎绝收。眼看就要收获的庄稼被洪水冲得一净二光，整整一个冬春的心血付之东流。西沟人的高兴心情一下子跌倒了低谷，申纪兰更是伤心地流下了眼泪。

20 世纪 70 年代，申纪兰和李顺达一起在荒山上栽树

暴雨没有阻挡西沟人的信心和勇气，反而激起起了他们与天斗、与地斗的决心和锐气。雨过天晴，申纪兰和李顺达就发动群众上了工，修复塌岸、恢复耕地、扶苗补种。

一天下工后，李顺达把申纪兰叫到一边，指着光秃秃的群山对申纪兰说："纪兰，你看，咱这么多穷山秃岭，如果不栽树不治理，心永远不安呀！""要想保住咱们的耕地，就必须发展林业，才能改变面貌。"申纪兰不由顺着李顺达的手势看去，四周光秃秃的山峦，好像一些少气无力的老汉，在一夜之间被妖魔撕去了衣着，一个个赤身露体地站在那里，光秃秃的特别刺眼，真是要多难看有多难看，显得可怜、悲伤，仿佛在那里呻吟。是呀，要想过上富裕的生活，就得改变荒山秃岭的面貌！申纪兰想到这里，对李顺达说："咱们一定要绿化荒山，治住这条恶龙。"

修复塌岸、补植补种一结束，申纪兰便与西沟村的干部们上了山，境内的 7 条大沟、232 条支沟、332 座大小山头他们跑了个遍。白天上山晚上开会，发动党员干部和群众植树造林。他们还制定了林业发展三年计划和五年规划：河滩地和梯田种庄稼，远山高山种松柏，近山低山种五果，向阳坡做牧坡。同时，为了有效利用劳力，他们进行了分工，李顺达带领男人负责打坝造地，申纪兰带领妇女负责植树造林。

1952 年秋，在雨季来临之际，申纪兰带领西沟村的妇女们从小花背开始，打响了绿化荒山的攻坚战，开始了在光秃秃的干石山上种树。

小花背，在西沟村众多山梁里最为陡峭，妇女们弓着腰，爬到了山坡上。她们挥镢刨鱼鳞坑，一镢下去金星四溅，刨一个坑，不但需用很大力气，而且要很长时间；有的地方直不起腰，站在那里挥镢刨坑就有滚下去的危险，有的人就跪在地上，趴伏在坡面上，用镢刨，用手掘土。申纪兰更是身先士卒，第一天她的裤子便被石头磨得见了膝盖，十个指头掘破了皮，但她仍然乐呵呵的，还和几个姑娘、年轻媳妇编了一首歌，你一句我一句地唱着："走一山又一岭，小花背上去播种，今年栽下松柏树，再过几年满山青，等到松树长起来呀，支援国家大家都有功。"歌声在群山中回响，极大地鼓舞了妇女们的士气。

接下来的一个多月，申纪兰和妇女们天不亮就上山了，天黑了好长时间才回家。饿了啃几口糠窝窝，渴了从瓦罐里舀勺冷水。申纪兰的鞋底磨出了窟窿，脚趾从鞋里探出头来，衣裤千疮百孔，衣袖裤脚划成了条条，简直就像叫化子一样；膝盖磨破了，脚掌磨肿了，手指被破布缠了一层又一层，人也消瘦了许多。许多妇女也是这样。有的用手掘土，把指甲都掘掉了。就这样，她们硬是在 300 亩山坡上种上了松籽。

松籽种上了，希望的种子也在她们心中萌发。自从种上松籽，有多少人在梦中梦见小花背上长出了松树啊！又有多少人在梦中梦见荒山变绿而欣喜地泪湿衣枕啊！她们盼望着自己用血汗种下的松籽破石而出，盼望着自己的血汗换来美好、欢乐和幸福！

可是，第二年春天的一天，西沟的几个庄里不知谁传来一个令人不安和伤心的消息："小花背上只长出了一棵松树。"

"走，咱们瞧瞧去，看看是不是只出了一棵苗？"申纪兰和马俊召、宋芝凤、周春连等几个要好的女社员上了小花背。几个人到了哪里，都傻眼了。那几百亩山坡上竟找不出一棵松树苗的影子。她们看到自己付出了那么大的代价，而换来的仍然是一片空地，一个个伤心地哭了。申纪兰，这个经过风雨磨炼的年轻妇女，也忍不住呆望着这该死的石山，眼泪一串串落了下来。

马俊召擦了一把眼泪，站起来向申纪兰走去，哽咽着说："纪兰，完了，全完了！咱们怎办呀？"申纪兰用手抹了一把脸，凝视着这片山，咬了咬牙，对几个姐妹说："别哭了，咱们得想想办法，我就不信这里种不出树来！"

这时，李顺达也听说了，带领社委会班子来到了山上。他知道，现在妇女们需要的不是眼泪，而是信心，是党支部的支持与鼓励。于是亲切地说："大家不要难过，有一棵苗，就不愁一坡树，就说明一个道理，咱西沟山上能造林，能长出树来。"于是他们又开始在山上寻找起来，结果发现：共出了 45 棵松树。李顺达看着这破石而出的松树苗，脸上闪着红光，信心百倍地说："你们的成绩不小啊！去年是第一年上山植树，出了这么多的树苗不简单！回去后大家好好总结一下经验教训，是不是出苗率低与种树的方法有关系？咱们总结出教训，改变了方法，今年再接着干么！"

听了李顺达的话，申纪兰和大伙儿回去后，马上组织大家开会，分析出苗率低的原因，还带领几个妇女等到外地请教学习，终于找到了根源，他们改挖鱼鳞坑点籽为用镰开沟点籽的办法。这样，一能保持水分，二能防止山鸟叨籽，三也比较省力。原因找到了，申纪兰带领妇女们重新在荒山上种树，这一年她们不但把那 300 亩山坡点上种，而且还多种了 1200 多亩，成活率都在 90% 以上。

这以后，每下一场雨，她们就上一次山，造一次林。党员干部带头，妇女儿童全出动，每年造林 1000 多亩，荒山再大，再多，也难不倒她们了。

申纪兰的一生承诺

20 世纪 50 年代，太行山还没有苹果树。1952 年李顺达出访苏联回来，带回了东北人送的两个苹果。晚上开全社干部会时，他神秘地把两个苹果从怀里摸出来，摆在大家面前。

“你们谁认得这是啥？”李顺达说。“不知道。”申纪兰回答道。两个圆不溜球的东西放在桌子上，大家都瞪圆了眼睛仔细看了好大一会儿，但没一个人能认得。“是什么呢？”申纪兰问。

“告诉你们吧！这叫——苹果！是树上结的！”“1950 年我参加全国政协会议时，毛主席还亲自给我削过苹果皮呢。”李顺达骄傲地说道。

“是叫看样儿哩？”众人议论道。“不，它能吃！”于是，李顺达拿出毛主席赠送给他的那把小刀，小心翼翼地把两个苹果按人头切成了一个个小块儿，一一分给大家。

“尝尝！”大家疑疑惑惑地把小块苹果放进嘴里。

“好吃吧？”“好吃！这东西甜丝丝的，还能打渴，真不错。”

“这东西咱这地方能种不？”申纪兰打破砂锅问到底。李顺达告诉申纪兰：“苹果树不是拿籽种，要树苗呢！”

那咱就种呗，去哪弄树苗呢？申纪兰憋不住又问：“你快给咱找树苗呀，咱说干就干吧！”

李顺达看着申纪兰着急的样子说：“树苗不缺，远在天边，近在眼前，咱这山上就有！”

“别耍我们了，咱这山上要有，怎就没人见过一个苹果呢？”申纪兰瞪着眼问。

李顺达说："我打听清了，这苹果树就是咱这山上的海棠树和苹果树的枝条嫁接的。咱这一带山里有一种野海棠，明天党员、干部就分头到山上寻找。苹果的接条我已和东北朝阳地区一个果园联系好了，他们支援咱们接条。你们说好不好？"

"好！好！"

当下，大家进行了研究，兵分几路，深入山中去找野海棠树苗。申纪兰和马俊召等妇女们一路，到东峪沟一带山里去找。申纪兰领着十多个妇女从山上挖来的野海棠树苗栽到了老西沟的后背山上。第二年春天，请东北人来嫁接了500株苹果树苗。

1952年11月，林业部给西沟村邮寄来700株苹果树苗，这是苹果树第一次落户上党地区。党支部把栽苹果树的任务又交给了申纪兰和妇女们。1955年春，申纪兰又和西沟干部、社员肩扛扁担，怀揣窝窝，跑到几十里远的杏城和花园山一带刨回嫁接母本的小楸树苗，在老西沟开始栽种。为了减少占用耕地，她们又在乱石河滩挖石垫土种苹果树。在河滩种苹果树要先刨一个4尺见方的坑，挖去石头石渣，然后从远处担上肥土填满，再浇水，每栽一棵苹果树，得担五六十担土，用三四个工。就这

20世纪80年代，申纪兰在修剪树木

样，申纪兰带领西沟人民用心血和汗水建成了300多亩苹果园。

1953年4月，申纪兰参加全国妇女大会并出席了在丹麦首都哥本哈根举行的第二届世界妇女大会，同年9月当选山西省妇联常务委员；1954年当选第一届全国人民代表大会代表；1955年出席山西省社会主义建设积极分子代表大会。

1958年，出席全国三八红旗手表彰大会和全国妇女群英大会。也就是这次妇女群英大会，发生了一件让申纪兰终生难忘、永远铭记的大事。

会议期间，组织上通知包括申纪兰在内的7位农业合作社的女社长到周总理家中座谈。听到这个令人兴奋的消息，7位女社长的心情既紧张又激动，大家不知道到总理家中说什么才好，但有一个共同的愿望，就是早点见到敬爱的周总理。

上午9时，申纪兰等在全国妇联书记处负责同志的带领下，坐车来到中南海西花厅总理的住处。总理招呼大家坐下，亲切地说道："你们七位都是女社长，我没时间去看望你们，今天请你们来坐坐，好不好？""好！"大家异口同声地回答。

总理看了大家一阵，可能从衣着服饰上看出了谁是申纪兰，便指着申纪兰问："你是李顺达合作社的副社长申纪兰同志吧？"

申纪兰慌忙站起来说："是，周总理！我叫申纪兰。"

"坐下说么，不要紧张。"接着总理问到西沟村有多少人，多少户，多少亩耕地，还问到申纪兰家里和她本人的情况，申纪兰都一一做了回答。最后，总理又问："听说你们那里绿化搞得不错，你们栽了多少树呀？"

"我们村里有1万多亩荒山，现在一半以上已经种上树了，还栽了几千棵苹果树。"

"这就好。"总理对申纪兰的回答很满意，他望着申纪兰高兴地点了点头："你们山西树不多，很多山都是光秃秃的，应该多植树。树多了，可以保持水土，也能改变气候，你们那里也就富了。"

申纪兰激动地向总理表示："总理，我们一定把所有的荒山都绿化了！"

"一定把所有的荒山都绿化了！"这是申纪兰对周总理的承诺，也是申纪兰对西沟人的承诺。

日复一日，年复一年，申纪兰带领西沟人，发扬自力更生、艰苦奋斗的精神，植树造林，绿化荒山，终于使西沟的荒山长出了一片片新绿。到 1963 年，完成荒山造林 5000 亩，特别是西沟村的苹果园经过 10 多年的种植和培育，发展到了 300 亩，年产苹果 30 多万斤，林业成了西沟村经济发展的支柱产业。

他们一坡接着一坡，坚持在容易成活的阴坡、背坡封山造林，到 1969 年中华人民共和国成立 20 周年大庆时，已造林 8000 余亩，发展牧草 3000 亩。1973 年，西沟村苹果产量达到了 70 万斤。同时，他们还栽植核桃树 10 万多株，山桃 2000 亩。

■ 丰收的苹果

在李顺达、申纪兰的带领下，西沟人民在沟滩修堤坝、建水库、治滩涂，有效地控制了水土流失，并建成了500亩滩地，发展起500亩苹果园，使昔日乱石滚滚的干石滩变成了花果园、米粮川。到1983年，西沟村拥有山林15000多亩，平均每人拥有万元以上的资产，西沟村在光秃秃的荒山上建成了“绿色银行”。

向阳坡绿化进军

改革开放以后，申纪兰开始带领群众向阳坡进军。阳坡绿化技术对于申纪兰和全村群众来说都很陌生，申纪兰就自告奋勇在自家小块地里试验，搞起了容器育苗，并向省市县林业技术人员虚心讨教，研究推广了径流整地、石片覆盖、生物覆盖、根宝蘸根等技术措施，阳坡绿化终于获得成功。当年在阳坡上栽下了第一片科技示范林，成活率在85%以上，从此在申纪兰的带领下，西沟大面积推广容器育苗造林，均获得成功，并在短短几年内，全面完成了阳坡绿化任务。

现在西沟村造林总面积达到了26700亩，其中阳坡绿化总面积就达到了12000亩。西沟村森林覆盖率在80%以上。一个穷乡僻壤荒山秃岭的穷山村变成了满地宝藏、瓜果飘香的“绿色银行”。正是因为这种锲而不舍的精神,2001年，申纪兰荣获“全国保护母亲河（波司登）奖”，但面对沉甸甸的2万元奖金，申纪兰并没动心，她回到家就把这2万元钱捐给村里打了井。

“绿水青山就是金山银山”，党的十八大以来，习近平总书记“两山论”的提出，为西沟村发展指明了前进方向。

围绕习近平总书记“两山论”这一指导思想，申纪兰和西沟村党总支、村委会一班人重新调整西沟村发展思路，提出打造“红色西沟、绿色西沟、彩色西沟”的总体发展战略。

西沟村是全国第一个农业生产互助组织——李顺达互助组的诞生地，

■ 申纪兰参加植树造林

中华人民共和国最早提出开展爱国丰产竞赛运动的倡导者，中国农村开展合作化运动的典范，中国农村妇女最早举起男女同工同酬大旗的发源地。围绕西沟红色资源，近年来，申纪兰带领村“两委”一班人在原有西沟展览馆、李顺达纪念亭、李顺达陵墓、西沟村史亭、李顺达故居、李顺达互助组雕塑、太行之星纪念碑、金星峰等景点的基础上，又开发了李顺达旧居、毛泽东主席题词纪念碑、革命岩、血泪凹、创业田、小花背、总理植树点、西沟国防教育基地等红色旅游景点。红色，成了西沟人传承接力的旗帜颜色，更是西沟村多年发展不变的底色。

绿色，是西沟的本色。西沟村土地面积 30500 亩，其中有林地面积 26700 亩，是天然绿色生态氧吧，属于山西省省级森林公园。近年来，西沟村形成了村庄建在林中、公园建在村中、房屋建在园中的美丽新西沟。同时村里建有农光互补香菇大棚基地，实现了棚上发电、棚下观光采摘新模式。按照企业建在景区、企业建成景点要求，纪兰饮料、太子龙服饰、纪兰潞秀、潞麻农业等企业均按工农业生态观光旅游景点打造。

“彩色西沟”是党的十九大以来申纪兰提出的一个新概念。围绕彩色西沟，近年来，西沟村充分利用荒坡、荒滩、荒沟、荒地，见缝插针、插花种植，先后发展山桃山杏 3000 亩，连翘 3000 亩，沙棘 2000 亩，山楂 1000 亩，花草 1000 亩，实现了春季山桃花、黄花满坡，夏季绿色遍野，秋季野花盛开、红叶飘香、沙棘翠滴。

现在西沟村正在开发森林公园，目前他们投资 200 万元，完成了金星峰、辉沟林业水土保持工程，高标准完成了 8 里东西两侧荒山绿化绿色走廊工程、老西沟后背 2000 亩“三八”林工程和公路沿线道路绿化工程。投资 1000 万元，建成了古罗休闲公园、沙地栈休闲公园、西山公园、桥北公园、东峪小游园等多个绿色生态化公园。

如今的西沟，满目青山，满眼皆绿，一派生机勃勃、绿意葱葱的人间美景。而申纪兰却从一个只有十几岁、梳着两个小辫的小姑娘，变成了一个长满老茧、饱经风霜的老人。

70 多年来，申纪兰从未停止过植树造林、绿化荒山的步伐。

今日西沟，郁郁葱葱的松柏林如同一条墨绿的飘带迎风飞舞；一排排整洁亮丽、干净漂亮的别墅式二层将军楼依山而建，错落有致；一个个绿柳成荫、造型别致的街心公园四季常青，美丽如画；屹立在村中央的“中国西沟”四个大字在阳光的照耀下熠熠生辉。现在，西沟呈现给人们的是一个蓝天白云、青山绿地、墙白屋美、富裕文明的现代化新农村。

申纪兰，被人们称为太行山上一棵永不褪色的青松。

社会评价

初心不改的农村先进模范，第一届至第十三届全国人大代表，倡导并推动“男女同工同酬”写入宪法，60多年来带领群众艰苦奋斗，为老区建设作出巨大贡献。

——2019年9月29日，在中华人民共和国国家勋章和国家荣誉称号颁授仪式上给申纪兰的颁奖词

改革开放以来，她不断探索山区发展道路，全面发展农、林、牧、副生产，带领平顺县西沟村人治山治沟、兴企办厂，逐浪市场经济大潮，奋力建设小康新村，西沟村的发展始终走在山西前列。她是唯一连任十三届的全国人大代表，初心不改、矢志不渝。荣获“全国劳动模范”“全国优秀共产党员”“全国道德模范”等称号。

——2018年12月18日，在庆祝改革开放40周年大会上申纪兰获得“改革先锋”称号的颁奖词

采访完著名“全国劳动模范”“共和国勋章”获得者申纪兰，我想起了毛泽东主席说过的一句话：“一个人做一件好事并不难，难的是一辈子做好事，不做坏事。”

申纪兰就是一辈子在做好事，而不做坏事。在采访中，老人家一直说：“我文化低，没水平，但是跟党有感情。自己是一个党员，办不了大事办小事，最低也不能办坏事。”这就是申纪兰一辈子坚守的初心。

西沟村曾是一个穷山恶水的不毛之地。她带领乡亲们植树造林，改变了西沟的生态环境。

西沟村曾是一个贫穷落后的穷山沟沟，她带领乡亲们兴企办厂，让西沟走上了富裕之路。

她曾经担任10年的山西省妇联主任，35年的长治市人大常委会副主任，但她始终不离西沟，不离劳动，不离农民，坚守自己的“五不”原则（不转户口、不定级别、不领工资、不要住房、不坐专车），保持了一个共产党员的本色。

她曾先后荣获“全国劳动模范”“全国优秀共产党员”“全国道德模范”“全国‘双百’人物”“全国脱贫攻坚奖——奋进奖”“改革先锋”“共和国勋章”，但她视荣誉如责任，不被荣誉所宠坏，坚守着一个共产党员的初心。

申纪兰荣获“共和国勋章”当之无愧！

申纪兰是每一个共产党人的精神坐标！

——山西省平顺县西沟接待中心　郭雪岗

（图文、视频：郭雪岗）

文朝荣

山上有林才能保山下，有林才会有草，有草才能喂牲口，有牲口才能有肥，有肥才能有粮。

文朝荣　彝族，1942 年 3 月生，中共党员，贵州赫章人。曾任贵州省毕节市赫章县河镇彝族苗族乡海雀村党支部书记。他 30 多年如一日，始终牢记党的根本宗旨，以愚公移山的精神，不向困难低头，不向贫困折腰，带领干部群众向荒山要绿地，推广良种良法，把全村 1.3 万亩荒山从风沙四起的“和尚坡”变成万亩林海，把“苦甲天下”的少数民族贫困村带上了林茂粮丰的致富路，赢得了人们的信任和爱戴。他从党支部书记岗位退下来后，又坚持义务巡山护林近 20 年。2014 年 2 月，因积劳成疾去世，终年 72 岁。先后被追授为“全国优秀共产党员”“时代楷模”和新中国成立 70 周年“最美奋斗者”等荣誉称号。

海雀的一棵树

——记“时代楷模”文朝荣

“砰”的一声，大自然放下一块雄奇壮美的高原，贵州！

见到彝族老支书文朝荣。一张黝黑脸膛刀刻斧凿，一双凛然威目正气逼人。一座雕像，一尊雄魂，与各族人民化为一体。凝立，眺望，沉思，诉说。

老人与历史——苦在前头

云雾缭绕，奇峰连绵，山路弯弯，深谷流泉，风光如画……

开窗见美景，出门临高峰。其实，很多自然美景后面都隐藏着历史的愁容：贫困与艰难。“天无三日晴，地无三尺平，人无三分银”。石头山，羊肠道，浅表土，漏水地，小块田，存不下的雨水哗哗流进深不可测的地下溶洞。一个字就可以概括贵州的历史：穷！

文朝荣记得，毕节解放不久，身穿军装的工作队进了赫章县的海雀村，一个大胡子老八路笑呵呵地告诉他，娃儿，我们在邻村办了个小学，你可以去读书识字了。他急哭了，用彝语说：“我家没钱啊！”

不要钱！

于是，这个十多岁的光脚娃爬山越岭，在油灯下读了 3 年小学。因为生产队急需记工员，他不得不终止了学业。

海雀村是苗族和彝族的聚居村，文朝荣成了中华人民共和国成立后村里第一个文化人，第一个会说普通话，第一个识文断字，第一个能读红头文件，第一个铁心跟共产党走的人。距离赫章县城近百公里、藏在大山窝里的海雀村曾被称为“苦甲天下”，全村海拔 2300 米以上，常年过着刀耕火种的日子。坡田薄土，包谷只长半米高，结一个小棒子，村民戏称田鼠也要跪下才能啃到。一年四季，家家户户一季包谷三季野菜，许多人家连盐巴都买不起。男人们衣衫褴褛，女人们的裙子烂成了麻条。霜雪满天的冬季，四面透亮的“杈杈房”（窝棚）里，乡亲们钻草铺、盖秧被，和牲畜们挤在一起睡，为的是老黄牛的呼吸可以带来些微微的暖意。有的村民十三四岁还没穿过裤子，那年月“山上只要没毒的都找来吃，大便像小便一样稀”，“一袋炒面、十个鸡蛋就可娶回一个媳妇”。

政府发一次救济粮或衣物，海雀村就得大哭一场。村民要，干部也要，“狼多肉少，分不下去啊！”村委会上，火爆脾气的文朝荣说，这是救命粮，不能搞平均，不能撒芝麻盐儿，“救命粮一定要给那些最穷最饿的人吃”。他铁青着脸，逼着干部让。那时没有计划生育，好些人家都有四五个娃，最多的有九个。谁家都吃不饱，谁都让不起，村干部蹲地大哭。文朝荣吼道：“我带头！咱别忘了，红军打仗时干部冲在前头，现在干部要苦在前头！”苗族老奶奶安美珍家几个月不见粮食粒儿了，锅里只有一点野菜，而且发了霉。文朝荣来了，“砰”的一声把一袋包谷放到地上——那是他让出来的救济粮。老奶奶活过来了，活到今天，93 岁了，瘦小、结实、驼背，像半截老树根。有一年家里还杀了两头 400 多斤的猪。就这样，文朝荣吼了四次“干部要苦在前头”，喊了四次“我带头”，先后让了四次救济粮，让得老婆哭孩子叫，让出一个皮包骨的铮铮硬汉，让出一个响当当的共产党员，让出一个温暖人心、凝聚人心的村支部书记。这件事上了当年的《人民日报》。

20 世纪六七十年代，一穷二白的贵州让各级干部们灰心丧气，束手无策。海雀村成了全县有名的填不满的“大深坑”，政府愁，干部怕，路途远，村民多年没看到干部的身影了。1984 年，数月的大旱和低温让毕节地区的饥荒愈发严重。1985 年 5 月 29 日，新华社记者刘子富走访了几个县后，又来到赫章县海雀村。文朝荣沉痛地对他说：“我领你去看看村民的穷日子吧，我这个支书干得不好，不争气啊！”两人转了 3 个村组 11 家村民。这里的赤贫和饥饿让刘子富深感震惊，一篇报道

■ 过去的海雀村

急电中央：

贵州省赫章县各族农民中已有 12001 户 63061 人断炊或即将断炊。安美珍大娘瘦得只剩枯干的骨架支撑着脑袋。她家四口人，丈夫、两个儿子和她。全家终年不见食油，一年累计缺三个月的盐，四个人只有三个碗，已经断粮五天了。苗族社员王永才，全家五口人，断粮五个月了。走进苗族大娘王朝珍家，一下就惊呆了，大娘衣不蔽体，那条破烂成线条一样的裙子，一走动就暴露无遗。见有客人来，大娘立即用双手抱在胸前，难为情地低下头。

……记者在海雀村一连走了九家，没发现一家有食油、有米饭的，没有一家有活动钱，没有一家不是人畜同屋居住的，也没有一家有像样的床或被子，有的钻草窝，有的盖秧被，有的围火塘过夜。由于吃得差、吃不饱，体力不支，一天只能干半天活。这些纯朴的少数民族兄弟，尽管贫困交加，却没有一个外逃，没有一人上访，没有一人向国家伸手，没有一人埋怨党和国家，反倒责备自己“不争气”……

数天后，即 1985 年 6 月 4 日，这篇内部报道放到中央政治局委员、书记处书记习仲勋的写字台上。这位出生在穷困陕北的老革命家、红区创始人之一，一定读得很激动也很沉重。老人作出如下批示：“有这样好的各族人民，又过着这样贫困的生活，不仅不埋怨党和国家，反倒责备自己‘不争气’，这是对我们这些官僚主义者一个严重警告!!! 请省委对这类地区，规定个时限，有个可行措施，有计划、有步骤扎扎实实地多做工作，改变这种面貌。”

批文电传贵州。1985 年 7 月 24 日，刚刚就任省委书记几天的胡锦涛指示相关部门以最快的速度，紧急调拨大批粮食和救援物资，星夜兼程运进毕节各县。海雀村欢声如雷，那里的炊烟有史以来第一次变得如此饱满、温馨，飘散着米面包谷的袅袅香味。同时，胡锦涛亲自赶往赫章县等地，走访了许多村寨。看到那里到处是秃山野岭，土地贫瘠，人民生活极度贫困，他的心情十分沉重，笔记本上记满了密密麻麻的数据和干部群众的意见。结论是明确和严峻的：靠救济解决不了贫困，让山绿起来，让土肥起来，让水留下来，才是脱贫致富的根本大计。这是一个悄悄的重大的启程：科学发展观思想就这样在毕节大地上起步了。1988 年，经国务院批准，以“开发扶贫、生态建设”为主旨的经济社会发展系统工程——毕节试验区宣告成立。

贵州，终于踏上一个前所未有的伟大进程。

老人与时代——走在前头

“开发扶贫、生态建设、人口控制”的科学发展观思想迅速传遍贵州大地，老支书文朝荣的心里像打开了一扇门，霍地亮了!1986 年春节前的一天，他在村干部会上提出，要发动村民上山义务种树。大家怀疑老支书的脑壳儿进水了，周围几座大山全是光秃秃的“和尚坡”，都绿化了要干几辈子啊！文朝荣说，我们的山本来是绿的，为什么现在成了秃山？为什么我们的田亩越来越薄？粮产越来越低？为什么我们穷得穿不上裤子？因为我们世世代代把树砍光了当柴烧，再这样下去，子孙后代连树长什么样都不知道了。

村民代表会上阻力更大，许多人七嘴八舌叫，不行！山上有我们很多地，粮都没得吃，种树能填饱肚子吗？

文朝荣说了一个很朴素的道理：山上有林才能保山下，有林才有

20 世纪 80 年代，海雀村生态环境恶劣

草，有草才能喂牲口，有牲口才有肥，有肥才有粮。我们必须豁出去，坡地本来打不了多少粮，干脆种树！

有村民站起来大喊，我们的女人裙子都烂成麻条了，让她们光屁股上山啊？

文朝荣说，亏你还是个爷们儿呢！把你的裤子给女人穿，你找块麻布围上就行了！

村民们哄地笑炸了场。

几天后，无论情愿的还是不情愿的，无论骂娘的还是抹眼泪的，个个破衣烂褂，草鞋斗笠，都让文朝荣轰上了山。那些亲手把自家地刨了的村民，像死了亲人一样跪在地头直掉泪。但不管怎样，哭归哭骂归骂，许多年来文朝荣一直铁骨铮铮，苦在前头，办事公道，大家都服

■ 文朝荣走在山间小路上

他，信任他。上山时，文朝荣走在前头，老伴和三个大孩子跟在后面，小女儿扔在家里托付给老人，常饿得哇哇哭喊爹妈。工地上，有老大娘饿昏了，有男人累倒了，有孩子冻哭了，有很多人动摇了，文朝荣黑着脸教训干部："天大的难，地大的难，干部带头就不难！"可眼看村民累成这样，他能不心疼吗？文朝荣风风火火跑下山，把家里的一点点存粮倒空了，把二女儿文正巧准备坐月子的一百多个鸡蛋"偷"来了，又跑到区政府含泪要救济要支援："要是山上饿死累死一个，我这辈子都活得不安宁啊！"区政府很感动，吃的穿的都送来了，村民们举着锹镐，用苗语、彝语、汉语，一起跳脚高喊"区长万岁！"这时候，文朝荣默默站在一边，默默抹着眼泪。我们的父老乡亲，多知道感恩啊！

山高路陡，天天饿着肚子爬山谁都扛不住。为节省体力，春寒之夜，村民们经常围着篝火，盖着烂衣，睡在草窝里。连续4年，衣裙越来越破了，胡须越来越长了，三个春节大年夜，村民们都是在山上过的，喝的是山沟水，吃的是洋芋（马铃薯）、包谷菜团子。苗族、彝族的青年男女围着篝火载歌载舞："太阳出来照半坡，哥和妹来栽树多。哥在前面挖坑坑，妹在后面盖窝窝。"那热闹景象，仿佛一个来自夜郎国的古老部落凯旋，出现在当世……

海雀村史无前例的"栽树运动"（当时还没有"退耕还林"的说法和政策），就这样以愚公移山的精神轰轰烈烈地坚持下来了。这是全省第一个自发、自觉、自费的"村办绿化运动"。1986年，海雀村造林八百亩。接下来的三个冬天，有经验也有自育的树苗了，又展开更大规模的造林大会战。经统计，4年间海雀村共造林13400亩。后来，国家制定了退耕还林优惠政策，村民们能得到补贴粮款，积极性更高了。十多年拼下来，周围几座石山秃岭变成了郁郁葱葱的林海，绿化率由原来的5%提高到70%以上，人均拥有林木15亩，全村每年享受退耕还林补贴24.8万元，林业价值达4000多万元，人均5万多元。这是村民义务造林得到的"意外横财"。

还有一件大事，记挂在老支书的心头：计划生育。他痛切地体会到，村民极度贫困，是自然环境造成的，也是人多地少形成的。村民越穷越生，越生越穷，形成一代代的恶性循环。他大会小会、苦口婆心搞动员，可村民们怕“开肠破肚”，吓得一听计生人员到村就满山遍野躲，好多孩子都是“超生游击队”在山洞密林中的“运动战”中横空出世的——出了娘腹一声哭，落地睁眼见天空。

千年习俗，乡野痼症，少造人比多种树还难。老支书知道，这项国策要执行到底，干部必须走在前头。他动员只有一个男娃的大儿子文正全率先节育，给全村树个榜样，小两口哭了几次躲了几次。老支书说：“我是村支书，说话连你都不听，哪个还愿意执行？”文正全和媳妇揩干眼泪，领回了全村第一个独生子女证。从夜郎国到共和国，这是海雀村开天辟地的一件大事，很震撼。后来文朝荣的二儿子文正友生了一男一女，也节育了。

老支书有底气了，脚板咚咚响，到了有两个女儿的苗民王兴全家。

你要是再生个男娃，亲不亲爱不爱？他问。

■ 现在的海雀全景图

自家的儿，能不爱吗？王兴全抽着烟闷头说，他知道老支书上门是“黄鼠狼给鸡拜年——没安好心”。

文朝荣拎起他家的小半袋包谷糠粒儿说，再生个娃儿，就给他吃这个？你爹妈生了你兄弟姐妹七八个，哪个过好了？哪个能养老？你爹最后是饿着肚子走的，后事是我给办的。娃多嘴多，越多越穷，这个道理你应该想得通。一通话说得王兴全心服口服，节育了。

海雀村几个村寨很分散，分坡隔谷。自那以后，文朝荣夜夜提着马灯挨家做思想工作，有人劝他用村委备的手电筒，他说，电池四角钱一对呢，一个来回就用完了，舍不得啊。

中国改革办了两件大事：物质生产由“计划性”转为“市场化”，人口生产由“市场化”转为“计划性”。从多造林到少造人，老支书坚定不移地走在前头，起了表率作用。21 世纪以来，海雀村没发生一例政策外生育，这在少数民族村落，是开了一代新风。

——“地膜覆盖”“定向移栽”等多项科技种田的技术和种子引进来了，老支书带头试种示范，包谷亩产从 200 斤蹿升到 500 斤。全村 208 户人家开始了杀猪过年的好日子……

——1985 年，村小学的杈杈房快塌了，五个读书娃又变成放牛娃。老支书卖了家里的牛，带头捐款捐物，动员全村翻盖了新小学，木板当课桌，石头当坐凳，交不上学费的村里垫付，不送娃娃读书的罚款。2009 年，海雀村开天辟地出了两位大学生王光全、王光祥，全村像过盛大节日，载歌载舞敲锣打鼓，一直送到山路口……

——海雀村地处高坡，人畜饮水要从深谷挑上来，一条扁担、一个猪槽子，从秦皇汉武时候一直用到 21 世纪。老支书带人上山到处钻洞找泉，胶鞋磨破了两三双，手脚磕碰得鲜血横流。终于，一条管线飞流直下三千尺，家家吃上了“自来水”……

如此尘封千年的艰难环境，仅靠老百姓的肩膀硬扛是扛不动、搬不走的，需要党、政府和社会各界的支持与帮助，需要党的群众路线和干部的脚步真正打通“最后一里路”。许多年来，来自省、市和中央的滚滚暖流不断涌向毕节试验区，涌向海雀村。在中央统战部的部署下，远在北京的台盟中央对口帮扶海雀村，十多年来，他们动员社会力量投入800多万元，把这个古老村寨变成了赏心悦目的花园村。粉墙乌瓦，花树成行，文化中心，超市商铺，还有小学操场上高高飘扬的五星红旗和如花朵一般的孩子们……

老人与海——干在前头

《老人与海》，是美国作家海明威的一篇小说，说的是一位性格倔强的老渔夫，在大海风暴里与一条巨大马林鱼搏斗不休，当他终于把鱼拖回码头时，这条大鱼被鲨鱼吃得只剩了一副骨架。老渔夫所获无几，但他的奋斗精神却给人以极大的震撼和激励。大海的风浪与考验成就了那位坚韧不拔的老渔夫；大山的险峻与磨砺成就了贵州的彝族老支书文朝荣。

老支书有不离身的三件宝：镰刀、背篓、笔记本。2000年，59岁的老支书退休离任，又当选了“名誉支书”，按国家规定不拿村干部的津贴了。可老人依然还像在任上，天天拎着镰刀，背上背篓，揣上小本子，四处爬山巡看他最心爱的华山松、马尾松林子，检查三个护林员的工作。每天两次，来回数十里，“出门天不亮，回家月亮上”。在村里遇上什么事儿了，还要说几句，吼几声。村民都把他当“老革命”一样敬着爱着，说话都听，听了都办。有趣的是，老支书教育人的水平日见提高，发火骂人则是改了再犯，犯了再改，而且只用苗话和彝话——普通话一向是用来开会的——骂也听着亲切。

2013年春，劳苦一生的老支书病倒了，前列腺癌，动了手术。眼瞅着身体越来越弱了，老人家要求家人扶着他上山再看一次林子。走不动了，儿子便背起他。蓝天丽日下，漫山坡的林海青翠苍郁，花草芬芳，松香扑鼻，斑斓的翠鸟在枝头快乐地歌唱。老人动情地抚摸着一棵棵高大笔挺的华山松，像爱抚自己的孩子。“以后你们要护好这片林子啊，”他对身边的村干部和儿子说，“这是全村老百姓的心血汗水，也是子孙后代的传家宝啊，我死了也会惦记的……”说着，老人泣不成声，泪水纵横。

那是他心中一片永远的绿海，老人与海，永不分离！

2014 年 2 月 11 日，73 岁的彝族老支书文朝荣与世长辞，全村失声恸哭，天也哭了，寒风呼啸大雪纷飞。安葬的日子选在农历正月十五，天寒地冻，白雪皑皑，周围几个村子的数千名老百姓都赶来了。大家强烈要求，每村出 8 个人，一村抬一程，都送送敬爱的老支书。跟在后面的人群排起了绕山过谷的长队，泪水哭声洒了一路。93 岁的苗族老奶奶安美珍走不了远道了，在路口拦住灵柩，老泪纵横说：“老支书，你累了一生，这回好好歇吧……”

风雨兼程数十年，一个彝族老农民，一个村支书，面对困难“苦在前头”，勇于改革“走在前头”，投身建设“干在前头”。文朝荣在人民心里走成一个路标，站成一尊雕像，活成一座丰碑！中央组织部追授文

■ 文朝荣对海雀村万亩林海进行巡山管护

朝荣为“全国优秀共产党员”，贵州省委书记赵克志专程到海雀村考察，高度评价了文朝荣的事迹和贡献，省委号召全省干部“远学焦裕禄，近学文朝荣”。文朝荣一生“艰苦奋斗，无私奉献，愚公移山，改变面貌”的伟大精神，如今已成为全省干部和4000多万各族人民心中长久回荡、铿锵有力的座右铭。

其实，文朝荣的精神代表的就是“贵州精神”。贵州很穷，贵州又很富——这里的人民具有超乎寻常的吃苦耐劳、坚韧不拔的奋斗精神。这里的“文朝荣”不止一个，而是千百个。

大方县红岩洞寨地处高山坡，下河提水有500米深。苗族村支书杨明旭号召全村上山开凿悬崖，把山头泉水引进村，村民们热烈响应，呼啦啦上了工地。没想到一次爆破死了三个人，所有村民都打退堂鼓了。杨明旭不吭声，每天用一根绳子把自己吊在悬崖上，继续凿，那孤独的锤声叮当叮当响彻山谷，敲击着村民的心扉，10天、20天、两个多月过去了，终于有村民忍不住了，哭着嗓子喊，老支书是为我们好！不能让老支书一个人干，不怕死的跟我来！历时整整5年，水渠凿通了，杨明旭将第一瓢水，含泪洒在牺牲的三个村民的坟头上……

胡索文，一个老农民，年轻时家里困难，没有蒸饭家什，他跑到林子里偷伐了一棵小杉树，挨了公社批斗，他不得不亡命天涯。第二年回到村里，老婆跑了，地也没了。胡索文只好在山林里开了一块荒地度日。这时候，他想起了那棵小杉树，觉得很痛苦很内疚，决定“种树还债”。30年过去了，胡索文独居山里，从壮小伙儿变成弯腰老人，整整种了400多亩杉树林。临终前，他把全部林地捐给了国有林场，说：“这是我欠国家的……”

杨文学，行走在贵阳的“背篓”，靠卖力气挣了13万多元，回到家乡打算建新房。老父亲说，咱村出山路不通，你还是给大家修条路吧。修了半截没钱了，杨文学又背上背篓，村里二三十位青壮年齐刷刷站出来说：“我们跟你一起去背！”这支“背篓军”悲壮地踏上了征途，杨文学和村民们“背条大路回家乡”的壮举轰动了贵州，也感动了贵州……

青年农民李进进城打工，靠勤劳和诚信当了小包工头，攒了 50 万元。想到小时读书难，他想为家乡捐建一所希望小学。可父母还住着茅草房，他问父母，这笔钱为老人家盖新房还是捐建小学？父母说，我们才 50 多岁，还能干活儿，给村里孩子们建小学吧。50 万元全捐了，一所崭新的希望小学昂然崛起……

在贵州，这样的人物和故事不胜枚举，他们都是“文朝荣”，都是高山上的一棵松，大地上的一面旗。他们的胸怀像大海一样辽阔广大。他们的决战意志像大海一样涌动不息。他们用汗水足迹，在大山里书写着“老人与海”的壮丽人生。

2014 年 3 月，十二届全国人大二次会议上，习近平总书记听取了贵州代表团的讨论发言。之后，他重温了老一代革命家习仲勋 1985 年的批示，并动情地说，毕节曾是西部贫困地区的典型，那里的发展变化

■ 海雀村新建成的生态文化休闲广场

有重要的示范作用。历史经验告诉我们，干部一定要看真贫、扶真贫、真扶贫，才能使贫困地区群众不断得到实惠。

改革已经成为中国的常态，成为中华民族不可动摇、不可阻挡的必由之路。在贵州，老支书文朝荣艰苦奋斗、改天换地的精神，正在激励各族人民奋发图强，向着幸福安康的美好生活呼啸猛进；在中国，海雀村变为花园村的壮丽史诗，将更大规模地书写下去。

那时，落地生根的中国梦，一定是一片花海啊！

社会评价

贵州省毕节市赫章县河镇彝族苗族乡海雀村党支部书记文朝荣，通过20多年锲而不舍、持之以恒带领群众斗荒山、战贫困，将全村13400亩荒山从风沙四起的“和尚坡”变成了万亩林海，价值超过4000万元，森林覆盖率达到70.4%，创造了海雀人吃上“林业饭”的奇迹，村民亲切地称文朝荣为“老愚公”。文朝荣是贵州农村党支部书记的杰出代表，是全省基层干部学习的楷模。他信念坚定、对党忠诚、艰苦奋斗、无私奉献、攻坚克难、造福子孙。

为了保护绿色屏障，他主动把自家的地送给村民种。直到去世前，每天还坚持义务巡山护林，20多年来，海雀村万亩林海从未发生过一次火灾，没发生过一次偷盗行为。他一生用实际行动践行了“艰苦朴素、克己奉公”的诺言。牢牢把握贫困落后主要矛盾和加快发展根本任务，守住生态和发展两条底线，始终保持一种“敢教日月换新天”的斗志和不怕困难、迎难而上的勇气，艰苦奋斗、长期奋斗、不懈奋斗，大力建设环境美、精神美、产业美、生态美的社会主义新农村，努力实现百姓富、生态美的有机统一。

2014年8月，我正在为全国公安写一本书《国之盾》，贵州省委宣传部来电话，期望我去写写毕节地区一位去世的模范老支书。此前数年，当时的省委宣传部部长谌贻琴（现为贵州省省长）曾邀我去写过一个现任村支书，后成文《让石头开花的村庄》在《人民日报》上发表，后又成书《这里没有地平线》。这次要写去世的模范，实话说这是很难的任务，人走了，一切靠他人介绍，直达心底的思想和情感就很难表达。但我还是去了，采访了文朝荣的老伴、两个儿子和许多村民，事迹让我深为感动和震撼。我以为，作家有一种独特的幸福感，那就是遇到感动和震撼。在海雀村，我不仅看到和听到当年为民劳苦、为民请命、为民献身的文朝荣，死后化身为一片青翠林海，同时我还庆幸地得知，中国伟大的扶贫工程正是从海雀村开始的。一个普通的村支书，引发了世界史上、中国史上最为伟大的民生工程。这个意义，我当时朦胧地意识到了，但在今天才完全感觉到。这是党和人民给予我的幸运。现在，我正全力为中国脱贫攻坚战写一部书《中国温度》，开篇就由文朝荣开始。

——蒋　巍

（文字：蒋巍、阮友剑；图片、视频：李学友、况华斌、李栋）

苏和

无论是“时代楷模”“大漠胡杨”“沙漠愚公”，还是内蒙古自治区阿拉善盟政协原主席，所有的称谓都是这位执着朴实的老人。他满头白发，皮肤粗黑，双手布满老茧，与普通农牧民没什么两样，可就是这位老人，克服许多难以想像的困难，10多年坚守黑城脚下，种下9万株梭梭苗，治理沙漠3500亩，建起了一道宽500米、长3公里的生态屏障。

2018年9月，苏和在干活时被割草机绞伤了腿，因患有糖尿病伤口久久不能愈合，最终腿没能保住，做了截肢手术。可当装上了假肢，能够站起来行走时，他又回到了心爱的梭梭林。

苏和 蒙古族，1947年1月生，中共党员，内蒙古自治区阿拉善盟额济纳旗人。历任嘎查生产队长、苏木副书记、额济纳旗旗长、阿拉善盟副盟长和政协主席。他长期在家乡额济纳旗工作，目睹和亲身经历了家乡生态的恶化。2004年，57岁的苏和作出了一个令人吃惊的举动，他主动申请提前2年从阿拉善盟政协主席的岗位上退下来，放弃在城市舒适安逸的生活，带着老伴义无反顾地从阿拉善左旗回到600多公里外的老家额济纳旗，夫妻俩在沙窝里扎下了根，开启了漫长的植绿历程。

2014年，苏和被中央宣传部授予“时代楷模”荣誉称号。2014年11月被中央组织部授予“全国离退休干部先进个人”荣誉称号。

坚守在黑城脚下的“老胡杨”

——记“时代楷模”苏和

从达来呼布镇驱车向南行驶大约30公里，拐下主路沿着小油路继续向东，只见沿途两侧多是荒凉的沙丘，植被稀疏。正当大家感慨在戈壁大漠植绿的艰辛与不易时，车辆拐过一道弯，苍茫的戈壁中蓦然出现一片广袤的绿洲，那是一片生机勃勃的梭梭林。车停在了梭梭林里一幢红顶白墙的房屋前，屋前用木栅栏和绿色植物围出一个小小的院落，外面停着一辆红色的农用三轮车。正在观察周边环境时，身着军绿色T恤和长裤的苏和老人迎上前来，皮肤黝黑、满顶白发、灰头土脸、双手粗糙，典型的牧人脸庞上，除一副中规中矩的眼镜透着文化气息外，很难让人把他与厅级干部联想到一起。与之前看到的照片相比，苏和老人消瘦了许多。我们小心地问及老人的近况，可说着说着，老人的话题就转到了梭梭林、小胡杨的生长情况和浇水、病害防治等，这是最让他牵挂和放心不下的事。“天气炎热，梭梭和胡杨又该浇水了，但滴灌管道破损严重，这可是个大问题……”说到这些，老人的眼中透着忧虑。不论何时何地，老人的心里始终装着他的梭梭林，他说，额济纳在历史上是水草丰美的地方，有“天然牧场”的美称，境内有西夏黑城遗址等闻名全国的宝贵文化遗产。“我小时候来这里放牧，城墙周围没有沙子，一些野生梭梭有三四米高，骆驼都够不着树梢。但从20世纪70年代以来，由于人类活动的不合理性及自然灾害频繁发生等原因，导致当地生态环境严重恶化，风沙天气增多，梭梭林大面积枯萎，黑河水量锐减。不能让额济纳绿洲和黑城文化毁在我们这代人手里。”

心系家乡，退休归来扎根戈壁

苏和，蒙古族，1947 年 1 月出生在额济纳旗，1966 年 6 月入党，自参加工作以来，历任嘎查生产队长，苏木副书记，额济纳旗旗长，阿拉善盟副盟长、政协主席职务。他长期在家乡额济纳旗工作，目睹和亲身经历了家乡生态的恶化，可以说刻骨铭心。

额济纳旗位于内蒙古自治区最西部，地处沙漠戈壁腹地，自然条件艰苦，气候条件恶劣，生态环境脆弱。发源于祁连山脉的黑河，是维系额济纳绿洲生存的基础，额济纳绿洲也是西北地区乃至全国的重要生态屏障。由于特殊的地理位置和生态地位，额济纳旗不仅长期担负着守土戍边、服务国防建设、维护边疆安宁的历史任务，也承担着拱卫华北生态的重要使命。20 世纪 70 年代以来，随着黑河下泻水量连年减少，农垦、放牧等人为因素，这里生态急剧恶化，额济纳绿洲大小湖泊逐渐消失（1992 年东居延海干涸），绿洲被黄沙吞噬，流沙漫过 10 多米高的城墙，在城内堆起大沙丘，不少群众沦为生态难民，曾经的居延湖泽成为沙尘暴发源地，不仅影响了当地人民群众的生产生活，也威胁着华北地区及首都北京的生态安全。“沙起额济纳”真实反映了当时额济纳生态恶化的状况。

时任额济纳旗旗长的苏和，就一心想重造黑城绿洲。1992 年他带人在黑城西边的上风口打了一眼井，欲种耐旱的梭梭，可第二年他被调往盟里工作，这一愿望被搁浅。心里牵挂着黑城及家乡生态命运的苏和，2000 年去北京开会时，见到一位在内蒙古库布其沙漠义务植树的外国友人，便跟其谈起了额济纳的情况，并邀请其到额济纳种树。翌年，对方带 10 多位志愿者来到黑城脚下，2 年试种 4000 株梭梭苗。但因风沙大，缺乏管护，补水不济，大多干枯而死。

“一个小伙子流着泪说，这里风沙太大，我们没法再干，只好走了。”苏和回忆道：“我听了之后，很痛心。我知道，要想种活梭梭苗，就得有人住下来照看它们。”于是，2004 年，57 岁的苏和作出了一个令人吃惊的举动，他主动申请提前 2 年从阿拉善盟政协主席的岗位上退下来，放弃在城市舒适安逸的生活，拒绝了企业的高薪聘请，带着老伴义无反顾地从阿拉善左旗回到 600 多公里外的老家额济纳旗。为把自己的“根”扎下，2005 年他又拿出自己多年的积蓄，在黑城脚下盖起了 3 间平房，自此，和妻子在这沙窝里扎下了根，开启了漫长的植绿历程。

苏和在造林前机械整地，以保证树苗成活率

日复一日，矢志不渝绿染沙漠

额济纳旗冬季严寒、夏季酷暑，极端气候多发。恶劣的自然环境，对这个年逾 6 旬的老人既是一个严峻的考验，又是一个痛苦的折磨。

起初，他在沙窝子里搭了帐篷，雇几个民工挖坑植树。那时，最大的问题是吃饭，煮挂面、熬米粥，常常碗底全是沙子，不敢用牙咬，往往囫囵下咽；有时风太大，做不成饭，只能熬茶水、就干饼子凑合一顿。夜风卷来，简易帐篷里沙尘弥漫，一觉醒来满脸沙子。大家开玩笑说：“一天二两沙进肚，白天不够夜里补。”

■ 苏和在沙漠中栽种梭梭苗

没几天，民工纷纷卷起铺盖离去。苏和再到30公里外的镇里请民工时，许多人说“黑城我们不去，那里沙太大”。

“外国志愿者走了，民工也不来，但我不能走！”苏和心想：“我的祖先蒙古族土尔扈特人几百年前东归回到祖国，把根扎在这里。我是当地人，作为共产党员从生产队长干起，在额济纳旗工作了20多年，与这里的乡亲结下难以割舍的感情。我不能跑掉，更不能哭鼻子，一定要为家乡的生态建设出把力！”

苏和夫妇的居住地距额济纳旗政府所在地达来呼布镇有30多公里，而且只有一条简易的石子路，路况极其糟糕，他们只能每个月开车去镇上一次买一些生活必需品。由于沙漠中没有电，不但照明要靠蜡烛，而且无法存放蔬菜和肉食，他们大多数时间只能用白开水煮面条充饥。

戈壁黄沙，年降水量不足40毫米、蒸发量高达4000毫米，植树谈何容易？

荒无人烟，没路、没电、没房子；多风，风起沙即起。特别是春季，沙尘暴频繁，天昏地暗、飞沙走石。就是在这样恶劣的环境中，当年，他就在黑城北面的沙漠里拉起了一道16公里长的围栏，围封了23000亩沙漠里残存的天然梭梭林。为保证把第一批新绿插在黑城，苏和每天早上5点起床下地干活，晚上10点才收工，常常累得直不起腰，忙得吃不上饭。但是，事与愿违，时间不长，辛苦种植的梭梭苗90%都死了。

徘徊在沙丘间，默默跟在他身后的老伴心疼地掉下了眼泪，满满一年的辛苦化为泡影，也花光了全部积蓄。“黑城真无法种树吗？”苏和并没有灰心，这个向来不愿求人的倔老头却第一次舍出脸面向女儿及亲朋转借资金，要从头再来。

在沙漠中种树，最难的是水。自然条件不好，人能克服，但没有水，种下去的苗就活不了。凭着当年工作的记忆，他在黑城附近找到了废弃了好多年的深井，可是井已经被风沙埋住了，他花了十几天工夫把井从沙里挖了出来，水量很充足，有了水，种树就有希望了。重新将梭梭苗补种进去，这次树苗活了很多，苏和又挺过了一关。

查阅资料、请教专家，打深井、找良种，2006年，苏和在沙窝子里孵化出黑城第一个梭梭苗圃，当年育苗6万株，近距离移栽，成活率在80%以上。

从春天开始，沙漠中三天两场风，人无法出门。苏老看着买来的梭梭苗无法栽种，急得日夜难眠。只能等到风减弱时见缝插针地抓紧一切时间栽种，常常累得喘不过气来。炎炎夏日，这里最高气温达40℃，地表温度最高达70℃。每天清晨四五点，他们便起床趁凉快给梭梭浇水；中午，天像下了火一样，热得人出不了门，老两口经常在屋里把冷水浇在身上降温。

荒漠戈壁没有灌溉渠系，他只好用卡车拉水一株株浇灌。其他地方种梭梭只浇1次水，但他一年要给他的梭梭苗浇3次水。为了节约用水，苏和发明了一种节水的灌溉方法，就是用自制的水枪直接插到梭梭的根部注水。这样做，不但减少了渗水，而且利于梭梭吸收。现在，他种下的 9 万多棵梭梭苗，成活率在 80%以上，有的已有 1 米多高，起到了一定的防风固沙作用。

“见水疯长”的梭梭，悄然给荒漠带来了生机，也给它们的主人“布置”了“新任务”——嗅到绿色气息的骆驼、牛羊等牲畜远道光顾而来，偷偷啃食梭梭嫩枝，尤其是骆驼，连围栏也挡不住。为此，苏和夫妇每天除了浇水外，还要步行去巡护，每趟 10 多公里路程，沙漠中气温很高，苏老每次背着 5 斤的水壶出去，回来后壶已见底，还渴得嗓子直冒烟。有时实在热得熬不住了，他也曾有过离开黑城的想法，但看着被烈日晒得发黄的梭梭苗，又打消了这个念头。“梭梭苗需要补水，我走了，它们就活不了了，它们需要我。”后来，在地方政府的支持下，他在黑城北侧沙漠拉起一道 16 公里长的铁丝网围栏，将连同稀稀拉拉的野生

苏和指挥青年志愿者给梭梭浇水

梭梭、红柳等残林保护起来，让它们自然封育。

“沙漠是个无底洞，多少钱也不够用。”然而，为了心中的夙愿，每年夏秋季节不忙的时候，60 多岁的苏和放下“退休老领导”的面子，经常开卡车去打临工，给建筑工地拉材料，为商贩运输哈密瓜，想方设法挣钱补给治沙所用。

2018 年 9 月，苏和在干活时被割草机绞伤了腿，因患有糖尿病伤口久久不能愈合，最终腿没能保住，做了截肢手术。可当装上了假肢，能够站起来行走时，他又回到了心爱的梭梭林。

就在如此恶劣的环境下，苏与和家人日复一日，硬是在荒漠戈壁上人工栽植梭梭苗 3000 亩约 9 万株，补植补造梭梭林 4800 亩，形成了宽 500 米、长 3 公里的一大片林地，建起了一道生态屏障。

模范带动　全民共筑绿色长城

苏和的绿色事业，引起了社会各界的广泛关注和大力支持。阿拉善盟额济纳旗各级党委、政府和有关部门为苏老提供了柴油发电机、小四轮车、风力发电机和拉水车，旗委、旗政府投入资金 28.3 万元，为苏老架设 2.5 公里输变电路，购买 2 台变压器及配套设备；旗农牧局、林业局帮助老人完成了围栏封育 23000 亩。旗林业局在 2004 年为苏老提供梭梭、胡杨、沙枣共 5200 株，并先后共拿出资金 6 万元，帮助老人解决在治沙造林中遇到的困难和问题，安排森防站为老人的造林地喷药防虫、投药防治大沙鼠对梭梭林的危害。

苏和也渐渐成了远近闻名的种梭梭专家，很多农牧民找他咨询，苏和亲自示范，把自己的种植经验毫无保留地传授给大家。

牧民敖登其其格想找苏和买梭梭苗，但手头紧拿不出钱，不好意思地问：“能先赊点儿吗？”老人慷慨地说：“不要钱，拿去种就是了。”

受到苏和扶持的贫困户很多，苏和每年都无偿给周围的农牧民提供

■ 苏和在沙漠中为梭梭苗浇水

3 万株树苗。对他们只有一个条件：梭梭长成后，每人再带动 3 户农牧民进行种植。这样既能保护生态，又能使更多农牧民致富。额济纳旗扶贫办称之为“一带三”模式，苏和被确定为带头人。目前，大约有 300 户牧民在苏和的带动下开始种植梭梭。

苏和说这是他梦寐以求的事：“我个人力量有限，只有带动更多的人参与进来，生态才会发生根本性好转，百姓才能过上好日子。”

这些年，在额济纳旗生态立旗战略的推动下，在苏和等治沙造林先进事迹的带动和感召下，每到植树造林季节，总有单位组织职工或个人自发组团到黑城脚下义务种树、护林。苏老的故事感动了许许多多的人。如今，从个人到集体、从地方到部队、从额济纳到阿拉善乃至全国，正有越来越多的志愿者和公益组织加入治沙造林、保护生态的行动中。在社会各界的参与和帮助下，这里种的树越来越多，但养护的难度也随之增大。如何让种下的这些树、这片林茁壮成长，常在常绿，是苏和现在最挂心的事。

黑城变样了！家人都劝苏和：“你该功成身退了。”但老人说：“这只是个开头，生态治理的路还很长很长。”新的蓝图在他心中升腾：梭梭林规模要发展到 5000 亩；把黑城的沙害防治好；形成治沙产业链，给农牧民沙产业致富探探路。在这个特殊的“岗位”上，老人给自己设定的退休期限是：“坚守到走不动的那一天。”

如今，在苏和等一批治沙造林英雄的带领下，为了走出生态困境，履行好地区生态责任，保护好美好家园，一代又一代子孙们，自力更生，艰苦奋斗，众志成城，团结奋进，以生态建设为立旗之本，坚持“保护与建设并重、保护第一”，战风沙、抗干旱，大搞植树造林，在祖国北疆荒漠戈壁筑起了一道绿色长城。

晨光乍露，苏和紧握铁锹，站在黑城遗址城墙上西望，绵延伸往沙海深处的梭梭林，在微风中荡漾起大片绿色涟漪，如同成千上万亢奋的士兵，向这位排兵布阵的将军摇旗助威。

社会评价

退休后完全可以与家人共享天伦之乐、安度晚年，但苏和却在骄阳似火、酷热无比的戈壁中，在狂风肆虐、飞沙走石的沙漠里播种着绿色的希望。在他的身上，闪现的是额济纳人民坚韧不拔、艰苦奋斗、自强不息的胡杨精神，知难而进、奋力向前、无私奉献的骆驼精神。成千上万像苏和一样的额济纳人，像骆驼一样负重前进，像胡杨一样扎根边疆大漠，傲立风沙构筑着祖国北疆绿色长城。

初见苏和老人时，他满头白发，脸庞晒得黝黑，大手粗糙有力，穿一条打着补丁的迷彩裤，袖子高高撸起，正在沙漠中给刚种下的梭梭苗浇水，典型的牧人脸庞上，除一副中规中矩的眼镜透着文化气息外，和普通农牧民没什么两样，很难让人把他与厅级干部联想到一起。

就是这样一位年逾花甲的老人，面对家乡恶劣的环境，作出一个让人震惊的决定，毅然辞去阿拉善盟政协主席职务，离开自己曾经工作过多年的办公室，回到家乡额济纳旗沙化最严重的黑城地区，扛起铁锹，走进沙漠，风里来、沙里去，风餐露宿，与自己的老伴肩并肩、手拉手克服许多难以想像的困难，扎根戈壁10多个年头，坚持植树造林，在黑城边累计筑起长3公里、宽500米的绿色屏障，成功抢救天然梭梭林3000多亩，人工种植梭梭9万多棵，在茫茫沙海中造出一片绿洲，为当地的生态建设作出了突出贡献。

当问起他为什么来这儿种树时，苏和指着黑城遗址说：我从小听着爷爷讲黑城的故事长大的，对黑城有特殊的感情！这地方常年刮西北风，刮过来的沙子堆积得和黑城城墙一样高，眼看都要把黑城埋了，心疼呀！所以，我发誓要栽活一片树，好好保护这片历史遗迹。

在跟苏和老人聊天中，一提到树，老人的话就收不住，除了给小梭梭苗浇水之外，一年还要坚持给天然梭梭补水一次，补过一次水后，这些梭梭长得特别好，一年就能窜出1米多高。老人每当看着这些树时，眼里流露出的慈爱就像是看到了自己的孩子。

2019年，再次见到苏和老人时，他刚刚从北京检查治疗归来。2018年，干活时被割草机绞伤了腿，因患有糖尿病伤口久久不能愈合，最终腿没能保住，右腿小腿做了截肢手术。截肢后伤口愈合情况不好，戴上假肢后总是肿痛，老人消瘦而憔悴，脸上满是疲惫之色。即便如此，他仍心心念念地牵挂着他的梭梭林。这种执着的精神给我以冲击，更让我满怀敬佩。

对于今后的打算，苏和老人说：“我是一名老共产党员，入党以来受党的培养教育。我只是在黑城种了些树，组织却给了我很多荣誉。在我有生之年，我要感谢党对我的恩情。今后，我还要继续扩大植树面积，把黑城遗址周围的风沙治住，为子孙后代多留下点绿色。”在这个特殊的“岗位”上，老人给自己设定的退休期限是：“直到我走不动的那一天。”

在大漠戈壁坚持植绿15年不易，后续的管理养护更不易。可无论说起自己的病情，还是谈及现在面临的困难，老人始终云淡风轻，十分平和。他的面容格外憔悴，内心却充满力量；他的脸上写满沧桑，眼中却满是坚定。

——内蒙古自治区林业和草原局办公室　郭利平

（文字：敖东、郭利平；图片：敖东、李倩天；视频：内蒙古自治区党委宣传部宣传处）

马永顺

共产党把我从火坑里救了出来，我要永远跟党走。/ 我叫马永顺，一个冬天伐木 1200 立方米。/ 我想的是：没有共产党领导人民推翻三座大山，我的骨头渣子早没了。/ 只要我身子骨不散，就要上山造林。/ 我们是国家的主人，就该多为国家分忧、出力。/ 我向大山许下“还债”愿，就是少栽一棵，心也不安啊！只要不停止呼吸，我就年年上山植树造林。没了树，山秃了，河干了，鸟没了，我们的生存也难了……/ 我就要献了青春献终身，献了终身献子孙。

马永顺　汉族，1914 年 12 月生，中共党员，天津宝坻人，黑龙江省铁力林业局退休干部，2000 年 2 月逝世。

马永顺是新中国第一代伐木工人，是工人阶级的楷模和杰出代表，全国林业战线上的一面旗帜。

马永顺一生始终以主人翁的姿态，积极投身到祖国的林业建设中。在他身上体现出：国家建设需要木材做伐木模范，国家建设需要保护生态环境做育林英雄，为国分忧的爱国精神；一个人完成六个人工作量，一个冬季伐木 1200 立方米，创全国手工伐木之最，埋头苦干的创业精神；创造“安全伐木法”“四季锉锯法”“流水作业法”，刻苦钻研的创新精神；生命不息、植树不止、献身林区、不求名利的奉献精神，形成了“爱国、创业、创新、奉献”的马永顺精神。

马永顺曾荣获“全国劳动模范”“全球 500 佳环境奖”“全国十大绿化标兵”“林业英雄”“时代领跑者——新中国成立以来最具影响的劳动模范”和新中国成立 70 周年“最美奋斗者”等荣誉称号。

大森林中最闪亮的坐标

——记“林业英雄”马永顺

马永顺，1914 年 12 月 8 日出生于天津宝坻沟头庄，1948 年参加工作，1951 年加入中国共产党，1982 年退休，2000 年 2 月 10 日逝世。

马永顺是新中国第一代林业工人，全国著名劳动模范，是工人阶级的楷模和杰出代表，全国林业战线上的一面旗帜。在长达半个多世纪的林业建设生涯中，他把对党、对祖国、对人民的无限热爱化作强烈的主人翁责任感，不论是在岗还是退休，他生命不息，奋斗不止，把自己的一生无怨无悔地献给了祖国的林业建设事业。

马永顺有一种为国分忧、热爱祖国的精神

新中国成立后，马永顺成为伊春林区第一代伐木工人。他与工友两个人使用快马子锯采伐木材。两个人使一把锯伐木，不但容易出事故，还窝工，采伐效率也低。马永顺找到作业所领导说：“我想把两个人用的快马子锯剁成两截，改成一个人用的弯把子锯，不知领导能不能批准？”作业所领导高兴地说：“那好啊，不妨搞个试验嘛！”晚上收工回来，马永顺向所领导讲了自己的想法，所领导称赞说：“新中国的林区工人，就应该敢想敢干。你大胆试验吧，我支持你！”马永顺说干就干，当晚就把快马子锯改成弯把子锯，试验几天，

全国劳动模范马永顺

■ 马永顺与工友们上山采伐

果然做到了不窝工，效率高，还保安全。马永顺一个人使用弯把子锯，每天天刚亮就起来，等别人到山场的时候，他已经伐倒两棵树了。晚上天黑了才收工。别人一天采伐木材八九立方米，他一天采伐二十多立方米。一天，马永顺从山场回来，正在灯下锉锯，林务局领导走了进来，拍拍马永顺的肩膀说："咱们这里刚解放不久，担负的任务很重。前方打国民党反动派，我们后方搞经济建设支援前线。打仗和建设都需要很多木材。你能克服困难，改进工具，多采伐木材，就是爱国的表现。"马永顺听了不住地点头。这天晚上，他想起林务局领导白天说的话，久久不能入睡。他想：我们是国家的主人，一定把所有的力量都使出来，多为国家建设生产木材出力。

马永顺在工作和生活条件极为恶劣、林区树木采伐设备和技术极其落后的条件下，顶风雪，战严寒，不畏寒风酷暑，不怕艰难险阻，为国家建设奉献了全部精力和辛勤汗水。

尤其是当伊春林区木材资源趋于枯竭，党和国家号召保护生态的时候，他又身体力行，组织全家人坚持年年上山义务植树，履行了"只要我生命不息，就造林不止，给后人多留下一片青山"的誓言。时任国务院总理朱镕基接见马永顺时称赞他："你这一辈子干了两件好事：当国家建设需要木材的时候，你是砍树劳模；当国家需要生态保护的时候，你是栽树英雄。我们都要向你学习。"

国家建设需要木材做伐木模范，国家建设需要保护生态环境做育林英雄，形成了马永顺为国分忧的爱国精神。

马永顺有一种埋头苦干、艰苦创业的精神

新中国成立初期，在祖国建设最需要木材的时候，他脚踏实地、埋头苦干，一把弯把锯，威震兴安岭，一个人完成六个人的工作量，创造了一个冬季手工伐木 1200 立方米的全国手工伐木最高纪录。1959 年 9 月，马永顺出席全国群英会，参加建国十周年国庆观礼，被毛主席、周总理等老一辈党和国家领导人亲切接见。周总理对马永顺说："你们林业工人，不但要多生产木材，支援国家建设，还要多栽树，搞好绿化，实现青山常在，永续利用。"总理的谆谆教导，成为马永顺为之奋斗一生的目标。

伊春林区开发建设的初期，正是以马永顺为代表的老一辈林业工人用他们的青春和热血，让沉睡千年的林海苏醒，让人迹罕至的群山沸腾，从此开启了伊春林区艰苦创业的历程，奠定了共和国森林工业的根基。

一个人完成六个人工作量，一个冬季伐木 1200 立方米，创全国手工伐木之最，形成了马永顺埋头苦干的创业精神。

马永顺在采伐

马永顺有一种刻苦钻研、勇于创新的精神

在林区开发建设初期，木材生产作业条件十分艰苦，森林采伐尚没有形成系统完备的科学方法，只能靠工人们一边实践，一边摸索，一边总结。生产中，安全生产事故不断发生。因此，工人们的劳动热情和生产效率都受到了影响。有一次，马永顺思想受到很大震动。有个新工人，伐木时，上楂拉得低，下楂拉得高，锯还没抽出来，树就倒下了，结果被树当场蹬死。马永顺看到这些，心里火烧火燎地难受。他想，决不容许这种现状再继续下去了，必须想办法加以解决。正当马永顺苦思冥想解决办法的时候，一天，局工会的领导找上门来，拉住马永顺的手，亲切地说："老马呀，目前咱们林业生产上存在的最大问题就是事故多，安全没保证。根据你在林区采伐的经验，帮助我们找一找原因，为什么事故这么多？为什么你放树不出事故？你在林区伐木时间较长，积累了很多经验，应该在安全生产上想出个好办法来。"马永顺道："你提的问题很重要，也合乎我的心意，可我是个大老粗，让我在生产上干什么都行，要拿出个防止事故的办法，真的是很难。""这好办，只要你多动脑筋，有事多同大家商量、研究，安全生产的好办法就一定能琢磨出来。新中国的工人，都是企业主人，希望你发挥主人翁作用，为林区的开发排忧解难，多出一把力。"领导的一席话，打动了马永顺。他心里亮堂了，紧紧握住领导的手说："你放心吧，我一定尽最大努力，研究解决安全伐木问题。"打这以后，马永顺成天思考着、探索着安全生产的奥秘。他把自己过去用过的"大抹头""元宝楂""月牙楂""对口楂"等十多种放树方法，逐个进行试验、比较，每伐倒一棵树，都进行详细的观察、分析。搞了二十多天试验，虽然还没搞出什么名堂，但却从中得到许多有益的启示。作业所领导对马永顺的做法非常支持。所长鼓励马永顺说："世上无难事，只怕有心人。只要你不灰心，就一定能搞成功。"不少职工也给马永顺鼓劲，说："有需要我们帮助的，你说

一声，我们也出把力！”马永顺在领导的支持和工友们的帮助下，决心搞出一套安全伐木法。他不顾自身疲劳，晚上回到工棚，就用筷子做树干，小刀当锯，试验采伐木材的每一个动作，腿上压着的那卷毛头纸，画满各种歪歪斜斜的草图，每天都忙乎到小半夜。过去林区没有一个统一的伐木操作规程，伐木方法各种各样，伐木工人也各说各的道理。马永顺在当时苏联先进经验的启示下，首先找出了造成事故多的伐木方法的缺点。“大抹头”没有上下楂，用一个锯口伐木，树倒的速度特别快，容易砸伤人。“元宝楂”伐木时锯端得不平，中间凹，两端凸，不容易掌握树倒方向，也容易发生事故。“月牙楂”是中间凸，两头凹，也不容易掌握树倒方向，好发生事故。马永顺心想，要消灭事故，必须废除这些落后的伐木方法，制定出一种合理的伐木方法。多年来，他能够做

马永顺给工友做安全采伐和降低伐根示范

到安全生产，使用的伐木方法是，既拉上下楂，还在两边“挂耳子”，这样树倒就稳当了。可过去在锯口的深度上、上下楂之间的距离上，没有一个正确的固定数。于是，他请工友们帮助琢磨，把整个伐木过程的先后动作确定下来。不过，他由于没文化，写不成材料，更不能在技术理论上加以说明。为了解决技术上的问题，作业所召开了“诸葛亮会”，让大伙献计献策。省林业工会生产部还派来 2 名同志，帮助马永顺系统地总结。就这样，马永顺经过近两个月的刻苦钻研，在 1950 年秋，终于从各种伐木法中取长补短，综合归纳，找到一种人安全、树保险、效率高的放树方法——“安全伐木法”。“安全伐木法”的特点是：根据树的曲直大小不同情况，采用 6 个基本动作，掌握好树倒方向，使树倒速度缓慢。这样既可以保证人身安全，又可以避免砸伤幼树。马永顺亲自为大家做示范，讲“安全伐木法”的好处。作业所里的青年工人很快掌握了这种方法，放树时果然事故大大减少。不久，苏联林业专家、东北森林工业总局的领导和科技人员，对马永顺创造的“安全伐木法”进行了鉴定，给予了很高的评价，认为是科学的、适用的。组织人把“安全伐木法”整理成材料，画了图，印成小册子。从此这项先进经验，很快在黑龙江林区和东北林区推广开了。

生产中，马永顺带头跪着伐树，伐根由原来 50 ~ 60 厘米降到 10 ~ 15 厘米，创造了“降低伐根法”。他根据季节、木质硬度的变化，创造了“四季锉锯法”，提高工效 35% ~ 50%。为了解决跑单帮、“个顾个”的生产方式，他率先在自己工组搞起了流水作业试点，创造了“流水作业法”等。马永顺带头刻苦专研，创新工作方法，极大地提高了安全生产效率，成为了闻名全国的劳动模范。

创造“安全伐木法”“四季锉锯法”“流水作业法”，形成了马永顺刻苦钻研的创新精神。

马永顺有一种不求名利、无私奉献的精神

马永顺从 20 世纪 50 年代起，就先后被评为黑龙江省和全国劳动模范，事迹被选入中小学课本。

1982 年，退休后的马永顺，面对林区资源危机，生态环境恶化，自感惭愧，决心把自己采伐的 36000 多棵树补栽上，向大山“还账”。他说，我这匹“马”不算老，还能“拉套”。我只要还能动弹，就要上山造林，为实现青山常在，绿水长流，多栽几棵树！

刚退休时，他认为到苗圃育苗，指导青少年植树，也可以代替还自己的一部分“欠账”。后来想，树是自己砍的，也必须由自己亲手去补偿，搞育苗等只能是义务劳动，不能用来“顶账”。老英雄越想，“还账”意识越强烈。马永顺决定，必须向大山“还账”。一次他去鹿鸣林场造林，场长对他说：“造林小号离林场场址很远，路不好走，还要过一条河。你一定要植树，就到林场办公室的房前屋后栽一些吧。”马永顺不住地摇头说：“我以前都是在山上伐的树，欠的是大山的‘账’，在房前屋后植树不算数。”说到这，他拍了拍胸又说：“路远不好走不算啥，大伙能去，我‘小马’就能去！”

栽完树回到家里，老伴王继荣对马永顺说：“别看你‘小马’不离口，实际上早就是‘老马’了，可别再去逞能了，你一定要把‘欠账’还完，就让子女们帮你一把吧。”听了老伴的话，马永顺思绪万千。他想起与自己同一时期的全国劳模孟泰、马恒昌等一个个都谢世了。自己也蜡头不高了，说不定哪一天就去见马克思了。如能让子女们帮助还上“欠账”，不仅可以实现自己的心愿，还可以促使家里人为实现青山常在作贡献。想到这里，马永顺用赞许的目光瞧着老伴说：“你给我出了个好主意，我同意你的意见，明年我就领全家人上山造林。”

1991 年，马永顺已经是 78 岁高龄的人了。年初他计算了一下，离还完采伐“欠账”还差近千棵树。春节，马永顺趁儿子、儿媳、女儿、女

婿以及孩子们来看老人的机会，开了一个家庭会。“你们不是见我自己去‘还账’心疼，要帮我一把吗！今天咱们就落实一下任务。我的意见，到时候，除了两个最小的孩子叫你母亲在家照看外，其他能干活的全上山。你们光帮我‘还账’不行，自己也要作些贡献，多栽一些树苗。再有，不能影响本身的工作，要利用节假日上山造林。”马永顺的话音刚一落，子女们七嘴八舌地议论开了。“没问题，这几条我们保证能做到。”老儿子马春生说。“我们要接好您老植树的班，今后要经常上山植树。”二儿子马春青说。马永顺兴奋得端起酒杯大声说道：“好，为打胜全家植树这一仗，咱们共同干一杯！”5 月 5 日，星期天，正当人们沉浸在假日欢乐之中的时候，马永顺率领由一家 3 代 16 口人组成的“马家军”，乘车来到离铁力二十多公里远的植树地，营造落叶松树苗。一到造林地，马永顺就亮着大嗓门说：“你们都过来，我给你们讲讲如何栽好树苗。”他见儿孙们把他围上，便比比划划地说了起来：“以前有些地方植树造林，为啥出现一年青、二年黄、三年见阎王的现象，就是缺乏责任心，栽树时瞎胡弄。咱们今天植树要当成自家的活去干，按照造林规程栽好每一株树苗。”接着，他栽了几株树苗做示范，叫大家照着去做，一家人干得热

■ 马永顺在察看苗木生长情况

■ 马永顺退休后上山植树

火朝天。马永顺检查造林质量，发现有的树苗土不严实。他一边培严土，一边对家里人开导："你们帮我'还账'，可不是做样子给别人看，一定要实打实凿地干，要栽一株，活一株。"子孙们都虚心听从马永顺指导，认真栽好每一株树苗，发现不合格的，就立刻返工重栽。一天的奋战，一家人共栽了1500株树苗，不光帮助马永顺还完了1000棵的"欠账"，每人也都作了贡献，为荒山抹上了几点新绿。

多年的"欠账"还清了，马永顺的心愿实现了！他望着茫茫的林海，放开喉咙，唱起了《咱们林区风光美》的民歌。下了山，许多老工友劝马永顺："这回你该歇口气，在家享享清福了吧！"马永顺神秘地笑笑，悄悄地说："我让全家人上山造林，是怕自己万一有个三长两短地还不完'账'。如今还完了，但那是人家替还的，我还要继续上山，非要自己亲手还上这笔‘账’不可！”

马永顺造林“还账”，在林区产生了轰动效应。铁力林业局和局工会领导给马永顺送去一块写着“老英雄，新贡献”的匾。黑龙江省森林工业总局党委领导看了报道马永顺造林“还账”的新闻，作了批示，号召大力宣传马永顺无私奉献的精神，并派人到铁力总结马永顺的事迹。职工们学英雄，见行动。1991 年春季，掀起了群众性植树造林新高潮。尤其令人高兴的是，不少老伐木工人提出以老英雄为榜样，上山造林，还自己的采伐“欠账”。

1992 年，当春风染绿小兴安岭的时候，马永顺又领“马家军”上山义务造林，并且，马氏家族所有成员都表示：年年上山造林，为子孙后代造福。到 1994 年春季造林结束，马永顺又算了一下，儿孙们帮助“还账”的 1000 株树苗，自己又都一株一株亲手栽上了。老英雄怀着一个伐木人真诚的忏悔，怀着让大山常绿的梦，终于还上了大山一笔未了的情债。

《人民日报》、《工人日报》、中央人民广播电台、中央电视台等新闻媒体，纷纷派记者前来采访并以显著位置报道了林业老英雄造林“还账”、无私奉献的先进事迹。1994 年 7 月，中共黑龙江省委书记岳岐峰同志登门看望了林业老英雄马永顺。他紧紧握住马永顺的手说：“你的所作所为，是我国劳模先进思想的新境界，是宝贵的精神财富。”马永顺眼里闪着泪花说：“感谢领导的鼓励！别看账还上了，只要我身子骨还硬实，就年年上山植树！”截至 1999 年，他带领全家共义务植树 5 万多株。

1999 年 9 月，马永顺获得“全国十大绿化标兵”“全国‘五一’劳动奖章”和联合国环境规划署颁发的“全球 500 佳环境奖”荣誉称号。

党和国家领导人毛泽东、周恩来、江泽民、李鹏、朱镕基、李瑞环、温家宝等都接见过马永顺。马永顺始终把党和国家的事业放在心中最高的位置，甘于奉献，乐于奉献。

生命不息，植树不止，献身林区，形成了马永顺不求名利的奉献精神。

马永顺一生始终以主人翁的姿态，积极投身到祖国的林业建设中。他为祖国的建设和绿化事业立了新功，为国家的生态保护作出了贡献。在他的身上充分体现出“爱国、创业、创新、奉献”的精神。

马永顺逝世后，朱镕基、李瑞环、尉健行等党和国家领导人分别以不同的方式表示了深切的哀悼。新华社、《人民日报》等50多家新闻媒体，对马永顺的先进事迹进行了集中宣传报道。全国绿化委员会、人事部、国家林业局作出《关于追授马永顺为“林业英雄”称号的决定》，并在北京人民大会堂举行了马永顺同志先进事迹报告会。全国绿化委员会、国家林业局作出了《关于开展向林业英雄马永顺同志学习活动的决定》，中共黑龙江省委、省政府作出了《关于向马永顺同志学习的决定》。

2009年，中华人民共和国成立60周年之际，中央宣传部等部门在全国组织开展评选的“100位新中国成立以来感动中国人物”活动，马永顺当选为“100位新中国成立以来感动中国人物”。同年9月，又被中华全国总工会授予“时代领跑者——新中国成立以来最具影响的劳动模范”荣誉称号。2019年9月，为隆重庆祝新中国成立70周年，马永顺又被中央宣传部等部门授予“最美奋斗者”称号。党和国家给予了马永顺最高荣誉。

马永顺精神不仅属于历史，更属于现在和未来，是不断发展的精神，其深刻意义就在于继承和弘扬马永顺精神并赋予新的时代内涵。让我们以英雄为镜、以英雄为标杆，秉持传承薪火的挚诚，从英雄身上汲取力量，循着英雄的脚步继续前行，积极弘扬奉献精神，勇敢磨砺自我，在本职岗位上恪尽职守，从而凝聚起坚不可摧的强大力量，努力奋斗新时代、筑梦新征程，在林区改革发展征途上续写新传奇。

社会评价

马永顺是我国千千万万林业建设者中的杰出代表。他用毕生的心血描绘出一幅幅绿色画卷，他用崇高的精神铸造成一座座绿色丰碑。他走过的道路体现了我国林业建设由传统林业向现代林业转变的历史进程。他“爱国、创业、创新、奉献”的精神是几代林业职工为国土绿化、建设祖国秀美山川不懈奋斗精神的集中体现。马永顺被誉为“伐木能手”“林海红旗”“兴安愚公”“森林巨子”。

1959 年 9 月，马永顺出席全国群英会，参加建国十周年国庆观礼，见到了毛主席、周总理等党和国家领导人。周总理接见马永顺时说：“你们林业工人，不但要多生产木材，支援国家建设，还要多栽树，搞好绿化，实现青山常在，永续利用。”周总理的嘱托成为马永顺为之奋斗一生的目标。

1994 年 9 月 25 日，黑龙江省委书记岳岐峰向江泽民总书记汇报工作时提到马永顺，江泽民总书记听了马永顺事迹后说，马永顺很了不起！

1996 年 7 月 1 日，国务院总理李鹏来黑龙江视察和基层党员共同庆祝中国共产党成立 75 周年，在双鸭山接见了马永顺。李鹏总理握着马永顺的手说：“老英雄再创新成绩。”

1998 年 8 月 31 日，国务院总理朱镕基到哈尔滨视察时接见了马永顺，朱镕基总理对马永顺说：“你这一辈子干了两件好事：当国家建设需要木材的时候，你是砍树劳模；当国家需要生态保护的时候，你是栽树英雄。我们都要向你学习。”

党和国家领导人对马永顺一生给予了高度评价。

1998年秋，我所在单位铁力林业局二股营林所被中共伊春市委批准更名为马永顺林场。单位更名挂牌那天，老英雄参加了挂牌仪式并讲了话，我有幸与84岁高龄的老英雄马永顺见面并相识。之后，由于工作上的原因，与马老接触的时间就多了起来，对老英雄事迹了解和掌握得也越来越多。

马永顺是新中国第一代林业工人，全国劳动模范，是工人阶级的楷模和杰出代表，全国林业战线上的一面旗帜。不论是在岗还是退休，他爱党爱国，无私奉献，把一生无怨无悔地献给了祖国的林业建设事业。

马老在岗时是伐木模范。在祖国建设最需要木材的时候，他不畏困难、踏实苦干，1个人完成6个人的工作量，创造了一个冬季手工伐木1200立方米的全国手工伐木纪录。他刻苦钻研，创造了“安全伐木法”“四季锉锯法”“流水作业法”，成为当时全国手工采伐作业的教学样板，他为国家建设生产木材作出了突出贡献。

马老退休后是造林英雄。退休后，马老觉得，过去自己多伐木是贡献、是特定历史时期的唯一选择，但也欠了大山一笔“债”。他牢记周总理“青山常在，永续利用”的嘱托，带领全家人上山造林，偿还历史“欠账”。几年间，他与家人共植树5万多株，还清了历史“欠账”，为再造祖国秀美山川立了新功，为国家的生态保护作出了贡献。

马老的一生，不仅为我们创造了物质财富，而且为我们留下了宝贵的精神财富，这就是“爱国、创业、创新、奉献”的马永顺精神。

老英雄虽然永远离开了我们，但是，他把精神留给了我们。继承和弘扬马永顺精神，接好老英雄的班，我们不只是要把造林镐扛在肩上，更要把老英雄的精神溶进血液之中，要学习英雄、争做英雄。

让英雄的精神永远激励我们奋勇前行。

——黑龙江省铁力林业局党委宣传部　薛裕光

（图文：薛裕光；视频：马永顺纪念馆）

余锦柱

辛苦吗？这要看从哪个角度来说。你负责就辛苦，不负责就不辛苦。这虽然不是在做很大很大的事情，可这是我的本职工作。其实，负责了就不觉得辛苦。你认真负责，想着把事情做好，欣慰就相伴而来。/这四十年，是我从被动转为主动，再由主动转向坚定的四十年。林子是国家的，总要有人来守。/时代发展越来越快，但不管今后时代怎么变，我想，我们林业人守护生态家园的使命担当不会变，为绿色默默奉献的精神不会变。

余锦柱 瑶族，1959 年 7 月生，湖南江华人。1978 年 10 月，余锦柱从新中国第一代林业劳模、父亲余德明手中接过望远镜，登上海拔 1400 米的江华县水口瞭望塔，开始了森林防火瞭望生涯。他翻越了管护区 70 多座高山、3000 多条峡谷，踏遍了 50 多万亩林区。他业务精湛，总结出的观察火警二十四字诀——望两面，察浓淡，分季节，析雨晴，测远近，观动静，别粗细，区缓急。火警报告准确率达 99.7%，在全国同行中名列前茅，这一经验被编入国家森林防火教材推广应用。41 年里，他累计观察生产生活用火 30 多万次，准确报告火警 300 多次，因为将多次森林火灾消灭在萌芽状态，挽回经济损失 6000 多万元。41 年里，他有 29 个春节在瞭望塔上度过。

余锦柱先后被授予“全国优秀乡村护林员”“全国五一劳动奖章”“全国劳动模范”“林业英雄”等荣誉称号，2012 年当选为党的十八大代表。

2012 年，余锦柱把儿子余宏亮带上了瞭望塔。2019 年退休后，他将护林接力棒交到了儿子手上。

一座瞭望塔连起三代人

——记“林业英雄”余锦柱

一张近照，余锦柱很喜欢。

画面上，他蹲下身子，和一对双胞胎孙子挤在大瑶山窄窄的山路上，阳光洒了满脸。他和孩子仰着头，望向道路尽头的山顶，那里有水口瞭望塔和他 41 年的故事。不，不是他一个人，而是祖孙三代；不是 41 年，而是近 70 年。

2019 年夏，江华县电视台找老余做节目，俩孙子吵着要和爷爷一起上山。才走了不久，孙子说：“爷爷，我累了。”他抚着孩子的头，告诉他们：“路还远得很，爷爷每隔一两天就要走一次，挑着两桶水上山，一直走了 41 年。”“啊？”4 岁多的孩子发出一声惊呼。

孩子很小，不懂爷爷的岁月。

……

余锦柱给双胞胎孙子讲大山的故事

退休后的日子

余锦柱1959年出生，2019年年满60岁。

9月19日，他办理了退休手续，10月起过上了退休生活。晚上十一二点睡觉，早上四五点钟起床，这是看山护林41年养成的作息习惯。老伴儿赵运英住在长沙，帮女儿带孩子；余锦柱住在水口镇，帮儿子带孩子。像万千中国父母一样，早年忙于国家的公事，晚年忙于儿女的私事，总是尽职尽责、尽心尽力，唯独很少考虑自己。

孙子才4岁多，还不到叛逆、讨人嫌的年龄。幼儿园有校车，就在小区门口接送，照顾孩子的负担并不重。生活瞬间闲下来，偶尔在家追追剧，余锦柱说，“真的很不习惯”。

除了带孙子、做家务，他会自发去镇上巡查城市建设，做义务监督员。有时候一个人，有时候和社区党员一起。无职无权，以什么身份监督？这难不倒老余，就以共产党员的身份，发现问题就向镇党委书记报告。一个小区埋设污水涵管，工人在接缝处不抹水泥。老余发现了上前制止：“你不能这样干，这是偷工减料，将来污水浸上来，会对环境有很大影响。”那工人不服：“关你什么事，你算老几？”旁边的工友提醒：“你不能这么说话，他是全国劳模、十八大代表。”

那一刻，余锦柱感受到一股力量。

党的十九届四中全会召开后，恰逢第二批主题教育活动开展，各级组织宣讲团，余锦柱参与其中。老余再次忙碌起来，一次次回忆自己的故事，一遍遍讲述给他人。曾经的岁月，一幕幕重现在眼前。老余1998年入党，是个老党员，他的初心、使命，他的坚守、奉献，感动了无数人。

不情愿的接班

1978 年，余锦柱高中毕业。他这一代，余家有 3 个孩子，上有姐姐、下有妹妹，余锦柱是唯一的男孩。当年的高中生很金贵，改革开放大幕将启，外面的世界很宽广。想着即将参加工作、能去闯外面的世界，余锦柱兴奋不已。

余德明，余锦柱的父亲。

江华位于南岭北麓，湘粤桂三省区交界处，境内群山连绵、茂林修竹，是南方重点林区县，丰富的森林滋养着全县 3248 平方公里土地。萌渚岭横贯全境，群山之巅即是尖子岭，海拔 1400 米。水口瞭望塔就在尖子岭，守护着 50 多万亩山林。

余家三代的故事就发生在这里。

父亲在瞭望塔上工作了 27 年，创造了 23 年火警报告无差错的纪录。事业需要有人传承。余锦柱高中毕业，父亲还有 3 年退休。想让他接班，可他不愿意。父子俩你不说、我不应，就那么沉默着，彼此都不点破。

全县有 7 座瞭望塔，除了余德明，没有谁在上面工作超过 2 年，可见工作、生活的艰辛。父亲培养过两个接班人，都不愿长期干，其中一个在塔上工作了 4 个月，最后还是不辞而别。父亲下山回来，发现小伙子的个人用品全带走了。父亲把这事讲给他听。余锦柱明白父亲的意思，但他还是不去。

事情的转机来得有些突然。

父亲的身体开始变差，山上吃水要到 4 公里外去挑，体力有点吃不消。瞭望员是森林的眼睛，可父亲的视力不行了。余锦柱说：“那时候，我对父亲开始有一点心疼。”

父亲为接班人的事去县林业局找了局长。“瞭望塔找不到接班人。”“我给你找一个。”“你从城里找一个就是天大的笑话。”“人我给你找，但思想工作你自己做。”“谁？”“就是你儿子。”俩人都商量好了，余锦柱却蒙在鼓里。

父亲是新中国第一代全国林业劳模，上级给指标，可以保送余锦柱到长沙林校学习，回来安排在林业局工作。父亲找到局长：“那不行，你放他去省城，这里的工作谁来做？”把道儿堵得死死的，最后给儿子下了死命令，“你不接班谁接班？”

不一样的烟火

森林防火，防烟火，盼雨雪。

余锦柱跟父亲一起工作了 3 年。父亲不仅将优秀和坚守的基因传给了他，还把识烟火和利用雨雪天的功夫教会了他。

先说雨和雪。

瞭望员喜欢下雨、下雪。余锦柱说：“我们没有周末的概念，只有晴天和下雨的区别，下雨天就是我们的休息日。”他在瞭望塔上工作了 41 年，其中 29 个春节是在塔上过的，不能和家人团聚，“别人希望过年阳光明媚，我却希望下雨下雪，因为那样，我就能回一趟家了”。

和父亲一起守山的日子，雨雪天被安排得满满的。

父亲先带他上山下村，熟悉地形。50 万亩山林，那么多座山，那么多条路，那么多乡镇、村组，都要记在心里，做个“活地图”。这些情况不熟悉，把东说成西，交通是否方便也不知道，报火差别相当大，会误了大事。50 万亩林区、70 多座高山、3000 多条峡谷，余家父子短时间就踏遍了，主要利用的就是雨雪天。

再说识烟火。

父亲教他区分不同的火形成的烟的形状。有了这些知识，报火才能说得清，扑救才能有的放矢。接班后的 3 年中，余锦柱准确报告火警 10 多次，由于预报准确、扑救及时，几次山火都没有造成大的损失。水口瞭望塔受到县里的通报嘉奖。

父亲放心地退休了。

余锦柱把父亲教的本事发扬光大，总结出烟火识别规律：日常生活用火烟色淡，山林火灾烟色浓；干旱久晴烟色淡，久雨初晴烟色浓；杉木山烧土烟色淡黄，失火转黑色；杂木山烧土烟色淡黑，失火转淡黄色；茅草山烧土烟色浅白，失火转浓白；近山烟火上升摇摆，远山烟火相对静止。他还自编了易记上口的二十四字诀——望两面，察浓淡，分季节，析雨晴，测远近，观动静，别粗细，区缓急。

41 年中，他利用这二十四字诀，累计观察生产生活用火 30 多万次，准确报告火警 300 多次，测报准确率达 99.7%，在全国同行中名列前茅。这一经验被国家森林防火指挥部编入森防教材，向全国推广。41 年中，余锦柱将无数次的森林火灾消灭在萌芽状态，挽回经济损失 6000 多万元。

瞭望台的日子

辛苦吗？余锦柱回答：“这要看从哪个角度来说。你负责就辛苦，不负责就不辛苦。这虽然不是在做很大很大的事情，可这是我的本职工作。”他又说，其实负责了就不觉得辛苦。你认真负责，想着把事情做好，欣慰就相伴而来。

一个有故事的人，过往云淡风轻。

尖子岭与粤北接壤，受亚热带季风气候影响，常有雷电裹挟着暴雨呼啸而来。瞭望塔地势高、接近云层，空气湿度大，雷电来时万谷轰鸣、震耳欲聋。有时好好的丽日晴天，也会凭空砸下一串雷来。

1979 年的一个秋夜，突然电闪雷鸣。余锦柱赶紧摸黑扯下电话线，爬上床，打算将电话机藏进被子里，以防被雷电击中。就在这时，一道闪电击中瞭望塔，他一下子被震晕过去。醒来后发现，自己竟然抱着电话机滚到了床下，石灰墙体也被雷电击出一个深坑，电话线已被烧断。

这是大自然给余锦柱的第一个下马威。早年去过水口瞭望塔的人都知道，房子四个角被雷电击掉了 3 个，外墙满是雷电击出的深坑。以后的岁月，余锦柱又有 3 次被雷电击倒、十多次被毒蛇咬伤，每次与死神擦肩而过，所幸均是有惊无险。

一间 8 平方米的简易平房，一张父亲睡了二十多年的木床，一架陈旧的高倍望远镜，一叠发黄的记录纸，还有一对用来挑水的竹桶，这些就是余锦柱工作和生活用的全部家当。最宝贝的是一台老式晶体管收音机，是父亲当全国林业劳模时县林业局奖励的。

1995 年的一天晚上，7 点多了，余锦柱还没吃饭，听到有人敲门，是局长来查岗。“谁呀？”“是我。”“你这么大个局长上塔来干啥？”“我看你是否在坚守岗位。”看完，局长感慨：“小余，真的不容易啊！”

41 年怎么过？其实挺简单的。平常的日子，每天上午 9 点、下午 3 点、晚上 9 点用对讲机向防火办报告情况，有突发情况就随时报告。其他时间，就听听收音机、看看报纸，每隔半小时、一小时瞭望一次。瞭望是工作，也是时间的消磨。

余锦柱和妻子赵运英一起护林

坚守后的辉煌

2018年，改革开放40周年。

11月12日，湖南省政府新闻办在长沙举行庆祝改革开放40年第10场新闻发布会，省林业局特地邀请在水口瞭望塔工作整整40年的余锦柱现场讲故事。

余锦柱说："这40年，是我从被动转为主动，再由主动转向坚定的40年。"刚开始上山，只见一座连着一座的青山，一眼望不到边。日子特艰苦，十天半个月不能洗澡，喝水都不能大口喝。慢慢地，他发现自己喜欢上了这片大山，"林子是国家的，总要有人来守"。

这一守就是41年。

坚守就要付出。他守护山林，妻子守护着家。父亲守护森林一辈子，晚年双目失明，去世的时候他没在身边。一双儿女出生，他没在妻子身边，家庭也大抵是妻子在照顾。1992年，余锦柱到外面开会时间多起来，工作受影响。林业局局务会讨论，把赵运英调上瞭望塔。老余的生活有人照料，工作也不耽误，孩子却要自己照顾自己。

在多年的坚守之后，荣誉不期而至。

余锦柱先后40多次被国家、省、市、县表彰。1999年，他被国家林业局授予"全国优秀乡村护林员"称号；2003年，他被评为湖南省级劳动模范，并获得"全国五一劳动奖章"；2005年5月，他被评为"全国劳动模范"；2012年，他当选为党的十八大代表；2013年，他被授予"林业英雄"称号；2019年，他作为湖南省唯一受表彰的突出贡献个人，受邀参加在全国政协礼堂召开的关注森林活动20周年总结表彰大会。

余锦柱说："我护林几十年，国家给了很大的荣誉。"

从1978年登上瞭望塔，余锦柱有10多年没有出过江华县。直到2000年，他到永州市出席表彰会，才第一次见识了心目中的大城市，"我专门跑到火车站，生平第一次看到了火车"。这是余锦柱。2005年，当了全国劳模，组织上想安排他回局里工作，“我不去，就想把护林这一件事认认真真地做好。当年接了父亲的班，要求自己像他一样出色，我做到了，我不想半途而废”。这也是余锦柱。

余锦柱实现了管护区 41 年无森林火灾。

更多人的传承

2013 年，国家林业局作出决定，号召全行业向余锦柱学习。

决定说，余锦柱同志是全国林业系统广大基层职工的代表，是新时期务林人学习的榜样。他用几十年的执着与坚守铸就了献身绿色事业的崇高品质，成为信念坚定、勤奋敬业、忠于职守的典范，他的先进事迹和崇高品质为世人树起了一座令人敬仰的丰碑。

决定号召各级林业部门和广大党员干部都要向余锦柱同志学习，学习他扎根林区、忠于职守的敬业精神，学习他不畏艰难、任劳任怨的吃苦精神，学习他淡泊名利、埋头苦干的奉献精神。决定还评价余锦柱是“子承父业”。

■ 余家的护林三代余宏亮

■ 余锦柱讲述他和大山的故事

2015 年，余锦柱做了当年父亲做的事、说了当年父亲说的话。余家有了第二次“子承父业”。

儿子余宏亮在深圳打工，余锦柱让他回来上塔护林。儿子说：“外面多好，我才不回来呢。”老伴也不同意：“深圳打工挣多少，回来护林挣多少？”余锦柱就劝他们：“打工是为国家，护林也是为国家。这不是工资高低的问题，而是责任大小的问题。”思想工作不好做，他就学当年父亲的样，给儿子下死命令：“你不接班谁接班？保持我的荣誉，你把它干好。”

儿子大概是怀着与余锦柱当年同样的心情，从深圳回到了山里。

父亲当年怎么教他，余锦柱就怎么教儿子，先从熟悉地形、观察烟火学起。这是老本行，看家的本领。以前护林靠原始的手段，如今用上了 GPS 定位手机等先进工具。余锦柱说，“时代发展越来越快，但不管时代怎么变，我们林业人守护生态家园的使命担当不会变，为绿色默默奉献的精神不会变。”

山路依然靠步行，挑水依然在 4 公里外。挑一次要一个小时，挑上来 100 斤，多的时候用 2 天，遇到有学生来，就只能用一天。孩子们来办主题班会，走上来又累又渴，总得让他们喝点水解解渴。山上也依然没有电。2007 年，局里曾经弄了台发电机上来，想用水泵抽水，免掉挑水之苦。可是，山里湿度太大，发电机没用上一个星期就烧了线圈，修好了再用又烧掉。发电机里里外外都是湿的，这里不适合它“生存”。

余锦柱接了父亲的班，儿子又接了他的班，一座瞭望塔连着余家三代人。余锦柱不想辜负父亲，儿子也不想辜负他。“儿子努力吗？”“他工作很努力，兢兢业业，不努力会挨骂。”“儿子获得过什么荣誉？”“他才刚上去，不要早早就获荣誉……”2019 年 10 月 15 日晚，余锦柱赴内蒙古阿拉善左旗参加首处“林业英雄林”落成活动，我和他有了这样的对话。

余锦柱把接力棒交给了儿子，水口瞭望塔是江华县的爱岗敬业教育基地，余锦柱的事迹通过现代传媒被越来越多的人所熟知，他的精神被越来越多的人所传承。余家人的坚守和优秀在路上，务林人的传承和奉献也在路上。

社会评价

2013年，全国绿化委员会、人力资源和社会保障部、国家林业局作出决定，授予余锦柱“林业英雄”称号，要求全国林业战线广大干部职工以余锦柱为榜样，学习他扎根林区、忠于职守的敬业精神，埋头苦干、淡泊名利的奉献精神，不畏艰难、任劳任怨的吃苦精神，为发展现代林业、建设生态文明和美丽中国作出新的更大贡献。

余锦柱成了瑶山林区的“活地图”，被当地瑶汉人民誉为守望大瑶山的“森林眼睛”。他默默演绎着一个平凡的高山瞭望员的苦乐人生，忠实履行着一个普通共产党员的职责。他是守望青山的林业英雄。

余德明、余锦柱、余宏亮，三代人近70年坚守深山，故事还在继续；父亲是共和国第一代全国林业劳模，自己是全国林业英雄、党的十八大代表，儿子呢？

2019年10月15日晚，余锦柱赴内蒙古阿拉善左旗参加首处“林业英雄林”落成活动，我和他面对面交流，这是我的问题之一。

“儿子努力吗？”“他工作很努力，兢兢业业，不努力会挨骂。”“儿子获得过什么荣誉？”“他才刚上去，不要早早就获荣誉……”

那一刻，一丝温暖直入心底，我用一段时间的沉默来消化这份感动。这不是我预想的标准答案。余宏亮2015年即上塔护林，时间已不算短。余锦柱的关注点却不在这儿。

这就是家风传承。

每次跟余锦柱见面、微信联系、电话沟通，都是我问他答、我打他接、迟迟作答，仅有一次例外。我把准备配发的简历发他确认，他很快从会场出来，打电话给我：“上面有个数字，可能夸张了，我得告诉你。”余锦柱的关注点不在宣传是否“到位”。

这才是真实状态。

优秀、坚守、内敛，余家三代的故事，让我想到了良好家风传承。余家的故事还告诉我们：千家万户好，国家才能好；千家万户优秀，国家才能富强。

——中国绿色时报社　陈永生

（文字：陈永生；图片：余锦柱；视频：山东电视台）

孙建博

森林是我们的立场之本、发展之本。保护好林子，是我们对苍天立下的誓言。作为原山人，我就像原山上的一棵侧柏树，根在原山，长在原山。原山养育了我，我要把自己的一生都交给原山。

千难万难，相信党依靠党就不难。林场要想走出困境、获得发展，关键在于党的领导。让林场职工过上好日子，是我最大的心愿，改革路上决不能让一名职工掉队！

孙建博　汉族，1959 年 10 月生，中共党员，山东淄博原山林场党委书记。作为一个一级肢体残疾人，他凭着“千难万难，相信党依靠党就不难”的坚定信念，33 年间扎根基层，团结带领林场一班人发扬改革创新、艰苦创业的精神，将一家资源和名气都不出众且负债 4000 多万元的小林场打造成为全国林业战线的一面旗帜和国有林场改革的样板，并先后按照组织要求接管了 5 家困难事业单位。2017 年，由山东省委组织部打造的全省第三处党员干部综合教育基地——山东原山艰苦创业教育基地揭牌。2017 年 5 月 11 日，全国绿化委员会、国家林业局发文在全国开展向原山学习活动。2017 年 8 月 14 日，山东省委书记刘家义在原山调研，强调原山改革发展是对习近平总书记“两山”理论的生动诠释。2018 年 1 月，孙建博被人力资源和社会保障部、全国绿化委员会、国家林业局授予共和国历史上第三位“林业英雄”称号。

生命呵护绿色　信念铸就人生

——记“林业英雄”孙建博

2019 年 5 月 27 日，“关注森林活动”20 周年总结表彰大会在全国政协礼堂召开，山东省淄博市原山林场荣获“突出贡献单位”称号，原山林场党委书记孙建博也被授予“突出贡献个人”称号，是山东省唯一同时荣获两项荣誉称号的单位。而此前，经人力资源和社会保障部、全国绿化委员会和国家林业局批准，孙建博被授予“林业英雄”称号，成为新中国成立以来，继马永顺、余锦柱之后的第三位全国“林业英雄”。

什么样的人可以称作“英雄”？在一般人的认知中，一定是高大威猛，甚至英俊潇洒的，身材矮小又有残疾的孙建博似乎很难与“英雄”这个称谓划上等号。然而，这个虽然腿脚不便却大半生都在跑着植绿护绿、建设林场、干事创业，爱树木胜过爱自己孩子的人，凭着常人难以企及的坚强意志付出常人难以想像的巨大牺牲，成了当之无愧的英雄。

作为一个一级重度肢体残疾人，孙建博原本可以“心安理得”地成为社会扶助的对象，他却以病残之躯将 5 家困难事业单位和 1 家企业的沉重包袱毅然背在了肩上；作为一名企业家，孙建博原本可以继续经营陶瓷批发公司，成为社会上“先富起来”的那一部分人，可是他却毫不犹豫地选择了负债 4009 万元、职工 13 个月发不上工资的原山林场；作为一名儿子，他原本可以在功成名就之后，更好地反哺年迈的父亲、瘫痪在床的母亲，可是他却背负着“不孝”的名声将这份感恩化作了一种更高层次的大爱；作为一个父亲和丈夫，孙建博原本可以有更多的时间陪伴家人，他却连续 33 年没有休息过一个星期天和节假日，就连春节也是在山上和护林员一起度过的。

■ 孙建博到林区一线检查森林防火工作

他是一个自强不息的人

2012 年 6 月，根据孙建博自强不息、艰苦创业的事迹创作而成的十八大献礼影片《完美人生》在北京人民大会堂举行首映新闻发布会。中国残疾人联合会主席张海迪在得知这一消息后，欣然为孙建博写下了 10 个字：坚强的意志，灿烂的人生。

那一刻，孙建博的眼睛湿润了。或许，只有与孙建博有着相似人生经历的人，才能读懂这句话的深切含义！孙建博说，没有坚强的意志，谈什么灿烂的人生？

孙建博从小双腿瘫痪，中学毕业后，看过大门，收过破烂，给工地上砸过石子……在党和政府的关怀下，他成了博山区民政局下属福利工厂的一名正式职工。由于工作出色，孙建博当上了局机关的团支部书记，成了一名让人羡慕的机关干部。但是，这种相对安逸的生活却使他有了一种被国家养起来的感觉，总是感到对社会、对他人没有什么贡献。1986 年，受张海迪大姐事迹的激励，孙建博毅然砸了自己的“铁饭碗”，从民政局辞职，承包了原山林场下属濒临倒闭的陶瓷门市部，带领 6 名待业青年没日没夜地跑资金、跑项目、跑市场，拖着一条残腿几乎跑遍了全国的陶瓷产地和销售市场。

1989 年，为了使原山陶瓷走出困境，做大做强原山企业品牌，孙建博到省里一家银行争取资金。辗转赶到济南时行长已经下班，想到家里的同志都在盼望着他早点拿到资金，孙建博决定当晚到行长家里汇报。可是到了宿舍区后却被门卫拦在了外面。的确，长途跋涉加上又一瘸一拐地走了好几里路，他早已汗流浃背，看上去和一个乞丐没什么两样，好说歹说，又拿出工作证明才被放行。到了楼下一打听才知道领导住在五楼，爬五楼，对于一个健全人来说不算什么，可是这时的孙建博两条腿早已经不听使唤，仿佛是灌满了沉重的铅块，每走一步都撕心裂肺的疼，为了尽快解决资金，为了早一天让项目开工，他只有咬着牙开始向五楼爬。刚开始，是一只手用力抓栏杆带动身体迈上一条腿，再用一只手抓着另一条腿，一步一步的用力向上挪……走到三楼的时候，连疼带累孙建博已经撑不住了，每走一步就像一根根钢针往骨头里面扎。他将身体倒过来坐在楼梯上，用屁股一级台阶、一级台阶的往上挪……就这样，用了半个小时硬是爬到了五楼，由于过度劳累，一下子瘫倒在了行长的家门口。行长听到动静，出来问明情况后，连忙把他请进屋里，感动地说："你身体这样，还能如此对待工作，就凭你这个人，我相信，你们的项目绝对没有问题，你放心，只要符合条件，我一定给你争取最大的额度。今后有事打个电话就行了，千万别这么辛苦爬楼了。"就是凭着这种干事创业的拼劲，在短短几年间，孙建博把一个只有 3 间平房、6 名待业青年的"麻烦单位"变成了年销售收入达 3500 万元、利润 300 万元、江北最大的陶瓷销售公司。

他是一个胸怀大局的人

正当陶瓷生意红红火火的时候，1996 年年底，组织上任命孙建博担任淄博市原山林场场长。

原山林场始建于 1957 年，建场之初森林覆盖率不足 2%，石灰岩山地只有石头没有土，到处是荒山秃岭。绿起来是林场的历史使命，也是林场人的责任。来自四面八方的务林人发扬“爱原山无私奉献，建原山勇挑重担”的林业精神，先治坡后治窝、先生产后生活，在石坡上凿坑种树，从悬崖上取水滴灌，石缝扎根、战天斗地，60 多年来一张蓝图绘到底、一茬接着一茬干，终于让座座荒山绿起来，目前森林覆盖率达到 94.4%，成为了鲁中地区不可或缺的生态屏障。

然而，山绿了，人却依然是穷的。自 20 世纪 80 年代，林场职工大多住在石屋破庙里，很多偏远林区的职工子女到了上学的年龄无法正常受教育，过着与社会脱节的生活。虽说是改革开放以来，在几任场长、书记的带领下，整日与大山打交道的原山人不等不靠，积极探索以副养林的路子，却因不懂市场，大多出现亏损。至 1996 年年底，原山林场负债 2000 多万元。此时，市里又将经营更为困难的淄博市园艺场交给原山代管。两个单位共计外欠债务高达 4009 万元，126 家有名有姓的债主天天轮流上门讨债，医药费连续三年不能报销，由于交不起水电费，职工们只好在电灯泡下点起了煤油灯和蜡烛，有的工人甚至卖血供孩子上学。更为严重的是，由于林场周边与 67 个自然村插花交接，周围分布着大大小小几千座坟头，一进入防火期时刻威胁着近 5 万亩森林资源的安全，林场几乎每天火警不断。

孙建博上任的第一天，就是到市里去接访。当时，他租了两辆大客车赶到张店，园艺场的 100 多名职工已经在市里呆了一夜，连冻加饿，甚至把人家晒在院子里的大白菜都给拿来生吃了。孙建博去了，什么也没有说，先让人买来了两簸箩热气腾腾的大包子，招呼大家上车吃饭，让大家一边吃饭一边反映自己的诉求。他语重心长地说，咱们的问题还得依靠自身的发展来妥善解决，任何时候都不能给组织找麻烦。最终将大伙儿带回了园艺场。

临近年关，身为一场之长，孙建博考虑的头等大事就是如何帮助职工度过年关，他硬着头皮到博山区粮食局，以个人的名义，赊了 200 多桶花生油、200 多袋面粉，带着场领导起早贪黑为职工分发粮油。有的职工身体不便，他就和同志们挨家挨户地送过去。漫天大雪盖住了地面，本就崎岖不平的山路变得更加难走，可他硬是坚持把组织的关怀送到了每一位职工的家中，使全场职工终于顺利度过了 1997 年的春节。

那段时间，孙建博失眠了。这个从来不曾向命运低头的铮铮铁汉，再也抑制不住内心的酸痛，流下了泪水。他暗暗下定决心，总有一天要让职工都过上幸福的生活，让林场发展与社会同步。孙建博在全场职工大会上保证："从今往后，我孙建博与大家绑在一起干了。就是死，也要死在自己的办公桌前！"

后来有人曾问过孙建博，当年为什么敢于接下原山这个烂摊子？孙建博说，其实不是敢不敢的问题。我是一名残疾人，更是一名共产党员，是党的人，就要坚决服从组织的命令。

那一年，孙建博只有 32 岁，党龄刚好 5 年。

孙建博与林场职工一起参加绿化劳动

他是一个务实敬业的人

面对林场千头万绪的困难和纷繁复杂的矛盾，孙建博说："困难并不可怕，可怕的是林业人思想的不解放！"林场要改革，首先的一条就是要打破几十年来形成的传统老林业思维，建立现代林业的经营管理模式。

当时，原山有6家企业，因职责不明、管理混乱，亏损十分严重。如果不进行彻底改革，企业就无一生还的希望，而且会越亏越多、越陷越深。孙建博和班子成员在搞好调查研究的基础上，建立起了企业责、权、利相一致的管理体制，筹措500多万元资金用于林场新项目的投资，建起了原山酒厂、原山刀具厂、原山食品厂、长青林山庄、原山养殖厂等有市场前景的新企业。不仅使园艺场职工重新就业，而且为社会提供了700多个就业岗位。工副业年产值达到5000多万元，年上缴三项费用1000多万元，用2年多的时间，为职工补发了工资，退还了集资，支付补交了养老保险，报销了医药费，逐步归还和消化了全部借贷款。

"前进道路上永不满足，成绩面前永不停步"是孙建博始终遵循的人生格言。虽然林场重新焕发了生机，但只是解决了职工的吃饭问题，职工住房、保险和各项福利还没有可靠保障，企业的发展潜力还有待挖掘，原山在实施多种经营、走林业产业化的道路上还差得很远。原山的森林覆盖率高，位于城市近郊，非常适合休闲旅游，凭借对市场独有的敏锐和把握，孙建博大胆地提出了依托林场森林资源优势，大力发展森林旅游产业，建设山东省第一家森林乐园的想法。谁知，他的这一提议，却遭到了林场内外的一致反对。在讨论中大家认为，虽然原山的森林覆盖率高，非常适合近郊旅游，但是，像原山这种小山头，淄博市内有上千个，发展旅游能行吗？再说，建设森林乐园，林场的树一棵也不能动，只能拿钱买周围村庄的插花地，资金从哪里来？就连很多过去铁了心支持孙建博的退休老同志也说："建博啊，咱林场刚刚稳定下来，眼下最缺的就是钱，最不缺的就是地，拿林场最缺的钱去换最不缺的地，这不是瞎折腾吗？”其实，也难怪领导不支持、职工不理解，1998年，全国的假日旅游政策还没有出台，别说是森林旅游，就连旅游是个啥概念，老百姓都说不清楚。但是，孙建博从小养成了一个习惯：就是认定了的事情，就要不折不扣地坚决做好，不发展旅游，原山就永远没有出路。林场没有钱就自己干，林场机关实行“三三一”工作制，三天在场部办公，三天在工地上劳动，一天休息。寒冬腊月，孙建博带领同志们在山上搬木头、和水泥、砌石堰，干得热火朝天。当时淄博市旅游局的局长到原山考察，一下车便被眼前景象所感动了，大衣也没顾得脱，就加入了劳动的行列。后来，林业局、财政局的领导也组织职工来原山劳动。他们通过这种方式告诉局里的同志，原山人是干事创业的，今后我们要全力支持林场发展。

1999年6月1日，山东省第一家森林乐园开园，全省的记者纷至沓来。不久，全国第一个旅游黄金周到来，原山人以超前的意识和胆魄，为林场赚取了第一桶金。后来又建设了山东省第一家民俗风情园、第一家鸟语林、第一家大型滑草场……一时间，全省的国有林场都来原山参观学习。

依托林场优势，走林业产业化的路子。原山林场一方面大力发展森林旅游，另一方面把绿化产业当成原山的另一个发展目标，形成多产业支撑。2003年，原山在全省100多家国有林场中第一个成立了原山绿地花园绿化工程有限公司，建立了1000多亩的苗木良种基地，并积极对外承揽绿化工程，大力实施以林养林，走林业产业化的路子。2009年，公司顺利完成了绿化企业二级资质升级，成为林场发展的支柱产业。2015年，公司又被住建部批准为园林绿化一级资质企业，成为淄博市仅有的三家一级资质企业之一，年承接绿化工程资金额过亿元，齐盛国际宾馆、孝妇河湿地公园、文昌湖旅游度假区等大型绿化工程都是由原山绿化公司来完成的。

原山的产业做大了，可以有源源不断的资金投入森林防火和资源保护中。孙建博常常告诫身边的同志：“森林是我场的立场之本，是我们的发展之本。守护好这片森林，是我们对淄博人民立下的誓言！”就全国 33 亿亩森林而言，原山林场虽然不大，却在森林资源保护方面发挥着积极的引领作用。原山林场在全省建立了第一支专业防火队，率先建立了森林防火微波视频监控中心，通过租赁、购买林场周边的荒山、坡地进行植树绿化——特别是原山大区域防火体系的建设，连续 3 年为周边的 67 个自然村配备森林防火物资 2000 多台套，签订责任状，实行统一管理，林区内连续 23 年实现零火警。这一做法得到了国家林业局和山东省林业厅等领导的充分肯定。2015 年 12 月，国家林业局大区域防火试点——原山山脉大区域防火体系签约仪式在原山举行。通过森林抚育，活立木蓄积量从 1996 年的 80683 立方米，达到 2017 年的 197443 立方米，净增 116760 立方米；森林覆盖率由 1996 年的 82.39%，增加到 2017 年的 94.4%，从资源总量上，相当于再造了一个新原山。原山林场也因此被当地市民亲切地称作“淄博的肺”。淄博是一个老工业城市。原山林场在淄博市全国绿化模范城市、全国园林城市、全国旅游城市、全国文明城市等历次创建活动中都发挥着不可替代的作用，成为突出贡献单位。

1996 年以来，凭着“千难万难，相信党依靠党就不难”的执着信念，孙建博带领林场党委一班人大胆改革、艰苦奋斗，在全国率先走出了一条林场保生态、集团创效益、公园创品牌的“一场两制”改革之路。实现了从荒山秃岭到绿水青山，再到金山银山的美丽嬗变，被国家林业局树为全国林业系统的一面旗帜和国有林场改革的样板。孙建博本人也被称赞为全国林业系统的楷模和标兵。2005 年 9 月 1 日，温家宝总理作出批示：山东原山林场的改革值得重视，国家林业局可派人调查研究，总结经验，供其他国有林场改革所借鉴。

为了更好地弘扬新时代原山精神，让艰苦创业的红色基因在焦裕禄故乡代代相传，2016 年，山东原山艰苦创业教育基地在原山石炭坞营林区正式落成。2018 年 3 月，山东原山艰苦创业教育基地被中央国家机关党校纳入首批 12 家全国党性教育基地。中央党校常务副校长何毅亭指出：原山艰苦创业教育基地是新时代党员学习的教育典范。2017 年 12 月 14 日，国家林业局局长张建龙冒雪专程到原山林场进行调研，并且向陪同的山东省委、省政府的同志讲述了为什么原山林场是全国林业战线的一面旗帜。他说，原山林场以改革发展践行了习近平总书记“绿水青山就是金山银山”的重要思想，山东原山林场和河北塞罕坝林场一样，是全国国有林场改革的榜样。2017 年 8 月 14 日，山东省委书记刘家义亲临原山林场调研，对原山林场始终坚持艰苦创业精神，把石灰岩山地变成森林覆盖率 94.4% 的绿水青山，又把绿水青山变成金山银山给予高度评价。他强调，原山改革发展正是对习近平总书记“两山论”的生动诠释。2018 年 12 月 6 日，省委副书记、省长龚正到原山艰苦创业教育基地进行党性教育学习。他说，原山精神激励着我们每一名共产党员不忘初心、牢记使命、永远奋斗。

他是一个心有担当的人

熟悉原山的人都知道，在原山有个提法，叫“一家人一起吃苦，一起干活，一起过日子，一起奔小康，一起为国家做贡献”。有的人说，这个口号太土啦。其实这绝不是什么口号，而是孙建博自 1996 年至今的 23 年改革实践中逐步提炼出来的。23 年来，原山林场先后按照组织的要求，接管、代管了淄博市园艺场、淄博市实验苗圃、淄博林业培训中心、淄博市委接待处下属颜山宾馆等 4 家困难事业单位和 1 家企业，使他们实现了再就业，形成了由 6 个单位组成的幸福原山一家人。

孙建博深知，养不住人，就不可能保护好林。这些职工身份有全额事业编、差额事业编、自收自支，还有企业编……身份不一样、待遇不一样，还能叫“一家人”吗？在孙建博的提议下，原山充分借鉴市人大“双联”工作经验，实行“双联”进千家活动，由全场党员架起了职工家庭的彩虹桥，大家有了任何困难都不过夜。

每次接管一个单位，压力都非常大，都要蜕上一层皮，甚至很多当年园艺场的职工也劝孙建博不要再接一个个“包袱”了。但是孙建博始终坚信：1000名职工的安置，关系到社会上1000个家庭的安定、1000个家庭的幸福，关系到3000人的“小社会”共同奔小康。现在，在原山这个统一的平台上，只要你肯踏踏实实地干活，都有权利去实现自己的林场梦、小康梦。不仅如此，原山发展了、富裕了，还通过合作积极带动周边的乡村发展旅游和苗木产业，实施脱贫攻坚。每当看到这些，孙建博总是特别的欣慰。

有位节目主持人曾经问过孙建博一个意味深长的问题：每天工作十几个小时，为了一个国有单位，没日没夜地拼命，究竟是什么理由在支撑着？孙建博说：“我是个残疾人，在旧社会连命恐怕都保不住，更不用说什么地位和作为了。我孙建博之所以有今天，是党和人民养育了我、培养了我，我就像一台上了高速公路的汽车，除非汽油耗尽，永远也没有停下的那一刻。我的生命之树，只有深深地扎根在原山，才能枝繁叶茂、硕果累累。”

作为全国人大代表，短短几年间孙建博带着轮椅先后到全国十几个省份进行国有林场调研

社会评价

“栉风沐雨，善行如霖润大地；卧薪尝胆，义举若风绿荒山。”2019 年 3 月 1 日，孙建博荣膺齐鲁时代楷模时的颁奖词，也是对他 33 年如一日坚守绿色初心的最好诠释。一个负债 4000 多万元、职工连续 13 个月发不上工资的烂摊子，在他的手中却能起死回生，并成为今天总资产 10 亿元的企业集团；一个面积和资源在全国国有林场中都是小字辈的“要饭林场”，在他手中却能发展成为全国国有林场改革的现实样板。不仅如此，凭着“千难万难，相信党依靠党就不难”的坚定信念，他团结带领林场一班人发扬改革创新、艰苦创业的精神，按照组织的要求先后接管、代管了 5 家困难企事业单位，使近千名职工得到了妥善安置。孙建博就是这样的人！我们的时代、我们的社会呼唤这样的人，需要这样的人！我们要向孙建博同志学习，努力争做这样的人！

孙建博是残疾人，一位了不起的残疾人。孙建博3岁时因病致残，前后经历过大大小小几十次手术，他的右腿完全没有知觉，至今还保留着上百个手术缝合的针脚。可就是这样一个人，却用大半生的经历在与时间赛跑、在与命运抗争，始终在“奔跑”着干事创业。

每次见到孙建博，他的脸上总是洋溢着阳光一般的笑容。熟悉孙建博的人有一个共同的感受，跟他在一起，你常常意识不到他是一名残疾人。他的身上似乎总有使不完的劲。我想：只有一个对生命、对事业永远充满激情的人，才会在思想的深度和事业的高度，不断跋涉，不断开拓。或许是自幼残疾的缘故，越是在人生境遇的低谷、事业发展的困难期，越能激发出孙建博超乎常人的斗志！孙建博经常说，身体残疾不可怕，可怕的是思想有问题。

在国有林场改革不断推向深入的今天，孙建博和他带领的原山人所创造出的典型经验和时代精神，一直在发挥着巨大的鼓舞和引领作用。“国家林业和草原局党员干部教育基地”“国家林业和草原局党校现场教学基地”相继在山东原山艰苦创业教育基地挂牌，国家林业和草原局管理干部学院原山分院、中共国家林业和草原局党校原山分校先后在这里成立，全国越来越多的林场来到原山参观学习，又把先进的理念和精神带回去，用以推动自身的改革发展。就像一颗颗幸福的种子，在各地生根发芽，分蘖生长。

——中国绿色时报社　陈永生

（文字：陈永生；图片：沙见龙、郑亮、徐依强、张群群；视频：山东省电视台）

石述柱

豁出一辈子，做好一件事。我只是个平常人，只做了一些平常的事和应该做的事，党和政府却给了我很高的荣誉。这些荣誉不是属于我个人的，而是属于我们宋和村 1700 多群众，属于民勤县 27 万人民。

现在，我虽然老了，不能上一线和乡亲们压沙造林。但是，只要活着一天，治沙队伍中就不能少了我石述柱。作为一名老共产党员，我将不忘初心，笃定前行，生命不息，奋斗不止，在生态文明建设的道路上发挥余热，为全力打造生态美、产业优、百姓富的和谐武威贡献力量。

石述柱 汉族,1935 年 8 月生，中共党员，甘肃武威人。

20 世纪 50 年代，担任村支书的石述柱与宋和村人共同扛起了治沙造林这杆大旗，半个世纪以来，他带领群众在沙海中营造了一片绿洲，在风沙线上树起了一座丰碑。

半个世纪以来，他信守“豁出一辈子，干好一件事”的入党誓言，在昔日风沙肆虐的荒滩上，栽植防风固沙林 7500 亩、经济林 1500 亩，压设各类沙障 80 多万米，固定流沙 8000 亩，建起了一条长 9 公里、宽 2.5 公里的绿色屏障，将 20 世纪 50 年代“沙上墙，驴上房”的宋和村建设成了林茂粮丰的小康村。

石述柱被授予“全国防沙治沙十大标兵”“全国劳动模范”“全国防沙治沙英雄”“绿色长城奖章”荣誉称号，多次受到党和国家领导人的接见。

绿色丰碑

——记“全国治沙英雄”石述柱

隆冬时节，甘肃省民勤县80多岁高龄的治沙英雄石述柱老人来到宋和林场，抚摸着一排排挺拔的白杨，凝神静听林间鸟雀的鸣唱，咀嚼着沙枣酸甜甘涩的味道，欣慰地说：“多少年了，总算把肆虐的风沙治理住了。”

“豁出一辈子，干好一件事”是石述柱入党时立下的誓言。

半个多世纪，从风华正茂到年近古稀，石述柱始终坚守这一誓言，扎扎实实做了“一件事”。凭这“一件事”，他成了家喻户晓的“全国治沙英雄”，成了“全国防沙治沙十大标兵”“全国劳动模范”，荣获首届“全国敬业奉献道德模范”提名奖、三北防护林体系建设工程40周年“绿色长城奖章”等，并多次受到党和国家领导人的亲切接见。

遵循自然规律，综合施治，是石述柱治沙过程中一直思考的问题

豁出一辈子，做好一件事，一定要治住沙患

甘肃省民勤县宋和村地处风沙前沿，“三趟路口三趟沙，大风一起不见家”“沙上墙，驴上房”是宋和村20世纪50年代的真实写照。春天庄稼刚出苗，风沙起时，不是被大风连根刮走，就是被流沙无情压埋，种1亩地只收百十斤粮食，风沙大的年份甚至绝收。

沙进人退。刘永江夫妇抱着孩子北走内蒙古，刘永香也变卖了家什西上新疆，全村200户人家有30多户背井离乡、逃荒要饭、流落他乡。宋和村成了有名的“讨饭村”“光棍村”“贫困村”。

群众逃荒的惨状，深深地刺痛了时任村团支部书记石述柱的心，他在入党申请书上写下了自己的决心：“豁出一辈子，做好一件事，一定要治住沙患。”

1955年春天，石述柱组建起一支30多人的青年团员治沙突击队，

石述柱带领乡亲们战风斗沙、植树造林，让昔日的“逃荒村”变成了林茂粮丰的小康村

挺进村东头的大沙河治沙。插风墙、种红柳、植沙棘、栽白杨，可大风一起，不是被风卷走，就是被沙埋压。村东头受挫，石述柱又转战到村南边的张家大滩，栽上红柳、沙棘，再一趟趟从 3 公里远的地方拉来水背到沙漠上灌溉，但终因经验不足，栽下的树大多被风沙吞噬，6 年的奋战只换来 20 亩成活的白杨树。

这 20 亩成活的白杨树，对石述柱来说是一片充满绿色的希望。1963 年 9 月，石述柱当选为村党支部书记，义无反顾地肩负起治沙的重任。寒冬腊月，他带着村干部迎着呼啸的寒风，在流沙最严重的杨红庄滩仔细察看风沙的流向，研究在哪里能种草栽树。经过 10 多天的观察研究，做出了一个改变宋和树命运的决定：在村西的杨红庄滩建一个林场，压沙栽树，步步为营，筑起绿色屏障，彻底治理风沙危害。

春天来了，西北风裹挟的沙粒打在人脸上生疼，石述柱带领全村群众在杨红庄滩展开了与风沙的鏖战。推着独轮车，拉着木轱辘大车，背着筐子，抬着抬笆，带着炒面、干馍、沙枣，挺进沙窝。大家用木轱辘大车从一里外的地方把黏土拉到沙漠前，再用筐子、抬笆一步一挪运到沙漠上堆成土埂。木轱辘大车陷进沙里，他让别人抬车辕，自己钻到车底下用脊梁顶着车轴一步步往前挪。有人胳膊压肿了，有人肩膀压烂了，但干活却没有停过。沙窝里栽树，挖井取水是最苦最难的活儿。有一次，石述柱和社员们挖井时，四周的淤沙开始簌簌往下滑，石述柱招呼大伙赶快上去，自己却留在沙坑里除险。突然淤沙整体开始松动了，眼见就要大面积塌方。众人惊呼起来，石述柱眼疾手快往外爬，沙还是“哗”地埋到了腰部，大家奋力把他拽了上来，才侥幸没有出事。

大人们都进沙窝了，娃娃没人管。当时石述柱的大儿子 2 岁，他的妻子刘贵兰和村里的女社员就把娃娃放在抬水用的木桶里，一路颠簸着抬到沙窝，抱出来放在沙丘上，让孩子们自己玩耍。娃娃们满沙地滚爬，吃沙玩沙，浑身是沙，抓起沙地上的羊粪蛋子、兔粪蛋子往嘴里塞，手上有时扎满沙米的刺。休息时才顾得上给他们掏出嘴里的羊粪、沙土，拔去手上的刺。木桶和沙窝成了那个时代宋和村孩子们的特殊摇篮。

一句承诺，一生奋斗。从此，每年春秋两季，石述柱和宋和村的人们都战斗在风沙线上。

经过半个多世纪的治沙造林，一道长 9 公里、宽 2.5 公里的绿色屏障崛起在风沙线上，风沙肆虐的杨红庄滩栽植白杨、沙枣、梭梭、毛条、花棒等防风固沙林 7500 亩，压设各类沙障 80 多万米，固定流沙 8000 亩，新增耕地 2400 多亩，昔日的荒沙地成为林茂粮丰的绿洲。

科学是个宝，要相信科学，用科学办法来治沙

石述柱只上过 3 年小学，却是个讲科学的实干家。他说："科学是个宝，离了科学干不成事，要相信科学、依靠科学，用科学办法来治沙。"他采用土法子单线式黏土沙障压沙效果不理想，便意识到光苦干、蛮干不行，还要讲科学。他找到县林业部门，在技术人员的指导下，采用了新的网格状双眉式沙障压沙，使网格中的草木成活率达到 90% 以上。他虚心请教，刻苦钻研，掌握了压沙面积的计量、区域的选择以及不同区域对不同的风墙、沙障形式的适用，加快了压沙进度。

20 世纪 60 年代初，甘肃省治沙实验站在宋和村附近成立。石述柱三天两头往治沙站跑，和技术人员交朋友，向技术人员请教治沙新技术，还从治沙站引进了柠条、花棒、云杉等新品种。治沙站要在民勤建样板，石述柱千方百计把科技人员留在了宋和村，以指导他们村治沙。

治沙专家施及人的胃病犯了，痛得在沙窝捂着肚子直冒虚汗。石述柱背着他一步步走出沙窝，请来医生为他治病。第二天醒来，这位专家看到炕桌上放着满满一碗还带着绿叶的酸胖。照顾他的人说，这是石书记刚摘来的，宋和人有个土方子，吃了露水里的酸胖能养胃。施及人深知，庄稼人是不在露水地里干活的，露水会损伤手。施及人心头一热，双眼湿润了……这位治沙专家和石述柱成了知己，宋和村治沙有了最强

年迈的石述柱，依然牵挂着治沙事业，全县每年的义务压沙造林一次不落

劲的科技支撑。

20 世纪五六十年代，石述柱经常找借口与下放到薛百乡改造的治沙站一批专家一起探讨治沙办法，从而发展了宋和村的林场。从那时起，宋和人连片植绿的梦想，逐渐变成现实。

林场初具规模，石述柱还对传统的固腰削顶式的治沙模式进行改革，将黏土压沙与林木封育结合起来，在草方格围成的沙窝边上栽种各种树木，把沙窝护卫起来，在沙窝中间再种上庄稼。如此，向沙漠要回了一块又一块金贵的耕地。石述柱形象地把这种生态与经济相结合的治沙模式叫“母亲抱娃娃”。这种治沙模式得以推广，民勤每年用这种方法成功压沙 2 万多亩，得到林业专家的充分肯定，称之为“宋和样板”，还被编入中学教科书。

著名科学家竺可桢更是给予高度评价，将其命名为“民勤模式”。德国、法国、以色列等 10 多个国家的专家也前来考察，他们由衷地称赞宋和的治沙是个奇迹。

1981 年，家庭联产承包制实行了。面对已具规模的林场，村上一些人嚷嚷着要把它也分了，有人还满心指望着要靠林场那些树木盖新房呢。石述柱说："为了宋和村的乡亲们，为了子孙后代，林场绝不能分。"一些人的愿望落空了，就暗地里砸他家的门窗玻璃，戳破他的自行车胎。石述柱像当年动员大家治沙种树一样，和大家交心，讲当年压沙的艰辛、种树的艰难以及林场对宋和村的屏障作用，群众被他说服了，林场终于保住了。

宋和村过去种粮食时单产低。石述柱请来县农技中心的张技术员把群众召集起来，传授种植技术、浇灌时机、科学施肥方法，并提倡大家种植小麦、玉米套种的高效益带田。还将自家的 6 亩小麦地全部种成带田进行示范，带动全村发展到近 2000 亩。

2007 年，石羊河流域重点治理规划正式批复实施，民勤县积极调整农业结构，大力发展绿色有机蔬菜等优质产品，因地制宜发展以红枣、枸杞、酿酒葡萄为主的经济林和以肉苁蓉为主的沙生药用植物，推进农业由增产导向转向提质导向。宋和村累计建成红枣基地 3190 亩，实现了生态效益与经济效益双赢的目标。

石述柱又在田间地头忙了起来，给大家讲红枣管理要领，讲修剪技术，成了群众的义务技术员。他要用新技术的推广使宋和村的红枣尽快成为一项支柱产业。

只要是为乡亲们致富，再苦再累我也心甘情愿

石述柱担任村干部 40 多年，他经常说："只要是能让群众富起来，有衣穿、有饭吃、有钱花，过上幸福生活，再苦再累我也心甘情愿。"石述柱带领群众在治沙的同时，也在治穷致富，彻底改变落后的面貌。

治沙造林建起的万亩林场好像一条绿色长城，顽强地阻挡住风沙，不仅让宋和村原来的耕地有了好收成，还新"造出"2400 亩耕地，承包给群众耕种。石述柱请来农业科技员，引来了棉花、食葵、辣椒等新品种，原先只种粮食的田地里变起了花样，收入由原来的四五百元一下子超过了千元。

石述柱建议和指导群众多发展经济林，20 世纪 90 年代他就在村林场率先示范种植苹果树，并建起了 100 多亩的苹果园，还在自己的房前屋后栽植了红枣树，在他的带动下，全村发展高效益的枣粮间作 2500 多亩。

1995 年，在宋和村实施的全省节水样板点工程是加快宋和村经济发展的一项重大工程。县水利局人员到薛百乡调研选点，石述柱认识到这是件发展现代农业的大好事，他把工作队拉进村里详细考察，恳求

■ 石述柱抚摸着黄花盛开的柠条，欣慰地说："多少年了，总算把肆虐的风沙治理住了。"

"就在宋和搞吧！"一些群众还没有认识到工程的好处，说石述柱这是自己出风头。石述柱耐心给大家做工作，带头从20公里外的地方拉运石方。工期紧，他就带领村干部吃住在现场。修U形渠要从部分群众门前过，需要砍树或占地。村委会主任到石述柱的岳父家做工作，被岳父挡了回去。僵持中，石述柱闻讯赶来。"你让我活不活了！"岳父质问。"让你活，水渠通了，让你增产增收。"石述柱说罢，抡起斧头，砍掉挡渠的树，使工程得以顺利实施。岳父有很长时间不理睬石述柱，水渠修通后，石述柱登门谢罪，红着眼，说出憋在心头许久的一句话："老人家，您要理解我呀！"说罢，泪水扑簌簌流了下来，老岳父的眼圈也红了。

石述柱带领乡亲们砌出1条支渠、5条斗渠、48条农渠，并将大块地改为小块地灌溉，使宋和村的3000多亩耕地实现节水灌溉，成为民勤第一个实现节水灌溉的村，为农业发展、促农增收增添了后劲。

石述柱急群众所急，想群众所想，公公正正做事，心里装满了群众和公家的事，白天很少看到他在自己家的地里干活。许多细心的人发现，他是起五更、睡半夜，别人早已收工回家时，他才开始到自家地里顶着月光忙活，经常干到深夜。当大家还在梦乡时，他又早早起身，下地干活。天一亮，就放下手中的农活，去忙集体的事。修建节水工程的大忙时节，家里种的4亩麦子成熟了，妻子一个人一时割不了，一场大风过后全被摇落到地里。

村上修节水工程时，一名年轻村干部碍于情面，把亲戚交来的不合格细沙收下了，石述柱发现后严肃批评了这位村干部，这位村干部和石述柱争执起来，还动手打了石述柱。石述柱忍着疼痛和委屈，对这位村干部说："娃娃，你打我骂我都不要紧，可你要想清楚，我们把节水工程修不好，怎么向父老乡亲交待呀！"说得这位村干部自觉理亏，让亲戚补上了合格的沙子。

群众生活水平提高了，石述柱动员组织群众架设自来水管道。有几个工程队为承包工程，明许暗示要给石述柱“好处”，被石述柱坚决拒绝。一位包工头许诺：你们村干部的可以免费架设。石述柱掷地有声地说：“收多少钱，干部和群众必须一视同仁，如果要优惠的话，家家户户都优惠，否则我请别的工程队。”石述柱一心为公、清正廉洁的固执，深深打动了这位包工头，宋和村以最低价通上了自来水，家家户户告别了吃水难的历史。

石述柱从村支书的岗位离任后，组织上多次问他有什么困难需要解决，尽管石述柱的儿女有的下岗，有的务农，但他没有提一点个人要求。有人说：“亏了你石爷了，要是在自家事上多用些心思，日子肯定比谁家都红火。”石述柱一笑：“我不就是巴望着乡亲们能过上好日子嘛，乡亲们好了，我就高兴得很。”

只要活着一天，治沙队伍中就不能少了我石述柱

从村支书岗位上退下来的石述柱，依然没有闲着。他担任了宋和村综合治沙示范区管委会主任，带领群众继续奋战在风沙线上，他说：“只要活着一天，治沙队伍中就不能少了我石述柱。”宋和村每年压沙造林 500 多亩，全县每年干部群众义务压沙造林，石述柱也是一次不落的参加。

2005 年春天，开展“拯救民勤生态援助行动”，古稀之年的石述柱捐资 1400 元，购买梭梭树苗 28000 棵，与数千名干部群众和学生一起，将这些树苗栽植在民勤城西的勤锋滩上。

昌宁西沙窝是民勤西边风沙口之一，2010 年开始实施规模化治理。在连绵起伏的沙丘上，石述柱和昌宁村原支书高成平进行了一次交谈，从工程规划到现场组织，使高成平心里一下子亮堂了——科学的方法加上组织发动起来的群众就一定能治住风沙。6 年过去了，昌宁西沙窝的梭梭林郁郁葱葱、十分繁茂，沙害被彻底治理了。

2007 年，石羊河流域重点治理项目启动实施，全县开始关井压田，

要调整农业结构，减少地下水资源开采，推进生态治理。宋和村林场也要关闭机井 8 眼，压减耕地 800 多亩。石述柱带头退出自己在林场的 7 亩耕地，老伴很不理解，埋怨他说："没地了，我们还吃什么，喝什么？"石述柱并没在意老伴的埋怨，而是跑东家、串西家，以自己庄前屋后 60 多棵枣树收入过万元的事实给大家做工作，指导群众调整结构。几年时间，宋和村建成特色经济林 3190 亩，发展设施农牧业 1221 亩。

2004 年年底，甘肃省委作出了号召全省党员干部向石述柱同志学习的决定，石述柱事迹报告会在省市县相继举行 24 场次，石述柱以人为本、心系群众，求真务实、与时俱进，艰苦奋斗、自强不息，廉洁奉公、清白做人的精神传遍了陇原大地，也成了民勤人民推进生态环境治理、全面建成小康社会的强大动力。

勤劳的民勤人民在石述柱精神的感召下，牢固树立"绿水青山就是金山银山"的理念，坚定不移走生态优先、绿色发展之路，发扬"勤朴坚韧、众志成城、筑牢屏障、永保绿洲"的民勤防沙治沙精神，着力提升防沙治沙质量水平，大力推进国土绿化行动，扎实开展山水林田湖草生命共同体建设，着力构筑生态安全屏障。

全县累计完成工程压沙 42.57 万亩，营林造林 123.55 万亩，实施封沙育林草 51.3 万亩，建成国家沙化土地封禁保护区 2 个、封禁面积 41.85 万亩，城市新增绿化面积 63 万平方米，人均绿地面积达到 30 平方米。截至目前，全县人工造林保存面积达到 229.86 万亩，封育天然沙生植被 325 万亩以上，在 408 公里的风沙线上建成长达 300 多公里的防护林带，全县森林覆盖率由 2012 年的 12.08% 提高到 17.91%。

2015 年 4 月，民勤县被国家发改委等 11 个部委列为国家生态保护与建设示范区。2018 年，民勤县被中国绿化基金会授予"生态范例奖"，被甘肃省绿化委员会、人社厅、林业厅授予"全省绿化模范县"称号，被省住房建设厅评为"甘肃园林城市"。2019 年 6 月，全国绿化委员会办公室授予石羊河国家湿地公园国家"互联网 + 全民义务植树"基地称号，成

宋和村这个曾经风起沙飞扬、埋地又埋庄的不毛之地，如今已是渠水绕林过、林茂粮又丰的富裕村

为甘肃省唯一入榜单位；9 月，民勤被全国绿化委员会授予“全国绿化模范县”称号；10 月，苏武沙漠被国家林业和草原局授予“最美沙漠”称号。

一个林茂粮丰、绿树成荫、风景秀美、瓜果飘香的新绿洲——民勤，正在西部崛起。

岁月不老公仆情，夕阳已红赤子心。石述柱，半个世纪前的那个钢筋铁骨的壮汉子，已经 85 岁高龄了。岁月，深情地在他脸上刻下深深的沟壑，在他鬓边染上薄霜，但他的雄心壮志却丝毫未减。

2018 年春天，石述柱老人又和宋和村的群众在杨红庄滩栽下数十亩梭梭林。同年 9 月 12 ~ 13 日，“一带一路”生态治理民间合作国际论坛在武威市举办，石述柱应邀出席，为生态治理贡献智慧。

石述柱用一腔热血，染绿了一片荒漠，守住了世代家园。

社会评价

“他是保持共产党员先进性的典范，是长期艰苦奋斗的典范，是坚持以人为本、科学发展的典范。”“向石述柱学习，就要学习他以人为本、心系群众的精神；学习他求真务实、与时俱进的精神；学习他遵循规律、崇尚科学的精神；学习他艰苦奋斗、自强不息的精神；学习他廉洁奉公、清白做人的精神。”

这是2004年《关于在全省开展向石述柱同志学习的决定》中中共甘肃省委对石述柱的评价，这也是对石述柱生命不息、治沙不止、为治沙事业奉献一生的最美礼赞。古有愚公移山，今有愚翁治沙。石述柱19岁开始治沙，50年过去了，他带领村民植树，换来的是处处绿树、青草和田地。曾经风沙肆虐的村庄出现了一片绿洲，如今已经耄耋之年，他还活跃在治沙一线，义无反顾地实践着自己朴素的誓言：“豁出一辈子，干好一件事。”

“沙海里的一支歌，像海那样深沉，像山那样凝重，像云那样洁白，像雨那样清莹。”《飞天》杂志曾用林希的诗作《沙海听歌》为石述柱的故事做题记，精准概括了石述柱为治沙造林奋斗半个世纪，用生命染绿一片荒漠、丰满一方土地的感人事迹。

一个人有多大的力量，能创造这样的奇迹？带着对这位治沙英雄的满腔敬意，2010 年我来到甘肃省民勤县宋河村拜访石述柱。

走进石述柱家的宅院，十几棵碗口粗的枣树，一棵腰粗的苹果树，还有那正吐新芽的葡萄藤格外引人注目。“石爷”（当地人都这样称呼石述柱）不在家，“石奶”正忙着准备去地里浇水，见记者来了，她忙解下头上的围巾将客人让进屋里。屋里最引人注目的就是挂在墙上的一张石述柱在人民大会堂作报告时的照片，照片上的石述柱戴着大红花，昂首挺胸，“英雄”气概十足。

“豁出一辈子，干好一件事”是石述柱入党时的誓词，也是他治沙的真实写照。早在 19 岁时，他便与村上青年组建起一支青年治沙队伍，从此，他就和风沙展开了半个世纪的斗争。在担任村党支部书记 36 年里，他带领群众艰苦奋斗，治沙治穷，科学发展，使一个群众为风沙所迫、流离失所的“逃荒村”成为了绿树成荫、瓜果飘香的“小康村”。

不多时，满身尘土的石述柱出现在我的眼前，瘦高个，黝黑的脸庞布满深深的皱纹，耄耋之年却仍然显得精神矍铄。他刚从林场回来，石述柱对他亲手栽植起来的林场有着特殊的感情，并主动承担了整个林场的管护任务。得知记者的来意后，他决定给记者当回向导，看看他植过的树、压过的沙。

曾经“三趟路口，三趟沙，大风一起不见家”的宋河村，如今变成了民勤治沙成功的典范。宋和人被风沙蹂躏的心田里，涌出了一股绿色的清泉。逢人便说：“我们的防沙林网，是用汗水浇灌活的；我们的柏油马路，是用双手开拓出的；我们的日光温室，是用心血培育成的；我们的小康住宅，是用辛苦垒起来的。如果不是有党的好政策，如果不是石书记带领我们治沙治穷，就没有我们今天的幸福生活。”

是啊，这个普通的共产党员为改变沙乡的贫穷落后面貌操了多少心、流了多少汗、吃了多少苦，只有宋和的父老乡亲们最知道。

也只有他脚下的这片让他染绿的土地知道！

——民勤县融媒体中心　马爱彬

（文字：马爱彬；图片：李军；视频：民勤县融媒体中心）

牛玉琴

过去一望无际的黄沙梁，现在都是茂密的树林。我治沙种树，不是奔着荣誉去的。最初就是为了吃饱肚子，摆脱贫困，把荒漠治绿了，把日子过好了。我一个种庄稼、治沙造林的农民，党和人民这么肯定我，给了我这么多荣誉，其实这是我的责任，我要当好致富的带头人、沙漠绿化的先遣兵。

牛玉琴 汉族，1949 年 1 月生，陕西靖边县东坑镇人，中共党员。1988 年起当选为陕西省第七届、九届、十届人大代表，1998 年起当选为第九届、十届全国人大代表，党的十七大代表。牛玉琴豪情满怀、不畏艰难，从 1985 年起通过植树造林治理毛乌素沙地 11 万亩，治理区林草覆盖率达 85% 以上，实现了人进沙退。在 30 多年艰苦卓绝的生态环境治理过程中，她坚持与时俱进、不断革新，用一个西北地区农村妇女柔弱的身影印证了中国改革浪潮。她先后获得“中国十大女杰”“全国三八红旗手”“全国劳动模范”“全国优秀共产党员”“全国治沙英雄”、联合国“拉奥博士奖”等荣誉称号，多次受到党和国家领导人的接见。她的事迹被拍成电影和电视，在社会上广为传颂。

汗水与泪水染绿万顷荒沙
坚持与坚强绘就美丽大漠

——记“全国治沙英雄”牛玉琴

黄沙有尽头，植绿无休止，三十几载树立靖边大漠丰碑。

靖边县位于陕西省北部偏西，榆林市西南部，全县总面积 5088 平方公里，毛乌素沙地约占全县总面积的 1/3。中华人民共和国成立初期，这里“山秃穷而兜，水恶虎狼吼、四月柳絮稠、山川无锦绣，狂风阵起哪辨昏与昼”，生态环境十分恶劣，全县 90%的土地严重沙化和荒漠化，自然环境恶劣。乡亲们有这样一句顺口溜描绘其环境：“风卷黄沙满天飞，白天刮风需点灯，沙打窗户半夜醒，庄稼苗苗捉不全。”生活在这里的人们，常年饱受风沙之苦。

1991 年，牛玉琴（右二）向陕西省林业厅厅长任国义介绍治沙情况

恶劣的生存环境迎来了坚强不屈的女人

1966年，17岁的牛玉琴从定边县郝难公社嫁给靖边县东方红公社金鸡沙大队的张加旺。在那个并不富裕的年代，农村多数家庭的确很贫困。但张加旺家的贫困，是常人难以想象的：老娘患有精神病，常年神志不清；全家只有两间土坯房，男女老少共用一盘炕；粮食不够吃，经常用草籽、荞面皮和树叶子等充饥；家里每人只有一条裤子，新三年、旧三年、缝缝补补又三年。生性好强的牛玉琴，看在眼里、痛在心底，发誓要用劳动改变贫困面貌。

30多年前的“金鸡沙”，并没有田园风光和浪漫景象，“金鸡”的美丽当地人从未见过，“沙子”的危害体验得倒是刻骨铭心。“一年一场风，从春刮到冬。庄稼种三遍，还是欠收年”是当时农业生产的真实写照。牛玉琴的房屋就盖在沙漠边上，经常是“沙打窗户半夜醒，沙子埋到半房顶。白天刮风需点灯，晚上刮风天不明”。当时正是“大集体”时期，牛玉琴和张加旺在生产队劳动，常常望着漫无边际的荒沙，有恐惧、有无奈、更有愤怒，一种治理它、改变它、征服它的激情已在心里熊熊燃烧，她和丈夫张加旺萌生了“治沙梦”。

1982年的土地承包到户时，由于当年还没有明确的政策，牛玉琴家只是进行了试验性的小范围的种草栽树。1984年，靖边县委、县政府根据党的路线、方针、政策号召全县人民群众承包治理沙漠。张加旺从村里开会回来，欣喜地与牛玉琴商量，两人决定联合村民承包治理村北15里外的“一把树”万亩荒沙。然而，村里人惧怕沙漠，没有人敢应声，牛玉琴和张加旺不甘心，没人干，我们一家人干。于是，他俩横下心来，治沙绝不能后退半步。1985年元月，在村里无人和他们家“联户”承包治沙的情况下，牛玉琴和张加旺以“个户”正式同村民委员会签订了承包治理万亩荒沙的合同书，还到县公证处作了公证。并制定了“一年栽上，三年补齐，五年初见成效”的治沙计划。

■ 1999 年，牛玉琴组织学生进行勤工俭学，治理沙漠

万事开头难，在一无技术、二缺劳力、三无资金的情况下，要治理万亩荒沙，真是困难重重。牛玉琴也清楚自己的家庭经济状况，靠几年前养羊、养鸡和卖农产品积蓄的七八千元就能完成 1 万亩的造林计划吗？她心里也没底。为了在造林过程中少走弯路，张加旺根据地貌特征，制定了缜密的治理方案，将承包地划作三个治理区域：第一区域为北部大型流动沙丘区，第二区域为中部平坦流沙区，第三区域为南部小沙丘区。不同的区域采用不同的治理方法：大型流动沙丘以沙蒿、踏郎、沙柳为主，平坦流沙区以种草为主，小沙丘区以种植杨树、榆树、柠条、沙柳为主。

■ 牛玉琴一家在治沙途中快乐的野餐

不服命运的夫妻咬定了治沙造林事业

靖边县1982年实行包产到户生产责任制后，牛玉琴家分到了一些沙边上的较差耕地，她虽然很委屈（由于沙地肥力差，不适宜庄稼生长），但生活总算有了奔头。牛玉琴和张加旺先用人力车拉来黄土盖在沙漠上，然后施肥种粮，但肆虐的西北风有时一夜就把改良好的土地覆盖成小沙漠。为了阻挡风沙，两口子试着在耕地边上种了几棵树苗，没想到全部成活。牛玉琴喜出望外，在自己耕地边上全部种了树苗，树长大了，沙挡住了，庄稼丰收了，薪柴也有了，终于吃上了黄米饭，看到了生活的希望。

一次，村党支部给村民宣传了党的十一届三中全会精神。牛玉琴两口子立马召集左邻右舍，打算联产承包1万亩荒沙种草种树，但谁也不肯承包。人们说："万一政策变了，工夫就白费了。"别人不干，他俩的计划就成了泡影。可他俩并没有灰心，"别人不干，我们一家子也可以

牛玉琴全家老小齐治沙

干嘛！”张加旺斩钉截铁地说。当他俩把承包荒沙的想法告诉几位亲朋好友，得到的回应是：“你们真傻还是装傻呀！那兔子都不拉屎的干沙地，肯定栽不活一棵树；就是树栽活、能成材，你们光凭一张小小的纸片就能保证树木归你所有吗？我看你们是没事找事，到头来鸡飞蛋打一场空，还说不定要戴上一顶什么帽子呢！”

亲朋好友的告诫不得不认真考虑。牛玉琴和丈夫反复思考后认为：“承包荒沙造林种草，是一件利国利民利己的大好事，也是一件为子孙后代造福的大好事。就是政策有什么变化，又能把我们怎么样？”正在牛玉琴两口子犹豫不决时，靖边县“三干会”精神和榆林地区关于林木管理政策的十条规定出台。于是，他们向村支部提出独立承包荒沙用于造林时，村党支部十分支持。1985 年元旦，张加旺和乡政府及村委会签订了 1 万亩荒沙承包合同，并在县公证处进行了公证。

合同签订后，他俩做了认真规划。1985 年的乡党委三农会议上，党委主要领导要求张加旺两口子在大会上表态，他俩提出“一年栽上，三年补齐，五年初见成效”的口号。会后，全乡有 2/3 的人说他俩是“吹牛不拉牛尾巴”，也有人夸他俩“眼宽胆大人能干”。牛玉琴一家人多次商议后认为“沙一定要治，就是‘憋死骡子挣死马’也要把 1 万亩荒沙全绿化，咱们庄户人家就得说话算数！”

要完成第一年的治沙任务谈何容易！一没资金，二没技术，三缺劳力。最头痛的还是缺资金的事，一年之计在于春，如果开春没有把树苗准备好，这一耽误就是一年，计划也会落空。因此，他俩费尽心机凑资金，一家人省吃俭用，把家里能卖钱的东西全卖了，仅牛玉琴养的 250 多只鸡就卖了 200 只。全家人节衣缩食共同积攒买树苗的钱，这让牛玉琴至今还觉得为了治理荒沙而愧对家人，她常常说：“当时我们是从牙缝里省几个买树苗的钱，那十几年都没有给几个孩子和老人穿一件像样的衣服！”

有一次，年仅 6 岁的小儿子张立强病了，几天吃不进饭。牛玉琴很伤心，拿出两个鸡蛋准备给孩子吃。站在一旁的小立强懂事地说："妈妈，我不吃！咱们把鸡蛋换成钱好买树苗。"牛玉琴听了这话很难过，一把将儿子搂在怀里，泪水止不住地流淌着说："我的好娃娃，都是妈不好，让咱们全家人受苦了！"

经过努力，他们俩总算凑集了2500多元钱，这点钱怎么够用呢？他们又向东坑乡信用社贷了4000元，向个人贷了500元高利贷。

就在这紧要关头，县林业局送来的1000斤草籽和10万株杨树苗，终于解决了种苗问题，牛玉琴一家人打心底里感谢党、感谢人民政府对他们的支持，更坚定了她们治理荒沙的信念。从此，牛玉琴一家三代七口人一起治沙，起早贪黑，披星戴月，娃娃和老人每天都要步行15里沙路到承包的荒沙地造林种草。然而，在沙漠里栽树谈何容易，挖栽树坑时，抬起铁锹半坑沙，风沙打得人睁不开眼睛，迈不开脚步，头一天栽好的树苗，第二天被风吹得东倒西歪，稀稀拉拉。造林种草是季节活，误过一季，就耽误一年。为了加快造林进度，他们雇请了16人帮工，将20名劳力分成10个小组，实行岗位责任制，并制定了严格的检查验收制度，经过一家人一年辛勤拼搏，终于实现了"一年栽上"计划，

■ 牛玉琴一家人奋战在沙漠里

当年造林种草达 6600 亩。可是第二年春天，毛乌素沙漠刮了一场特大沙尘暴，一夜之间，她们营造的 6600 亩林草被风吹得东倒西歪，有的甚至连根拔起，面对此情此景，大伙的心凉了，连她的大儿子也有了不愿干的想法了，牛玉琴更是心如刀绞。但她总不甘心让大伙的辛苦白费，总不想让自己的希望破灭，更不想动摇自己的坚定信念，她说:“我就不相信这里就栽不活树、成不了林，我们还得继续干！”

1986 年春天，她在距家 7.5 公里的“一把树”（小地名，当时因在方圆七八公里只长着一棵杨树而得名）沙窝里搭起了一间茅草棚，与帮工们一起没日没夜地奋战在这里。经过牛玉琴 20 多个昼夜奋战后，8 万株杨树、榆树和沙柳又重新站了起来。

从此，在各级党委、政府和相关部门的大力支持下，她持之以恒治理荒沙，承包荒沙治理面积从 1 万亩、2 万亩、9 万亩，直到现在的 11 万亩。

她一个农村妇女，先后筹资近 2000 万元，用 28 年时间植树 2800 万棵，使当年的不毛之地变成了当前的“人造绿洲”。

悲惨命运没有摧垮她治沙造林的坚强意志

1986 年，正当他们的治沙事业刚刚起步时，张加旺因患左腿骨质增生住进了县医院。至此，牛玉琴每天 4 点起床，大儿子带着造林工具走进沙漠后，她步行 12 公里到镇上，早晨 6 点坐车到县医院，给张加旺买好药挂上输液瓶后，9 点她再从县城坐车回镇上，再徒步走回家，这时已是中午 12 点，回家后她立即再投入到繁重农活劳动当中。医院里的张加旺要人伺候，家里栽树人手紧缺，牛玉琴只好横下心让年仅 12 岁的二儿子退学后伺候他爸爸，儿子整天在病床前泪流满面，有时更是全家人抱在一起哭。

常言道“祸不单行”。牛玉琴做梦也没想到丈夫还没出院，自己又因阑尾炎住进医院。这一下家里老的哭小的嚎，乱成一窝蜂。牛玉琴人在医院，心想治沙。在她做完手术的第五天，不顾医生的再三劝告在伤口尚未完全愈合的情况下跑回家里，10天后她用粗糙而笨拙的双手将缝合伤口线自行抽掉。为了节省住院治病钱，她和丈夫学会了打针输液“技术”，相互给对方打针输液，并提前出院。

张加旺因病不能出门干活，就在家里出主意，想办法，心里依然牵挂着治沙造林。牛玉琴在他的指点下，边干边学，当起了治沙造林的领路人。为了加快治沙进度，她每天不仅要安排地里的活，给工人做饭，还要往返在7.5公里的沙路上拉运树苗。

张加旺的肿瘤一天比一天扩散的快，每年都要做两次手术。但是他住院如坐监，每次住院都急着要回家栽树。1987年，肿瘤向全身扩散，为了保全性命牛玉琴带他去银川市的医院锯掉了全是肿瘤的左腿。从银川市回家时，牛玉琴呆呆地坐在冰冷刺骨的车厢里，眼前一片空白，她不知该怎么办。加旺劝她说：“别想那么多了，病来不由人，会慢慢好的。我虽然锯掉了一条腿，但还能栽树嘛，你怕甚了？”一进家门，一家人都说不出话来。过了一会儿，大儿媳妇抱着不满周岁的孩子让公公给取个名字。张加旺说：“我们子孙后代都要治沙造林、绿化祖国，孩子就叫张继林吧。”

一个多月后，张加旺不顾截肢之疼，拄着拐杖出去买树苗。到了东坑街上时被刘乡长发现后关切地问：“你现在行动不方便，怎么就一个人出来了？”他说：“家里很忙，我干不成重活，准备出去买点树苗。”刘乡长送他上车，到县城没几天，县政府的车帮他把8万株杨树苗和14万株槐树苗运到了造林地。张加旺一手拄拐杖，一手扶树苗，在沙地里和家人一起栽树。

牛玉琴回忆说：“1988年，造林最后一天是农历三月初二，加旺信心很大，从林地里走回家。上沙梁时，他把拐杖先扔上去，然后往上爬；下沙梁时他抱着拐杖往下滚，就这样连滚带爬回了家。”病魔无情，1988年

5 月 17 日，张加旺永远离开了牛玉琴，离开了治沙事业。犹如晴天霹雳，全家人陷入悲痛的深渊。牛玉琴擦干了悲痛的泪水后，哽咽着对死去的丈夫说："你在天之灵放心吧，我一定要实现你的愿望。"随后，她又转身对孩子们说："要继承你们爸爸的遗愿，咱们要尽快地把荒沙治好！"

就在这个家庭的危急时刻，有人劝说牛玉琴把树卖了，她回答："这是我们全家人为了改变生存环境而选择的共同事业，就是 10 万元、100 万元也不能卖。他死了我还活着嘛，我要带着孩子继续干下去。"张加旺带着他未了的心愿走了，这片林子是他俩用心血共同营造的，牛玉琴认为不能毁掉全家人的基业和希望。就这样，牛玉琴强忍丧夫之痛，再次坚强地站起来，继续向沙漠挺进。

衣食无忧之后带领当地群众发家致富

牛玉琴是中国妇女的骄傲，但她是"富林子、穷劳模"。谁能想到，她的 11 万亩林子价值过亿元，生态效益更是不可估量。她的治沙事迹感动了众人，人们纷纷解囊，资助她的治沙事业，而她将这些捐款全部用到补苗固沙、改善基础设施和村民生活上，自己的生活仍然异常俭朴。然而，就是这个"穷劳模"，却给金鸡沙村带来了巨大变化。她依托林地创建了一家综合开发利用示范林场——加玉林场，利用林场与西北电力集团公司合作，成立了靖边县绿源治沙责任有限公司，发展治沙养殖产业，现在每年生产饲料 100 吨，每年养猪和白绒山羊 140 多头（只），带动和扶持了近百户群众通过造林治沙实现了脱贫致富。

牛玉琴一心想让沙窝窝里的孩子多学文化知识，关注林业生态建设。1991 年，她创办了"旺琴小学"，并担任东坑镇东坑中学名誉校长。每年春秋两季，她都带领学生到沙地里造林治沙，培养孩子们的生态保护意识。1993 年，她争取了 90 万元资金为东坑中学修起两栋教学楼，为教育教学质量快速提升作出了巨大贡献。1995 年，她争取到 19 万元资金为金鸡沙村架通高压电，促进了当地农业生产。1997 年争取到 5 万元资金为 2 个村民小组安装了自来水，自来水开通那天，村民们高兴地敲锣打鼓欢庆第一次品尝到自来水的喜悦；2000 年争取资金 30 万元为本村 380 户村民安装了电话；2001 年筹集资金 60 万元搬迁白于山区贫困户 24 户 150 人，建成"绿源移民村"，现在居住在这里的群众都过上了幸福生活；2004 年筹资 520 万元铺设东坑至金鸡沙村 12 公里公路。2006 年牛玉琴治沙基地被列为"全国治沙旅游基地"，进而带动周边旅游业和三产服务业快速发展；2008 年她又争取到电力项目，架设高压线 25 公里，架设低压线 30 公里，安装了 45 台变压器，为全村人发展现代农业奠定了坚实基础；汶川地震灾害发生后，牛玉琴捐资捐物多达 4 次，同时她逢时遇集大力宣传汶川受灾情况，发动村民积极捐赠。在她的带动下，东坑镇群众掀起了向汶川灾区捐款捐物的高潮。

作为一名中国共产党员，牛玉琴始终不忘率先垂范、带领群众共同致富的使命。2008 年，是东坑镇发展现代农业的关键一年，农民一直坚持的传统耕种观念一时难以改变，牛玉琴自己种植了 10 棚辣椒，并积极组织群众实地学习，多渠道、多角度宣传现代农业相关知识和种植技术。在她的带动下全村发展拱棚、温棚种植蔬菜 126 棚，在蔬菜快要上市时，她积极带领种植大户跑市场，及时与各大蔬菜收购商联系，保证了蔬菜及时上市，卖到好价钱，农民人均纯收入有了很大提高。

绚丽光环之下再次吹响生态建设号角

在牛玉琴治沙的岁月里，她用辛勤汗水和顽强毅力，谱写了一曲人类征服恶劣自然环境的赞歌，书写了一个共产党员的光辉形象。牛玉琴先后获得"中国十大女杰"、"全国三八红旗手"、"全国劳动模范"、"全国优秀共产党员"、联合国"拉奥博士奖"、"中国生态贡献奖"等 87 项国际、国内及省、市级表彰奖励，先后受到江泽民、胡锦涛、习近平等

■ 向大漠挑战的女人——牛玉琴

党和国家领导人的多次接见。

2007 年以来，在市县林业部门的大力指导支持下，牛玉琴的新一轮治沙造林事业又一次盛大启航。她着手建设“治沙基地苗圃项目”，累计投入各类建设资金 1370 多万元。其中依靠其三儿子张立强自筹资金 850 万元，市县林业部门支持 130 万元，其他财政资金 180 万元，尚有贷款 210 万元。另外，通过实施三北防护林工程暨榆林市樟子松基地建设项目完成劣质林地改造 8000 亩，直接获得林业项目资金 400 多万元。

通过 6 年的不断建设，牛玉琴治沙基地苗圃面积已达 900 亩，架设了 9 公里高压输电线和 10 公里低压线，购置了 3 台 50 千伏安变压器。打了 11 眼深井，安装了 3 套太阳能发电机组自动灌溉设备，在林区修筑了 7.5 公里四级公路，在公路两侧栽植苗高 2 米的樟子松 4 万株。在苗圃基地内开通并硬化了路面宽 5 ～ 10 米的生产道路 5 公里，并在道路两侧栽植了护路林，正在建设养殖饲料基地。

为了提高育苗质量，搭设全自动育苗温棚 14 棚（每棚面积 1 亩），现在培育出 3 年生营养袋樟子松苗 500 万株，30 ～ 50 厘米的营养钵樟子松苗 150 万株，50 厘米以上的樟子松苗 4 万株。大田育苗基地有云杉、杜松、侧柏、臭柏、油松等常绿树种苗木近 50 万株。目前，该基地所生产的苗木不仅能够满足牛玉琴治沙基地造林用苗，并且还能够向外大量销售，牛玉琴治沙造林终于有了一定的经济收益。

为了加快造林育苗步伐，牛玉琴近 2 年还购置了 2 台沙地运输车、2 台大功率拖拉机、3 台装载机和 2 台翻斗运输车，投资 200 多万元，在原灌木林地（退化林地）进行更换新树种的工作。采用适地适树、多种植物同时种植的原则，打破了过去造林树种单一的治沙方式。

牛玉琴意识到樟子松、杨树以及一些沙生灌木是主力树种，而树种单一和经济效益低下，甚至是无经济效益的问题也同样存在。除了不断与沙魔顽强斗争之外，“向沙漠要效益”“发展沙漠生产力”的概念不断浮现在牛玉琴的脑海中。她和家人意识到仅仅治沙是不够的，如何带来更高效更和谐的沙漠效益成了牛玉琴的新目标。从建沼气池、引进光伏扬水系统开始，牛玉琴看到了建设绿色产业的必要性。新的技术在牛玉琴的樟子松、臭柏、云杉、侧柏等常见树种育苗基地和造林工程中全面应用。光伏扬水节水灌溉的绿色循环治沙新模式在绿源治沙有限公司的成功应用，开创了我国防沙治沙新模式。从 2013 年起，牛玉琴建成 300 亩的引种试验基地，主要引进经济效益较高的树种（大果榛子、油用牡丹、欧梨、白皮松、班克松，在樟子松嫁接彰武松、红松、长白松等），试验 6 年后，嫁接成活率已提高到 97% 以上。2019 年红松第一次结果，引种成功后将大面积推广利用，来发展沙漠经济产业。

如今，牛玉琴的治沙造林基地是陕西省八大党员培训教育基地之一，也是靖边县规划的“沙漠生态旅游”景区，主体思路是用温棚种植瓜果、蔬菜，圈养鸡、羊、猪，办餐饮业；做沙雕，办沙漠文化节，让游客可参观游览，可避暑休闲，可采摘品尝田园果蔬，可体验农耕文明。牛玉琴常常叮嘱家人，创业容易守业难，治沙不是一代人能完成的。如今，她看到自己的三儿子做事踏实，她放心地交出了治沙接力棒。她经常让三儿子张立强到全国各地考察。张立强到大兴安岭考察时，看到那里的森林不仅木材卖得好，还有松子、榛子等附加的经济作物，他羡慕不已。母亲染绿了11万亩黄沙，张立强想的是如何在此基础上更进一步，把它们都变成“摇钱树”，母亲那一代人完成了“人进沙退”，我们这代人就得想办法实现“农、林、牧、游”立体发展，让沙地由“绿起来”变为“富起来”。

经过35年的治理，从1棵树到2800万棵树，11万亩荒沙的林草覆盖率由过去不到2%增长到现在的80%以上。牛玉琴，这位与共和国同龄的治沙英雄，她是一位伟大的女性、成功的女性，也是一位平凡的女性，她是绿色事业播种者，她带领一家人探索出家庭式农、林、科治沙路子的成果。她把绿色的种子播撒到哪里，哪里就会有一片荫庇子孙后代的绿荫。

牛玉琴观察嫁接红松的生长情况

社会评价

从1棵树到2800万棵树，11万亩荒沙披绿，逼退风沙10公里。牛玉琴35年如一日，带领全家人坚持治沙造林，带领周边近百户农民致富，人均每年增收1000多元。她从一个目不识丁的农村妇女到能够读懂党政报刊，走进人民大会堂参政议政。她有坚韧不拔、艰苦奋斗、改革创新的治沙精神，永远激励着靖边儿女为建设美好家园、创造幸福生活而不懈努力，她是治沙英雄中的女英雄。

牛玉琴的治沙历程万般艰辛，可歌可泣，催人奋进。她在穷困时刻，用自己柔弱的身躯支撑起了几近破败的家庭和无限艰辛的事业，誓叫荒漠披绿装，建设人类绿色家园。她在巅峰时刻，心里牵挂着普通百姓和人民大众，用实际行动诠释了一个共产党员应该履行的使命和担负的职责。她在荣耀时刻，没有忘记自己的毕生追求和绿色梦想，百尺竿头，更进一步，开发多种生态经济产业，为建设美丽中国依然在不断探索、不断付出、不断追求。

“牛玉琴不仅为中国妇女树立了榜样，而且为世界妇女树立了榜样，她的精神值得我们学习。”

行走在毛乌素沙地南缘，在这块中国四大沙地之一的地方，有个叫牛玉琴的女人，她有一部感人肺腑的造林史。

牛玉琴是那种脚踏实地而又乐观从容的女人，现在听力不好了，不能和人正常交谈，但很喜欢跟人亲近。她说:“凡事不要计较，大家都好了那才叫好。”是啊！牛玉琴是个见过世面的乡村女人。因为种树出了名，一年要有多少人前来拜访她，而且她还参加过颁奖、人民代表大会、发言人等多场活动。在她领取联合国粮农组织颁发的拉奥博士奖时与高鼻深眼的颁奖人合影的彩色照片上，牛玉琴的表情是那么地自信。也就是这样一个自信十足的女人，她选择了从一结婚到现在都在付出艰苦卓绝的努力，最终成为治沙战线上一颗耀眼的明珠。

牛玉琴回想起他们一家人在毛乌素沙地边缘熬着苦日子，常常是一夜风沙怒号，第二天早上连门都被黄沙埋住了。风沙刮走了秧苗，一年辛苦下来，打不下几斤粮食，风沙逼得他们连搬了三次家。她的丈夫张家旺也是和她一样的倔脾气:“不搬了！就要生活在一个永远不动的地方，还要让咱们的子孙后代在这里生存下去。”就是从这口气开始，他们开始了种树治沙。那些年的艰辛不堪回首，但在牛玉琴的记忆中，丈夫是一个特别活泼的人，爱扭秧歌，唱歌好听。她受委屈哭鼻子，丈夫就唱陕北“信天游”哄她开心。

治沙失败时，牛玉琴和丈夫住进了沙漠，他俩在沙漠里观察沙丘移动的规律、流沙流动的部位和方向，并在大沙丘的不同部位插上干树枝，观察不同部位干树枝被风沙吹走的情况。从而总结出了，把流动沙丘分成 3 份，最底下的部分沙子流动最少，不受风沙侵害，适合在春季栽植杨树、榆树、沙柳等先锋树种；中间部分在夏天雨季来临前至秋末，沙子是不流动的，可在夏季降雨来临前，种植沙生植物沙蒿、沙米、踏郎、花棒等；最高的部分，一年四季沙子都在流动，可利用风的力量拉平沙丘的治沙新方法。利用总结出的治沙新方法，年造林植草面积达到6000多亩，成活率高达70%以上。

然而，40岁的张加旺骨癌晚期最终还是走向另一个世界。牛玉琴说:“树，我不能卖，人，我不改嫁，我必须把张加旺未完的事业干完！”就这样，她把丈夫葬在他们亲手栽种的林子里，强忍着常人难以想像的痛苦，继续奔波奋战在这片沙海里。

牛玉琴是个饱尝生活之苦的女人，她经历千难万苦，在37年里，从一棵树到2800万棵树,11万荒沙的林草覆盖率由过去不到2%，增长到现在的80%以上，当年的不毛之地变成了现在的人造绿洲。如今，牛玉琴的儿子张立强也从事了治沙工作，并开启了“向沙漠要经济”的治沙新路，他琢磨着让林子在治沙的同时产生经济效益，让绿树也是“摇钱树”。

牛玉琴，这位与共和国同龄的治沙英雄，她是一位伟大的女性、成功的女性，也是一位平凡的女性，她是绿色事业播种者，她带着家人把绿色的种子播撒到哪里，哪里就会有一片荫庇子孙后代的绿荫。

——靖边县林业局　刘成艳

（图文、视频：刘成艳）

石光银

我这辈子就干一件事：治住沙子，让老百姓过上好日子！／我的功绩不是我一个人的，是党和国家人民给的，我不能躺在功劳簿上吃老本，我还要再立新功。／我要为习总书记提出的“绿水青山就是金山银山”的中国梦，做出我后半生最大的贡献。生命不息，治沙不止，这将是我一生的使命。

石光银 汉族，1952 年 2 月生，陕西定边县白泥井镇同心干村第三自然村人，中共党员。历任原海子梁公社圪域套生产队队长、圪域套大队大队长，原海子梁乡同心干村村主任、党支部书记、党委副书记，南海子农场场长；十里沙村党支部书记；陕西石光银治沙集团有限公司总经理、董事长。

石光银多次获“全国劳动模范”“全国治沙英雄”“全国绿化十大标兵”“全国绿化先进工作者”“全国绿化十杰”“全国绿化奖章”“93 全国扶贫贡献奖”“全国农村优秀人才”“全国 CCTV2011 年度‘三农’人物”“全国国土资源绿化贡献人物”“全国十大农民科技致富能手”“‘中国网事·感动 2013’年度网络人物”等称号，2000 年被国际名人组织评为“国际跨世纪人才”，2002 年被联合国粮农组织授予“世界林农杰出奖”，2018 年被国家林业和草原局授予“绿色长城奖章”，2019 年被评为优秀民营企业家，多次受到党和国家领导人的接见。

不忘治沙初心　牢记英雄使命

——记“全国治沙英雄”石光银

四十年，仿佛弹指一挥间。四十年间，位于毛乌素沙漠的定边县终于固沙成土，黄沙漫漫西风烈已成为往事。昔日飞沙走石的沙漠已经被草木织成的密密根系牢牢固定。流沙不见了，取而代之的是葱绿的乔木、灌木以及开着各色花儿的草本植物，还有暗色的地被。生态屏障在曾经的不毛之地缓缓立起，沙漠绿洲呼之即出。这是定边人民坚持治沙的成效，更是一个名叫石光银的人治沙不止的奇迹。

在他被命名为中华人民共和国成立以来第一位全国治沙英雄之前，治沙造林是他在童年时就立下的初心；成了治沙英雄之后，造林治沙并扶贫济困是英雄使命所为。

■ 1988 年石光银与治沙伙伴奋战狼窝沙

治沙的初心从未停歇

石光银，出生在毛乌素沙漠南缘的定边县海子梁乡同心干圪坮套村。风沙给乡亲们带来的苦难和贫困，石光银记忆犹新。在他童年时代，因为风沙危害，随父母九次搬家。这九次搬家，是当年毛乌素沙漠“沙进人退”景象的真实写照。特别是他的小伙伴消失在风暴中以后，他立下初心，誓要治沙。

童心初定，治沙除害

在石光银 7 岁那年的一天，他和邻居老赵家一个 5 岁的男孩，在野外玩耍。黑压压的沙尘暴从西北方向压过来，四周漆黑一片，东西南北辨不清，他们找不到回家的路。风沙推着打着他们走，他俩开始还哭喊，却发现哭喊声被风暴瞬间淹没。然后他俩迷失在风沙中，一个听不到另一个的声息。他懵了，不知道哭，不知道喊，被风暴裹着向前飘移，来到了距离家乡三十多里的内蒙古自治区，被一个名叫巴特的内蒙古汉子救回家中。风暴过后，他的父母、兄弟发动左邻右舍的乡亲四处寻找，3 天后才找到了石光银。但是，5 岁的赵家男孩，没有像石光银一样幸运，他活不见人，死不见尸，不知被荒沙埋在何处。一个活蹦乱跳的孩子，就这样被一场无情的沙尘暴给吞噬了。

年幼的石光银哭了，为他的小伙伴涕泪交流。他幼小的心里有一个理想，长大后要与风沙做斗争，他要治理这些狂暴的风沙。随着年龄的增长，他每每看到风沙过后，庄稼被连根拔起，村舍房屋被沙粒掩埋，一些邻居开始背井离乡讨生活。他看在眼里记在心上，暗暗给自己立志，要治理风沙，让乡亲们过上好日子。

联户治沙，初战告捷

在他担任同心干大队党支部书记、大队长时，上任开的第一次会，要办的第一件事就是植树治沙。当时班子不同意，群众有意见，石光银反复做工作，班子内的工作基本做通了，再做群众的工作。他把群众动员起来、组织起来，3 年中，每年春秋两季，天大的事不能停，共造林 1.4 万亩。出现了当时海子梁乡唯一的一块沙漠绿洲。

1984 年，国家鼓励个人承包治理荒沙荒山的政策出台后，石光银就同海子梁乡政府签订合同，承包治理乡农场 3000 亩荒沙，成为当时榆林地区承包治沙第一人。为了治沙，他举家从北搬到南，搬到风沙最大的四大壕村，为了治沙，他辞掉农场场长。当时这在海子梁乡，是个爆炸性的新闻，全乡干部群众议论纷纷。家里人的担心，亲朋好友好心的劝阻，说风凉话的、说三道四的来自方方面面。但石光银下定治沙决心毫不动摇。面对 3000 亩荒沙，他冷静思考，这不是件容易事，困难太多了。当时主要三大难题，一是资金难筹集，二是劳力难组织，三是风险难预测。在风刮沙动的荒沙梁上栽树，就是给沙窝里撒钱，撒出去容易，收回来难！风险是太大了，简直不敢想。话说回来，即使树栽活了，何时能有收益。好心的朋友吆喝在一起，到他家来做工作，说："你趁早向乡政府申请把合同作废了吧，这事风险太大了。"他们说了好多理由不能包。石光银对他们的好心深表感谢，但不管他们怎么说，承包的决心不变，治沙的初心不改。他对大伙说："我们祖祖辈辈受风沙害，咱住这地方，要想过好日子，就要治住沙子。我是共产党员，我治沙的决心已定，再说治沙也不光为个人，冒些风险也值，政策我也不怕变，只要沙治住了，树栽活了，成材了，全归公也行，只要能把风沙治住，就是最大的贡献。"他继续说："现在摆在我面前最要紧、最大的困难，劳力是其一，治这样大的沙窝，这不是我石光银一个人、我一家人能干的事，你们不来，我还正想找你们呢，还得朋友帮助。"老石的一席话，老石的治沙决心，深深打动了大伙。"我们没有说服你，你倒反转把我们说服了，你这倔强脾气人，我们实在拿你没办法，是死是活，我们和你绑在一块干。"就这样，出现了 7 户联合治理的模式。3000 亩荒沙地栽树，仅种苗一项，就需现金 10 万元，7 户人家拿出全部积蓄，总共 750 元。老石心急如焚，毫无办法，在实在没办法的情况下，他趁妻子上地劳动的机会，把自家 84 只羊、一头骡子，悄悄赶走了。没走多远，大女儿、二女儿、妻子边跑边喊随后追来，妻子拉住了他的衣襟，跪在面前，两个女儿依在她母亲的身边，哭泣着，乞求着，不要把这些牲口卖掉。老石不敢低头看自己的亲人，他咬牙远望，望见是一片荒沙，他闭目沉思，是儿时赵家 5 岁男孩的幻影……他一咬牙，毅然甩开妻子，赶着牲口，头也不回地向集市方向走了。亲人的哭喊声，像刀在心上扎，他没有停步，把牲口赶在集市上卖掉了。其余 6 户也卖掉了自家的家畜，他又从亲友家借、信用社贷，才凑够了树苗款。

这年春秋两季，老石带领 7 户人家，男女老少齐上阵，在 3000 亩荒沙地上全部栽上旱柳、沙柳、杨树，这一年天公作美，雨水好，成活率达到 85% 以上，为了防止牲畜糟蹋，老石又买来活柳杆、铁刺丝，全部围挡起来，3000 亩荒沙变成绿洲。

■ 治理狼窝沙

三战狼窝沙，三年壮士还

联户承包治沙3000亩取得的成效，得到了省市县林业部门的肯定。1985年春，陕西省林业厅通知石光银参加全省林业局长会议，并让他在会上介绍治沙经验。他的发言得到了省厅领导的肯定和赞扬，进一步坚定了他治沙的决心和初心。从省城回来后，他就与国营长茂滩林场签订了承包治理5.8万亩荒沙的合同，并在海子梁乡政府的门口贴出了一张招贤榜，榜告四方父老：有人愿来与我一起治理承包长茂滩荒沙者，不分民族，不分身份，山南海北的，一概欢迎……周围群众纷纷响应。此时此刻，他深感肩上担子的份量，他清楚，一是治理难度太大，国营林场，有专门机构，有技术力量，有机械设备，有种苗，二三十年没有治理，这就说明一个问题：难治。二是现有127户人家，现在光景都不好，要是把大家带不好，这些人家投入进去没效益，穷上加穷，难给父老乡亲交代，也背离了当初的初心。

承包的国营长茂滩林场的5.8万亩荒沙，东西长40多里，南北宽12里，有大沙梁上千座，难度最大的是狼窝沙，处在风口上，沙丘特别大，大沙梁高10多米；植被盖度小，80%以上是沙丘；夏季地表温度高达60多摄氏度，冬季在零下40多摄氏度。要想在这样的荒沙上把树栽活，10个人看了有9个加1个在摇头。确实是常人不敢想的。石光银深知治理好这片荒沙的艰难，更深知治理好这片荒沙的影响及意义。他不忘初心，积极扩大治沙力量，成立了新兴林牧场并把股份制引入治沙中来，户户有股，按股份分红，多投多得，投劳折钱顶股。1986年春季，他带领100多人，一头扎进狼窝沙，拉开了大战狼窝沙的序幕。种苗全靠人一捆一捆背进沙窝。石光银既是指挥员，又是战斗员。那些日子，吃的是被风吹得又干又硬的玉米馍，喝的是沙坑里澄出来的冷水，住的是柳条和塑料布搭的小庵子。树栽在哪里，小庵子就搭在哪里，晚上就住哪里。风吹、日晒、沙子烤，嘴上起火泡，裂血口，脸是黑的，眼里布满了血丝。干，干，这些治沙人，不停地干，谁也不叫一声苦、喊一声累，都有一个共同的期盼，期盼栽下的树苗都能成活。苦干了几十天，4月下旬至5月上旬，六级以上大风刮了十多次，风蚀沙埋，栽上的树苗90%被毁。苦就这样白受了，钱就这样白花了，力就这样白出了。看着那惨淡的场景，大伙低着头，没有言语，还有一些人的脸颊被落下的泪水打湿。老石一个劲地抽闷烟，好久好久才对大伙说："把眼泪擦干，振作起来，我就不信没办法！"大伙心里难受，可大家都明白，石光银更难受，他的泪是往肚里流。面对这些，有的人动摇了，有的家里老婆出来拉后腿，不让干了。石光银的妻子高生芳理解自己丈夫的初心，她对石光银说："你可要扛得住，你一倒全完了！治沙的事，哪有个好做的！做不好重做嘛。"这简短的几句话，使石光银感到无比欣慰。他振作精神，挨门逐户地做工作，并给大家承诺：你们只出劳力，剩下的事，都由我老石想办法。

第二年，1987年，石光银带领大伙又干了一个春天，但是80%的树苗又被风沙毁掉。两战两败的巨大打击，让他懵了，仿佛他又回到了童年，在风暴中迷失了方向。他灰心地想，到底是我石光银命苦？还是好事多磨？老天爷为何如此折腾？思考了两天，小伙伴的音容笑貌在他的面前重现。他的初心还在。他组织骨干开会，寻求办法；他步行到县林业局找林业技术员请教，他还带上几个人到横山、榆林等地学习治沙经验，为治沙再备战。

1988年春，他带领群众三战狼窝沙，采用学来的障蔽治沙法，即在迎风坡画格子搭设沙障，使沙丘不流动，在沙障间播撒沙蒿，栽沙柳固定流沙，在沙丘涧地栽植杨柳树，采用这种办法，比前两次工作量大得多。每亩搭沙障40丈，在6000亩荒沙上搭设障壁800公里。他带领大家一连几十天在沙窝，即使他病了也坚守在治沙第一线，坚决不回家。这一战结束后，他回到家里，妻子高生芳看见他脸变黑了，两眼布满血丝，满嘴燎泡，胡须长得吓人，头发长得像野人，人瘦得好像被风用刀子刮掉了一身的肉，只剩骨架了，加之石光银走路艰难，好像苍老了十多岁……她难过得放声大哭。这一战取得了胜利，树的成活率在

80% 左右。1998 年，市、县林业局抽调技术人员，实地核查这块林地，有纯杨树 11745 亩，乔灌混交林 16650 亩，沙柳、花棒、柠条 29500 亩，活立木蓄积量 26609.4 立方米，植被覆盖率达 92.5%。

栽植红柳，美化碱滩

1994 年，石光银治沙公司与海子梁同心干村签订了合同，承包治理 4.5 万亩盐碱滩，到 2002 年全部栽上红柳、种上了草，使盐碱滩得到了治理。

1996、1998 年承包建设盐化厂湖区植被一期工程 7.5 万亩，在花马池、苟池两湖区，种植了杨树、沙柳、红柳、沙打旺，使两个湖区植被状况得了明显的改善。

1997 年，承包国营长城林场 4.55 万亩，到 2003 年春，全部治理完。

2003 年春，公司按照三北防护林四期工程的标准，做了设计规划，抓住机遇，一季造林 5 万亩，共投劳力 5000 个，投入资金 126 万元，共用红柳、沙柳种苗 116 万斤，柳高杆 12 万株，其他树苗 112 万株（丛）。至此，公司所在地有成片红柳、沙柳，有 500 亩松树基地，有网框林、道路绿化林。

在多年的治沙过程中，石光银公司投入劳力 6.6 万个，购买各类种苗 800 多万株，沙柳 50 万千克，种子 15 万千克，围栏 30 公里，累计造林面积 154500 亩，投入资金 706 万元，平均每亩投入 45 元。林草起来了，风小了，风沙固定了，四大壕村变富了。原来的一片荒沙变成了绿洲。2002 年以来，沙区人均占有粮年年在 1000 千克以上，现人均年纯收入上万元，他所在的白泥井四大壕村被定边县命名为小康村；定边县原海子梁乡被榆林市命名为小康乡。

40 年来，石光银带领一伙陕北硬汉，历经千辛万苦，在承包的 25 万亩国营、集体荒沙碱滩上种活了 5300 多万株（丛）乔灌木林，在毛乌素沙漠南缘营造了一条长百余里的绿色长城，彻底改变了“沙进人退”的恶劣环境，为当地农牧业快速发展、农民发家致富奠定了坚实的基础。

扶贫济困常是英雄本色

石光银始终坚守初心，在治沙过程中，发展了沙产业，扶贫帮困，带领群众共同致富奔小康。

为了让乡亲们脱贫致富，他和他的团队走“公司＋农户＋基地”的路子，把治沙与致富相结合。他们搬掉了大沙梁，平出2000多亩水地，打了20多眼机井，铺上了地下输水管道，栽上了网框林，配上了抽水机具。办起了新兴林牧场、秀美林场、百头肉牛示范牧场、三千吨安全饲料加工厂、林业技术培训中心、千亩樟子松育苗基地、脱毒马铃薯组培中心，千亩脱毒马铃薯良种繁育基地、千亩松柏园、5万亩生态林、60亩桃果园、狼窝沙项目治理区、十里沙生态移民新村、荒沙小学、光银希望小学、石光银旧居等经济实体和旅游景点。目前公司拥有固定资产3823万元，年均收入600多万元，林木价值1.5亿元。

治沙的初心是让乡亲们过上好日子，石光银一边造林治沙，一边力所能及地扶贫济困，主要是扶贫、建校、修路。

■ 2015年石光银看望贫困村民鲁红山

扶贫帮困，无私奉献

石光银出生在定边毛乌素沙漠边的一个贫苦的农民家庭，饱受贫困之苦，与贫困群众有着深厚的感情。

1985 年，同石光银一块治沙的 127 户都是困难户，有 60 户是特困户。为使这些穷乡亲们走出贫困，他 4 次跑榆林，学打多管井技术，并自己花钱买了打井设备，又赊回 14 万元的水管、水泵，为群众打井 138 眼，又用自己的推土机，为群众整修水地 2000 多亩，累计无偿送给困难户树苗 50 万株、柠条种子 4000 千克、羊 100 多只，为 95 户群众担保贷款 26.7 万元。

原定边县海子梁乡团结村王志岗，是个残疾人，家有 6 口人，住两间破土房，生活清贫，老石把他收到公司，给他承包了千亩荒沙，给担保贷款 1000 元，又借给 1000 元，用公司的推土机平了 20 亩水地，打了井，供给树苗，让他栽了 500 亩树，饲养了几十只羊，使他很快走出了贫困，盖了新房，过上了好日子。海子梁孤儿常维国，无依无靠，靠讨饭、小偷小摸，过流浪生活，老石把他招进林场，教育他走正道，帮他盖了新房，又给他当媒人娶了媳妇，常维国生活过得美美满满，逢人便说："吃水不忘挖井人，盖房子娶老婆不忘石光银"，老石先后为 3 个像常维国这样的穷孩子，安排了适当的工作，盖了新房子，娶了媳妇，过上了好日子。

1997—2001 年，石光银响应定边县政府号召，在他治沙造林事业最艰难的时期，主动将定边白于山区最贫困的 50 户 272 人迁到定边镇十里沙，经过他的多方协调，成立了十里沙行政新村，在承包治理好的沙地上无偿给每户划拨 3 亩宅基地，给每人划拨了 3 亩水地，并且打了水井，盖了住房，架通了供电线路，帮助他们植树造林，种菜种粮，发展养殖业，带领他们走出了贫困。现在的十里沙村，户户通电、通自来水、通天然气、通排污水管道，有文化活动广场。

2006 年，为提高土地肥力，改变土壤结构，提高土地质量，增加移民户收入，他给十里沙移民村捐款30万元，改土1000亩。2014年给白泥井镇先锋村新建村部捐款8万元。2015年给白泥井镇同心干村新建村部捐款60万元。2016年给十里沙47户移民户捐款10万元，购鸡粪625立方米。2017年给白泥井镇四大壕村购电脑、空调等办公设施捐款5万元。2017年扶持十里沙移民贫困户39户养牛，每户投资2000元，扶持5年，每户每年分红利1000元，5年每户获纯收入5000元，并将2000元投资款如数退还到户。公司扶持资金19.5万元。2019年3月，为了让十里沙村脱贫致富奔小康，给村民新建322座移动大棚户捐款45.08万元。2019年11月给十里沙建档立卡贫困户捐款29.2万元。据不完全统计，公司共帮扶了300多户，使1000多人脱贫。

兴办学校，治愚致富

为了让定边沙区的农民子弟能就近上学，在承包治沙的20年间，他先后办了两处学校。

1988年，在承包国营长茂滩5.8万亩荒沙里，居住着20多户农民，一时无法迁出，老石挨家逐户走访时，发现近30个适龄儿童没上学，老石心里很不是滋味。他果断决定，在这里建一处学校来解决这一问题。随即筹划、备料、抽调人，动工兴建学校。沙窝里住的家户，知道他要建学校了，说不出有多高兴，特别是那些孩子们，跳跳蹦蹦，在沙窝里大喊大叫："石爷爷给我们盖学校了，我们就要念书了。"沙窝里的人家，户户都来找老石说，为孩子们能上学念书，他们也出点建校钱，老石看他们的穷光景，一概拒绝，自筹资金建教室、购桌凳、请教师，共支出12万元。

学校开学那天，沙窝里20多户人家，都全家出动，来到学校庆祝，感谢老石给大家办了一件大好事。

2002年，他划出18亩水地，投资110万元，又建了光银希望小学，建教学楼一幢（上下两层），使用面积560平方米，教职工办公室10间，使用面积180平方米，大门、围墙、操场都建得完完整整，教学设备齐全。学校院内院外用松柏、国槐、垂柳全部绿化，教学楼可容纳300多学生，曾有7个班200多学生在校就读。十里沙及周边村的农民子弟就近上学，为孩子们提供了便捷的教育资源，为他们长大成才作出了贡献。

垫资修路，服务群众

在石光银治沙公司东、西两个方位，居住着定边县四个乡镇十多个村庄2万多人口，都是风沙区，曾经十分贫困。由于造林治沙成功，生产条件得到了改变，加之这里地下水质好，水地得到大发展，畜牧业得到大发展，农副产品品种多、质量好，但因不通公路，车辆进不来，产品难以外运，限制着农民群众增加收入、致富奔小康的步伐。看到这种情况，他狠下决心，垫资500多万元，动工修建了县城到原海子梁乡政府所在地35公里长的砂石公路，后被政府修成了柏油路，被群众称之为致富路。

石光银的事迹，得到了党和人民的充分肯定和高度赞誉。他个人分别获得了省市60多项荣誉奖杯、奖牌和奖状，2002年，被授予“全国治沙英雄”荣誉称号，2012年当选为党的第十八次全国代表大会代表，2018年当选为第十三届全国人民代表大会代表。

在荣誉面前，石光银“不忘初心、牢记使命”，认真贯彻党的十九届四中全会精神。作为一名党员，他对党忠诚；作为一名治沙人，他继续坚守在治沙造林的第一线。生命不息，治沙不止，他是林业战线“不忘初心、牢记使命”的标杆之一！

社会评价

“沙丘上，你是一棵挺立的树；沙海里，你是一棵顽强的草。40 年治沙的坚守人进沙退，40 年的抗争无怨无悔。你筑起一道道坚不可摧的绿色长城，你是战天斗地的硬汉，肩挑大任的英雄！”这是 2014 年，石光银获得“感动陕西”人物的颁奖词，也是对他三十几年如一日治沙造林的最好诠释。他为治沙造林奉献了一生，为治沙事业牺牲了自己唯一的儿子，但他无怨无悔，他要将这一伟大的事业传承下去。“生命不息，治沙不止”，这是他的誓言，更是他的使命，他的治沙事业永远在路上。

采访石光银，这是第一次。

之前，曾经陪着市级、省级或者国家级的电视台、报纸杂志记者采访石光银，我只是旁观者。也有因为工作原因，我和局里领导或者同事到定边镇十里沙村拜访过他。局里有大型活动，邀请他来参加，我们碰面时，互相点头致意。

他是英雄，是我非常敬重的人物。他一米八的身高，加上魁梧的身材，高大的身影会映入眼帘，让人印象深刻。他的脸庞棱角分明，眉骨突出，鼻梁高耸，典型的北方硬汉的面貌，符合人们心中的英雄形象。走近他，可以感觉到他身上洋溢着的满满的英雄气，但是，他并不自恃傲气，反而平易近人。

陕西定边是个造林治沙英雄辈出的小地方，先有全国治沙劳模、中央候补委员李守林，后有全国治沙英雄石光银，还有全国治沙标兵杜芳秀，还有全国绿化女状元王志兰，等等，他们都是林业战线上的英模，值得弘扬与抒写。

第一次采访，带着任务，赶赴他的办公楼后，他不在，去外地开会了。我与他的办公室主任联系，说了采访内容，办公室主任回复："石老英雄一听说是你，就说同意你给他写稿。"我明白，这是老英雄对我的信任。我在定边县林业局工作多年，是陕西省作家协会会员，曾在《诗刊》《延河》《陕西日报》等国家级、省级报刊发表过作品，出版过散文集《雪意长城》，出版过长篇小说《明镜》，主编出版了《定边县林业志》。

认识石光银近20年，因为他是定边林业战线上的楷模，更因为他是新中国成立以来第一位治沙英雄。他的传奇我听过许多，尤其是他治沙造林的事迹，让我十分钦佩。让我明白这个英雄，是一位活生生的真英雄。他的事迹是七尺男儿演绎的义薄云天的故事，与我年少时看过的《天龙八部》里塑造的英雄人物乔峰相比，鲜活又真实。

石光银在中国的北方，在毛乌素沙漠的南缘，用大半生的时间，用血汗和不变的信念筑起绿色的长城，阻挡沙魔南下的脚步。他是实现沙退人进的先锋人物，他是造福一方百姓的模范典型。他与《权利的游戏》里的守夜人相似，都是为全人类命运共同体而奉献毕生。不同的是守夜人修筑的冰冷的白雪长城，那里只有寂寥与异鬼。而石光银筑起的是有生命有色彩有芬芳的草木长城。有了草木长城，曾经荒凉寂寥的沙漠变成了蝴蝶飞舞、松树苍郁、禾苗茁壮、牛羊肥硕的塞上江南。

前几天，雪降定边。原野茫茫，石光银的庄园银装素裹，林木多娇。由于白天太阳照耀，夜晚温度骤降，形成了雾凇。我看见玉树琼花白了头，与他头上的白发一样。他多半生就忙一件事，那就是造林治沙。为此，忙到白了头。

这次去石光银英雄的庄园，虽然寒风凛凛，百草匿迹，但是我依然能看到云杉、樟子松、新疆杨等常绿树种与落叶树种，还有花棒等大灌木，密密麻麻地在一起长成一幅四季变幻的风景画。

或许因为见面的次数多了，或许因为太熟悉，写起他的事迹时，反倒找不到一个最好的启点。只能这样面面俱到，把他做的事情并列出来，写出英雄不平凡的一面。

修改完稿子，我一个人再次来到石光银的庄园。嗅着清新的空气，看着瓦蓝的天空下，十里沙村中青砖磊磊，树木密布，石径悠远，如同人间仙境。

这里的每一株参天的大树，每一声小小的鸟鸣，每一朵雪花的跳跃，都让我想到风景如画是怎样的来之不易，都让我相信它们就是最具有说服力的见证者，它们也是最详细述说治沙英雄事迹的采访者。

——定边县林业局　武丽

（文字、视频：武丽；图片：武丽、石占军、康建娥）

于海俊

作为林业人，必须把改善林业生态环境质量作为义不容辞的责任，坚决担起建设美丽林区的历史使命，坚持最重的担子自己先挑、最硬的骨头自己先啃，在生态保护和建设领域有所推进，努力实现经济高质量发展和生态环境高水平保护建设的互促共进，坚决做到守土有责、守土负责、守土必须尽责。

于海俊 汉族，1963 年 11 月生，内蒙古赤峰翁牛特旗人，中共党员。1987 年 7 月内蒙古林学院毕业后，他响应国家号召，积极支援边疆建设，来到内蒙古牙克石林业规划院工作，历任规划院规划设计室副主任、主任、副总工、副院长职务，2009 年被聘为全国森林工程标准化技术委员会（SAC/TC 362）委员，林业工程高级工程师（正高级）。2011 年 1 月，调任根河林业局副局长，主要负责生态保护、天保工程、资源管理、森林经营、调查设计、湿地及动植物保护、政务服务等工作。参与编制国家林业行业标准 4 项；创造性提出“补植补造”概念及森林经营措施，并被纳入《东北内蒙古国有林区森林培育实施方案》和检查验收办法中；主持编制的森林经营、生态保护建设专项规划、方案和管理办法，指导了企业的生产实践和发展路径。获得内蒙古自治区优秀科技工作者、林管局优秀党务工作者等近百项荣誉称号。

2019 年 6 月 19 日，于海俊同志因公牺牲后，先后被追授为“最美奋斗者”、“全国林业系统先进工作者”、“内蒙古自治区优秀共产党员”、“北疆楷模”、呼伦贝尔市“优秀科技工作者”等荣誉称号。

镌刻在绿水青山里的誓言

——记“最美奋斗者”于海俊

兴安低首，根河呜咽，云雾含悲，林海泣诉。

56岁，一个正值壮年的生命，轰然倒下了。倒在他为之倾洒智慧与汗水的兴安大地上，倒在他为之奋斗不息的林业事业上。

2019年6月19日晚23时30分，内蒙古大兴安岭重点国有林管理局根河林业局副局长于海俊，在扑救森林雷电火灾过程中，不幸因公牺牲。他的生命历程永远定格在东经121°25′58.05″、北纬51°05′24.23″的大兴安岭这一坐标点，一座无名的山峰上。

于海俊出生于内蒙古赤峰市翁牛特旗桥头镇代家窝铺村，1987年毕业于内蒙古林学院，在此后的32年韶华里，始终站在内蒙古大兴安岭10.67万平方公里土地上，一点一滴播撒着对大森林深深的爱意且无怨无悔。他学林、务林、忠于林，护林、爱林、殉于林。汗水，浇湿了来路，鲜血，染红了归途。他用生命诠释了一名共产党员的初心和使命。

于海俊牺牲后，中国森林防火微信公众号、《内蒙古日报》、《林海日报》、《新京报》、中新网、“学习强国”学习平台、《人民日报》等20多家媒体都在报道他的感人事迹。6月26日、7月29日，新华社全媒体2次刊播了他的事迹，7月29日的《用生命守护那片绿色——追记内蒙古大兴安岭林区干部于海俊》，5天时间里浏览量就高达300多万次。

一位采访过于海俊的老林区新闻工作者为他写下的一副挽联：

胸怀林海，三十二载不忘初心忠诚坦荡可昭日月；

林业才俊，五十六年牢记使命担当作为正气乾坤。

有火情，主动请缨——“我先上”

6月19日15时07分，根河林业局护林防火管理处接到火情报告——上央格气林场47沟附近有烟点。15时15分，于海俊带领60名专业扑火队员奔赴火点。18时左右进入了火场。20时20分，经过全体队员2个多小时的奋力扑救，火场全线合围，外围明火被扑灭。但是为了火场的安全，不发生死灰复燃，于海俊不顾疲劳，安排快速扑火队，再打一个扣头，队员们在前面清理，于海俊在后面逐段进行查看。此时的火场形势复杂，过火站杆很多，但他全然不顾危险，一边查看火情，一边拿GPS圈着火场面积。一根10多米长、30多厘米粗的过火站杆倒下，于海俊不幸被砸中。6月19日23时30分，敬爱的于海俊同志，带着他追寻绿色、描绘绿色、守护绿色的梦想，在兴安岭之颠永远地“睡着了”……

2017年5月2日，毕拉河林业局北大河林场发生森林火灾，时间紧任务重，当时于海俊带着63名队员一起，在第一时间登机奔赴火场。晚上17点30分左右进入火场，他毫不犹豫地带领队员立即进行扑救，经过4个多小时的奋力扑救，2公里多长的火线明火全部被扑灭，这时大家累得东倒西歪，不想动弹。于海俊让大家稍作休整，可年过半百的他却没有停下来，拖着极度疲惫的身子拿着GPS又巡查了一圈，随后他告诉队员们马上转移，找个有沙石有水源的地方宿营。可火场距离河边较远，大家又特别疲惫，况且夜晚在河边宿营，不仅风大而且寒冷，大家虽然不理解，但还是执行了他的命令。到了后半夜，起风了，风向突变，林火飞窜。第二天一早队员们重返火场时，发现原本想要宿营的地方早已被大火烧过。队员们这才明白，于海俊为什么要那么严肃地命令大家了。大家都说，如果不听他的话，麻烦可就大了，极有可能发生伤亡事故。这支队伍对火灾的积极扑救，有效地阻挡了火势的蔓延，得到了管理局森林防火指挥部的高度肯定，于海俊被评为林区2018年森林防灭火先进个人。他书写的《毕拉河从营地旁流过》扑火经验资料，至今仍在扑火队员手中传递着。于海俊在根河林业局工作的 8 年半时间里，带领队伍扑救火灾 12 次，每次都圆满完成了任务。

■ 于海俊在扑火休息时间撰写笔记

有工作，主动承担——“我来干”

走进于海俊的办公室，一间十几平方米的房间，扶手磨破了的办公椅，已经旧了的扑火服，上山穿的单水靴、棉水靴，掉了碴的白瓷杯子，工作笔记，各类文件，件件东西都仿佛向人们哭泣着、诉说着于海俊生前的日日夜夜。于海俊常说：“我就想为林区、为老百姓干点儿实事儿。”他是这么说的，也是这么做的！

1998 年，一期天然林资源保护工程启动的时候，于海俊带领规划院全体设计人员承担了国家林业局、林管局下达的各项工程规划设计任务。要知道，这项工程是包括天然林资源管理、富余人员分流、转产项目设计及科研于一体的跨世纪工程，是关系到林区人民子孙后代如何生存的宏伟工程。当时，于海俊作为规划院副总工程师、规划设计室主任，他关注的，不仅是当下，还有长远的未来。他深知国家实施天然林资源保护工程的重大战略意义，在时间紧、任务重的情况下，于海俊带领规划设计室全体成员整天加班加点地工作，困了就用凉水洗把脸，实在累了就趴在满是图纸的桌子上打个盹儿。马上过年了，于海俊却一连 7 天 7 夜没有回去，妻子送来了换洗的衣物，看到他胡子拉碴一脸憔悴，既心疼又无奈，忍不住哭了起来，可于海俊却埋怨妻子不该来。

忙，忙着出外业，忙着做调查，忙着写报告……调到根河之后，于海俊更忙了，根本顾不上照顾家里，更别说陪陪孩子。一直以来，

于海俊组织外业调查员集中学习

儿子于东越都是从妈妈口中了解爸爸。童年时，他对每天早出晚归的爸爸的印象就是严肃，也很羡慕班里的同学，因为自己的爸爸总是那么忙，没空陪他玩。长大后，他逐渐理解了自己可敬的父亲，想他的时候，打电话怕影响父亲工作，就浏览根河林业局的网站。于东越知道，在新闻上肯定能看到爸爸的身影，知道他最近都在做些什么。

2011 年，在到根河林业局工作后的 8 年半时间里，于海俊经常一连好几个月都不回家。他的生活就在工作当中，好像鱼儿生活在水里，他把工作看作天大的事。就在他去世当天 6 月 19 日上午，还先后参加了根河林业局组织的节能宣传周和森林调查设计技能比武活动，又配合上级三个工作组在根河局开展业务工作。于海俊有限次数地回牙克石探亲，没有坐过一次公车。他说单位有规定，公车不能私用，就乘坐绿皮火车往返，单程需要漫长的 6 个小时，妻子去根河看望他也是坐火车去。至今，妻子还珍藏着两人往来于根河和牙克石的所有火车票，她一直想等到于海俊退休之后，把这些火车票编成一本纪念册，编成一本对情感时光的追忆，来纪念他们聚少离多，又相互支持、挂念的岁月。作为一名普通的党员干部，于海俊勤奋敬业可谓是几十年如一日，对工作孜孜以求，舍小家、顾大家，单位在变，职务在变，但他爱岗敬业、克己奉公的优秀品质始终没变。是什么让他饱含了亲民爱民的满腔热忱？透过他的人生经历或许可以找到答案。

于海俊是一个普通农民家的孩子。早些年，于海俊的父亲一个人在生产队挣工分，母亲生病在家，日子过得很困难。为了供他上大学，弟弟、妹妹们只好相继辍学在家务农种地，从小贫苦的求学经历，使他深深懂得生活的艰难与不易。1986 年在学校就加入了中国共产党的于海俊积极响应国家号召，在内蒙古林学院毕业后支援边疆建设，来到内蒙古大兴安岭森林调查规划院工作，来到林区，一干就是 32 年……弟弟于海瑞说："我哥总说忙，母亲在世的时候，就像小孩一样盼着过年，因为只有过年了才能见我哥一面。"哥哥的突然离世，使于海瑞一直难以接受。“我的父母就是朴实的农民，虽没有文化，但从小就教育我们走正道，我哥从来不做违背原则的事儿。我们都在农村，也想过让他给孩子安排个工作，我哥说到哪儿都得考试，不能搞特殊。他常说，作为一名共产党员，就要时刻听党指挥，时刻严格要求自己。他和孩子们在一起说的最多的就是好好干，靠自己走出来的路最踏实。”

于海俊把亏欠家人的时间和精力都献给了工作，把亏欠家人的爱和奉献都给了职工百姓。常年高强度的工作，让他患上了高血压，平时很少饮酒，有一年冬天，妻子在通话中发觉于海俊喝多了，刚想责备他，却听到他说：“我今天去工队了，工人们太辛苦了，我必须得陪

■ 于海俊在根河苗圃检查种苗情况

他们喝点儿酒、唠唠嗑，和他们说说知心话儿，让工人们解解乏儿。”那年还没有停伐，为了让工人们在山上安心工作，于海俊经常上山，走遍了各个工队，询问工人们在生活上、工作上有什么困难，回来就着手解决。

有梦想，奋力追寻——“我描绘”

2003 年 10 月，内蒙古大兴安岭重点国有林管理局规划院紧急接到北部原始林区 128 公里防火基础设施建设工程塔路设计任务。那里的森林植被依然保存着原始的自然状态，从未进行过生产性采伐，是目前中国保存最好、面积最大、纬度最高、地域最冷的泰加林原始林区。原始林区里除了一条主路再无路，没有现成的房子可以住，进入原始林区 1 个星期后就开始下雪了，加之阴坡常年未融化的积雪，最深雪处已经没过膝盖……于海俊带领队员们背着七八十斤重的帐篷和给养、勘察工器具徒步穿行原始林，偶然碰到一些山洞，虽然住的能比四处透风、床底结冰的帐篷环境好些，可四处乱窜的耗子直往被窝里钻。白天，他带领选线组人员冲在最前方，爬高山、穿密林、趟河道、走沼泽，测绘、设计，为工程调查后续工作开展打头阵，一天下来双脚磨出了血泡，手和脸到处有冻裂，强忍着难捱的疼痛和钻心的瘙痒。到了晚上，他和队员们一边在雪地里烤馒头片，吃冰雪解渴、煮冻白菜充饥，一边统计整理、录入调查数据，而在夜里怕队员们挨冻，他偷偷地起床当起了“烧炉工”，就这样带领队伍持续奋战 40 余天，从北国深秋跨越到大兴安岭的初冬，最终圆满完成了既定任务。

2008 年，内蒙古大兴安岭地区的全国森林资源第七次连续清查任务由规划院承担，工作方法是在大兴安岭 10.67 万平方公里的广袤林海中，每间隔 8 公里布设一块样地进行调查。时任规划院副院长的于海俊是这次工作任务的总指挥。因大兴安岭地区地广人稀，连续清查布设的样地与驻地之间的距离都非常远。当时负责乌尔旗汉林业局的王立双调查组，在傍晚时分骑摩托车返回驻地的途中，摩托车车胎被扎，而此时距离驻地还有50多公里，无奈只好打电话救援。正在吃晚饭的于海俊听到消息后，二话没说放下碗筷就立即驱车前去救援，同事们都说于海俊不必亲自去，有大伙在，让他放心在驻地等着就行，可他却心疼弟兄们一天外业劳累，坚持自己去买摩托车内胎，又到商店买了些食物一同带去。当碰到立双后，于海俊第一句话就说："辛苦了，你们先吃些东西。"说完后便拿出扒车工具亲手换起车胎来。也在这一年，规划院外业队员曹景先调查组深入根河林业局萨吉气林场开展全国森林资源第七次连续清查任务，一天晚上10点多传来消息："调查样地较远，外业队员曹景先和吕维新二人早上5点出发，现在还没有返回，阴天下雨不好辨别方向，可能迷山了。"看到室外大雨倾盆，已经休息的于海俊急匆匆地只穿了一件单薄的衣衫就往样地赶，并立即组织人员展开寻找。于海俊带领大家满山遍野地呼喊曹景先和吕维新二人的名字，由于事发匆忙，他连水靴都没换，双脚裹满了泥，胳膊和衣衫被树枝刮了多条裂口，一条条血道子染在了白色的汗衫上。大家喊得嗓子都哑了，一直到凌晨3点多钟才找到他们二人，于海俊急切地询问二人是否受伤，紧张地上下查看他们身体状况，说着"兄弟们受苦了，没事了、没事了"。只见浑身湿透的于海俊，汗水、泪水、雨水、泥水早已分不清。1998年，党中央、国务院在我国部分地区实施天然林资源保护工程试点。当时在林业调查规划战线工作十余年的于海俊遇到自己人生的关键时期，为国有林区编写《天保工程实施方案》等一系列林业重大政策调整时期的方案。要知道，这项工程是包括天然林资源管理、富余人员分流、转产项目设计及科研于一体的跨世纪工程，是关系到林区人民子孙后代如何生存的宏伟工程。当时，国家、自治区根本就没有什么具体模式可供参考，而《天保工程实施方案》基础工作是对森林经营方式进行公益林和商品林的划分。于海

于海俊在根河林业局木瑞种苗定植区培垄

俊作为设计项目负责人，带领设计人员足迹踏遍了大兴安岭生态功能区的每一条河、每一座山。天然林资源保护工程实施期间，我国林业生态保护建设进入了历史新时期。于海俊先后参与编制了 4 项国家林业行业标准；创造性提出“补植补造”概念及森林经营措施，被成功纳入《东北内蒙古国有林区森林培育实施方案》和检查验收办法中。他主持设计的《吉南工程造林总体设计》《阿尔山林业局苏河人工速生丰产林基地总体设计》等成果，多次在国家、自治区和管理局获奖。

多年来，于海俊负责并参加的林业工程规划设计、森林资源调查规划设计、生态环境工程设计和测绘项目共有百余项，其中完成了天然林资源保护工程设计32项，8个项目获评全国和省部级优秀科技成果奖；主编或参编完成论文、著作十余篇（部），他先后获得过“内蒙古自治区优秀科技工作者”等近20项荣誉。2009年，他被聘为全国森林工程标准化技术委员会（SAC/TC 362）委员，成为了森林调查和规划设计行家里手，这也是对他多年立足岗位、刻苦钻研的肯定。

于海俊同志是林业系统的知名专家，是生态文明建设的实践典范。他始终以拼命诠释使命，以实干创造实绩，将“绿水青山就是金山银山”的理念转化为推动林业改革、促进林区发展的具体行动。翻开他的履历，清晰地记录着他突出的业绩。他主持推动构建起根河局森林资源监管“一体两翼”新格局，以林业局、林场森林资源管理为责任主体，生态保护建设监测中心和森林资源监督机构为两翼，走出了生态保护建设良性发展的新路子，将“生态优先、绿色发展”的理念转化为了发展现代林业、建设美丽林区的具体行动。他推动根河林业局确立了科学合理的管护方式和管护建设目标，建立健全了森林管护机构和林业局、林场、管护站（区）和管护责任人四级管护责任体系，落实了管护主体和职责，积极推行森林管护内部购买服务，制定了各类森林管护内部购买服务合同文本。他积极推动阳坡造林，严格落实造林各项技术规程，要求“造一片、成活一片、保证一片”，与干部职工同吃、同劳动，让万亩荒山荒地披上绿装。他深入开展根河林业局毁林开垦专项整治行动、清理违规建设家庭生态林场等生态保护工作，取得了实实在在的成效。他落实科学化管理，在根河林业局转型发展中，积极顺应从以木材生产为主模式向以生态建设保护为主模式转变，从粗放式管理向精细化管理转变，主持废除、完善、制定了林业局各项规章管理制度百余个（部）。

时间倒流到于海俊同志牺牲的前一天。6月18日，根河林业局党委召开了“不忘初心　牢记使命”主题教育研讨会。上午会议结束前，于海俊将撰写的心得体会郑重地交给党组织。他在心得体会材料里这

样写到 :“作为林业人，必须把改善林业局生态环境质量作为义不容辞的责任，坚决担起建设美丽根河的历史使命，坚持最重的担子自己先挑、最硬的骨头自己先啃。”这是于海俊同志交给党的最后一份思想汇报。

今天，于海俊虽然离我们远去了，但他的先进事迹，已深深镌刻在共和国 70 周年的林业发展历程上，深深镌刻在 10.67 万平方公里的兴安大地上，深深镌刻在每一名默默奉献于祖国绿色事业的广大务林人心中。于海俊同志留给后人的精神风范，必将光耀林海，激励一代又一代务林人为筑牢祖国北疆生态安全屏障接续奋斗。

社会评价

32 年扎根大兴安岭，12 次与山火冲锋对决，他用生命守护了心中的那片绿色，他带领科研团队累计完成重大林业工程项目 100 余项，为大兴安岭的青山绿水鞠躬尽瘁、奉献一生。他是忠诚的共产党员，是林业系统不可多得的专家，是我们心中的“最美奋斗者”和“北疆楷模”，更是牺牲在扑火一线的烈士。

于海俊同志从2011年1月到根河林业局工作，直至他牺牲。在8年多的工作中，因为他作为林业局的副局长，又是从规划院这样的专业单位到林业局工作，应该说是林业系统的专家、学者，更是“行家里手”，所以分管的工作也多。第一次与他结识还是在他给我们解读《大小兴安岭林区生态保护与经济转型规划(2010—2020年)》。他从要如何大力发展绿色食品产业、林木深加工产业、林区商贸服务业等传统优势产业，讲到积极培育生态文化旅游业、北药产业、清洁能源产业等三大新兴产业。娓娓道来的专业性讲解给我们留下了深刻的印象，从那开始我们大家就经常尊称他为“于教授”。于海俊同志牺牲后，我们先后采访了60多位曾和他共事的领导、同事、亲属等。大家都会不约而同的说：他顾全大局、甘于奉献、热爱学习、钻研业务、为人谦和、关心下属等美德，这些宝贵品质让我深受感动，难以忘怀。

记得我们与他共同检查林业局星级管护站。每到一站检查内业工作后，他都对文明素质、环境建设、业务建档工作有针对性地提出要求，致使现在管护员文明素养得到了很大提升。为便于我们掌握政策，于海俊同志及时往我们的邮箱发送《德国林业经营理念》《中国森林资源》《中国湿地资源》《天然林资源保护二期——东北、内蒙古等重点国有林区森林资源培育管理办法》、《根河源国家湿地公园总体规划》等数十篇文件资料。在于海俊同志的身上看不到一点儿官架子。他对自己要求很严格，对属下却很宽厚，尤其是他那憨憨的一笑，给人带来无尽的亲切感。

曲成信（内蒙古大兴安岭重点国有林管理局纪委书记）说：于海俊同志以身作则，光明磊落、克己奉公、无私奉献，没有以权谋私。经认真核实，没有收到一封他的举报信，确实是林区的好党员、好干部。

郭福良（内蒙古大兴安岭重点国有林管理局组织部部长）说：

于海俊同志入党 33 年来，他始终牢记入党誓言，初心不改。到林区工作后，始终坚持扎根基层一线，不舍昼夜躬耕于林区绿色事业。

高希明（根河林业局局长）说：于海俊同志全身心投入工作中，从未跟组织提过任何条件，他一直在默默奉献，不求索取。他的牺牲是林业系统的损失。

于海瑞（于海俊同志的弟弟）说：哥哥从来不做违背原则的事儿，他和晚辈们在一起说得最多的就是“好好干，靠自己走出来的路最踏实”。

董恩平（内蒙古大兴安岭森林调查规划院高级工程师）说：于海俊同志认真负责，团结同志，在每一个工作项目中，他都能把所有人团结在一起，共同完成工作。最后都要亲自审查，提出意见，所有的同仁对他都非常佩服。

范继东（根河林业局护林防火管理处一中队队长）说：我们失去了一位好战友、好兄长，林区失去了一位好干部、好专家。我们一定会好好地守护着他最爱的大兴安岭这片森林。

2019 年的端午节，于海俊同志的爱人刘文庆来根河看他陪他过节，没想到这竟是她与挚爱的亲人最后的一次相聚就餐。

——根河市林业局宣传部　李英

（文字：李英；图片：李英、曾庆山；视频：内蒙古自治区党委宣传部宣传处）

任继周

草业从无到有，各项工作总算有了点进展，但是也才刚刚开了个头，还需要更多的人去做，需要大力地做。感觉自己的力量仍旧太小，还未做好，就当是我在为草业做铺路工作，我愿意做这个铺路的工作。

八十而长存虔敬之心，善养赤子之趣，不断求索如海滩拾贝，得失不计，融入社会而怡然自得；九十而外纳清新，内排冗余，含英咀华，简练人生。

任继周 汉族，1924 年 10 月生，山东平原人，中共党员。兰州大学草地农业科技学院名誉院长、教授，1995 年当选中国工程院院士。任继周院士是我国草业科学的奠基人之一，食物安全和生态安全的战略科学家，其主要贡献在于：他提出了食物安全战略构想，摆脱草地农业与耕地农业的历史纠缠，提出草地农业系统，力促耕地农业转型和草地农业发展。他构筑草业科学架构，强化草业经济管理，经历了“牧草学—草原学—草地农业生态学—草业科学”的研究发展，构建了新型的草业学科体系。曾经获得国家科技进步二等奖一项、国家科技进步三等奖两项、何梁何利科技进步奖、国家教学成果特等奖（第一获奖人）、中国草学会首届“杰出功勋奖”，被评为“全国优秀农业科学工作者”、农业部“新中国成立 60 周年‘三农’模范人物”、“2011 年度 CCTV‘三农’人物”，2019 年获得“最美奋斗者”荣誉称号等。

七十年扎根大西北 开拓中国草业科学

——记“最美奋斗者”任继周

他生于战乱年代，志存高远，心怀民生。

他青年时投身西北，从事畜牧与草原研究近 70 年。

他创建了我国第一个高山草原定位试验站、我国高等院校第一个草原系。

他创建了草原分类体系，将全球的草原类型纳入到一个分类系统之内，各有归属。

他提出的畜产品单位指标体系，被国际权威组织用以统一评定世界草原生产能力。

他创造的划破草皮改良草原技术，使我国北方草原生产能力大幅提高，帮助大批农牧民走上脱贫致富之路。

他建立的草地农业系统，在我国食物安全、生态建设和解决三农问题方面展示了巨大潜力。

……

七十年如一日，他潜心草地农业教育与科研，带领团队为我国草业教育和科技发展立下了汗马功劳。

他便是我国现代草业科学的奠基人之一，中国工程院院士——任继周。

想让中国人多吃点肉、多喝点奶

1943 年，19 岁的山东籍新生任继周带着录取通知书前往国立中央大学报到。

■ 1950 年，任继周在甘肃兰州的牧草实验室鉴定牧草

"你的成绩挺不错，为什么第一志愿要选择畜牧兽医系呢？"院长冯泽芳颇为诧异地询问。

任继周说，他要改变中国人的营养结构。

"这口气可真不小嘞。"冯院长看着这个初来乍到的小子，又惊奇又欣赏。

任继周说出这样的话，有原因，有思考。

任继周籍贯山东平原，1924 年生于山东临城的一个军人家庭，在家中排行老四。因受父兄影响，任继周从小便与书本亲近，勤勉好学。

1937 年，抗日战争全面爆发。为躲战乱，任继周随家人辗转宜昌、沙市、重庆等地，数次被迫转校，在空袭警报声中完成了自己的中学学业。战争时期给他留下最深的记忆就是挨饿的感觉，那种感觉分外煎熬。

任继周回忆，在日寇猖獗的年代，国家困苦，民不聊生，满大街都是像他一样瘦骨嶙峋的人。作为"难民学生"，当时他最大的愿望就是吃饱，并觉得只吃五谷杂粮是不够的，所以萌发了一个更为宏大的想法，就是想让所有的中国人都能够多吃点牛羊肉、多喝点奶，改变国人饮食结构，强壮国人之体魄。

后来，这个山东少年用一生的时间来实现自己的理想。

以草为业，投身西北

几位"人生导师"让任继周更加坚定了自己的人生追求。第一位是他的二哥，我国著名的哲学家任继愈先生。

那时二哥继愈在西南联大当讲师，联大师生多次南迁，生活奔波，教师收入也十分微薄。为了热爱读书的弟弟，他还是决定资助其前往当时著名的重庆南开中学就读，而南开中学一年的学费，是任继愈 10 个月的薪水。

任继周深知这个求学机会来之不易，于是愈加刻苦，并常向兄长汇报学习心得，更是决定在高中二年级便参加高考，因为这样就可以省下一年的学费。

终于，任继周不负众望，以优异的成绩考入国立中央大学，在选专业时，他咨询了任继愈。

任继愈觉得，像自己一样搞哲学有点虚，还是学个实在的。

“那就学农。中国这样的农业大国要想改变，就得从农业入手。”任继周决定。

结合自身志向，他选择了农业领域的“冷门”——畜牧兽医系畜牧专业。这是个当时并不被年轻人看好的专业，那年有 40 名新生入学，到毕业时仅剩下了 8 人。

但任继周带着一腔热忱，通过更深入地了解学习，彻底迷上这个专

1980 年，任继周在西宁讲学

业。他四年如一日探究钻研，孜孜不倦。1948 年毕业后，追随我国早期动物营养和家畜饲养学开拓者、中国草原学科奠基人王栋教授继续深造，专攻牧草学研究。

经过两年的研学，1950 年，应国立兽医学院（现甘肃农业大学）院长盛彤笙先生邀请，任继周前往该院教学研究。

那时西北地区状况复杂，环境破败，曾有人劝他留在南京教书，但是任继周觉得，只有去西北，去真正的草原上搞研究，才与所学专业匹配，才能探索出更深的学问，才契合自己最初的理想。

一到兰州，任继周被这位留德的医学、畜牧兽医学双料博士，后来只身前往贫穷落后的大西北创办国立兽医学院的盛彤笙先生深深折服。

“盛先生的志向太可敬了，他毕生的追求就是发展科学，培养人才，把中国的畜牧业搞起来，用畜产品补充粮食，从而改善国民营养。”找到“知音”的任继周内心分外激动，在随后的岁月中，他把盛先生当作自己毕生的标杆和楷模。

为躲战乱，任继周的前 26 年是奔波的。而在兰州，任继周一头扎进草原研究中，潜心俯首了 70 载。

■ 1965 年，任继周（左一）与盛彤笙先生合影

广袤草原是第一实验室

任继周喜欢草原，喜欢西北，他说他从来没有后悔过。他更像是个浪漫的诗人，美丽的草原是他精神里的家乡，也是他放飞理想的地方。他甚至希望在天高云阔的西北大草原上，建一所属于自己的大牧场，那里水草丰美，牛羊自在又肥壮……

“到最原始的地方去，洪荒还没有开的地方，那多么有意思啊。”任继周觉得。即使他面对的是极端的贫穷与落后，是无数的艰难与危险。

西北之行伊始就状况百出。1950 年 5 月，任继周从西安出发，搭上了一台车况极差的旧式道奇大卡车前往位于兰州的国立兽医学院报到。那车一路上抛锚不断，颠颠簸簸，走走停停，任继周夫妇蹲墙根、坐土坝、睡大炕，700 公里的路程，整整用了 21 天。

而兰州那边，早早得知出发消息的盛彤笙院长怎么盼也盼不来已“失联”的任继周，焦急万分。

初到兰州，一个玻璃制的“牧草研究室”牌子，一个 16 平方米的天地，里面是一张办公桌、一盏煤油灯、一个书架、一个单面试验台，这便是任继周的创业基地。

简单休整后，任继周便立刻加入西北军政委员会组织的草原调查队，开始对甘肃草原进行全面考察。

新中国成立初期的甘肃，人员杂乱，山里冷不防有土匪和国民党残余分子出没。考察队每到一处，都需要当地民兵护送，因为稍不留神就会被打黑枪。甚至在考察人员下马车采标本时，民兵都得紧抓缰绳，以确保危险来临时大家能够第一时间上马撤离。

此外，考察队还要常常翻山越岭，走很多没人走过的野路，还要防着狼群和豹子，更要克服的是留宿场所的虱子，毡子上成群的虱子常常折磨得考察队员一夜一夜睡不着。

而任继周早把这些困难危险抛在脑后，沉寂在自己的“收获”中。

随调查队走东西、穿南北，任继周基本摸清了甘肃的草原分布情况，特别是草原上复杂的地形地貌，种类繁多的真菌、昆虫以及珍稀野生动物。任继周觉得，甘肃丰富的草原资源太适合搞研究了，狭长的疆域里，有温暖潮湿的陇南白龙江流域，也有常年不下雨的干旱区，有高山有河谷有大漠，有无数的地理过渡带。这一切让他激动不已。他暗自感叹，庆幸自己听从西北的召唤，这是一个无比正确的选择，大西北就是一个草原标本区！草原怎么发展，怎么过渡变化，都可以在这里找到依据。

任继周在日记中写道："这么一块宝地，我不能放过。"

1954 年，任继周根据几年的考察结果，主笔出版了中国第一部草原调查专著《皇城滩和大马营草原调查报告》，这是我国第一本具有草原畜牧业意义的草原调查报告。这份报告是任继周今后开展研究的基础和参考，也是他俯身土地、探索更多草原秘密的重要起点。

几十年里，带着无限热情和对知识的渴望，任继周跑遍了西北草原的几乎每个角落。他深知，对草原的摸底调查是一项经常性、基础性工作，广袤的草原才是他的第一实验室，也是他梦中的家园。

1957 年，任继周（右四）在天祝马营沟高山草原站为学生现场授课

建立我国第一个草原高山定位试验站

任继周觉得，流动调查永远是基础，很难有对草原更深入、更系统的研究成果。而综观当时所有的草原研究，也都只停留在草原调查阶段。

要改造草原、发展生产，就必须尽早在具有代表性的草地设立固定的研究点。任继周觉得，最好搞一个科研基地，让理论与实际紧密结合，以获取更可靠的科研数据，使之成为草原发展的样板和标杆。

这个想法是大胆的，也符合科研规律，只是实施起来谈何容易！没钱、没编制、没设备，甚至没有一处能避寒的房子。

像当年立志投身西北一样，任继周凭着一股子拗劲，决心无论面临多大困难也要把试验站建成。通过几年对甘肃草原的考察分析，结合与兰州的距离和交通情况，他开始对各个适合作草地改良研究的地方进行筛选。

1954 年 6 月，两顶白色的帐篷出现在乌鞘岭的一个叫作马营沟的地方，远远望去，像是两个牧民丢弃在草原上的白帽子，那便是任继周和他的团队的临时驻所与固定试验地，也是我国第一个高山草原试验站的雏形。

马营沟气候恶劣，昼夜温差极大，甚至在 8 月也常常下雪。任继周师生带来的帆布帐篷难以抵御寒冷的侵袭，尤其夜间，薄薄的行军床下更是寒气阵阵，无法入睡。于是他们就折些灌木作垫，采些枯草为褥，草上铺被，师生们挤在一起，相互取暖。夜里极冷，蒸馏水瓶子容易被冻裂，他们就把瓶子抱在怀里入睡，以保证实验顺利进展。

就这样，他们坚持驻扎下来，有序地开展着研究工作。距离试验地十来里地有个小火车站，可以通到兰州。为确保教学、科研两不误，任继周坚持每周前 3 天在兰州的学校教课，第四天凌晨 4 点出发前往火车站，摸着黑，搭上早班列车赶赴试验地。

马营沟四野无人，任继周就与学生一同砍柴做饭，夜里用手电筒照亮讨论试验方案和分析数据，帐篷外寒风阵阵，伴随着狼群的哀嚎。就这样，这两顶帐篷在荒原上扎了两年，直到无法再用了，才在多方协助下，换成了几间土坯房。

由于没有被正式批准设编，这个草原站一直到1979年才正式被摘掉“黑站”的帽子。而就是在这个“黑站”里，任继周带领团队，在全国率先开展了草地定位研究，随后建立了一整套草原改良利用的理论体系和技术措施，还深入进行了草地围栏、划破草皮改良草地、划区轮牧、季节畜牧业等一系列科研活动。

鼠洞的启发

高山草原的一些地方降水充足，但是草却长得非常差，这让任继周很费解。

在随后的调查中，任继周发现了一个普遍性的问题，因为寒冷潮湿，高山上的有机质不易分解，千百年来形成了黑色草毡土，草根絮结，厚达20多厘米，像毡子一样，有很大的弹性。他随机做了个实验，将啤酒瓶高高扔起，当瓶子自然落地时，竟弹起丈余高，瓶子毫发无损，可见草地弹性之大。

在水气不通的“土毡子”上，草当然长不好。

而草原上的老鼠洞给了任继周启发。任继周发现同样的实验地，老鼠洞周围的草却格外密集，长势明显好于其他地方。他很快受到启发，那是因为老鼠打洞改变了草毡的黏性，客观上起到了通水透气的作用，从而改善了鼠洞周围草的生长环境。

这让任继周茅塞顿开，便和他的科研团队进行了一项划破草皮的科研实验，随后便得到了突破性结论。当时的谭震林副总理知道此事后，让第八机械工业部根据任继周的成果研制开发了一款划破草皮的机器。在此基础上，任继周又进行了改进，终于成功地研制出我国第一代草原划破机。在不翻土、不破坏草原的前提下划破草皮，以达到通气、透水效果，这便是后来声名远播的“燕尾犁”。

燕尾犁受到远近牧民的欢迎，有些地方原来仅有两三寸高的草竟长到了半米左右，产量也提高了数倍。这种高效便利的农机，很快被推广到我国几乎所有的高原牧区，在草原改良中发挥了重要作用。

草畜矛盾的“调解员”

20 世纪 60 年代，农业学大寨运动兴起，而这股学习之风迅速蔓延至草原区。在牧区，学大寨的方式与标准农区不同，能够养 100 万头牲口就是大寨县。

一时之间，各游牧公社到处繁育牲口，只求数量，不求质量，更完全不顾自然规律。过量的牛羊几乎啃遍了所有能啃的草地，许多地方已然造成了不可逆的退化，这让任继周心痛不已。

眼看草原一天一天变坏，任继周却无计可施。被过度啃食的天然草原毒草丛生，许多原先优质的牧场都变成了牲畜粪便的天下，毒草、老

■ 2003 年 8 月，任继周考察内蒙古自治区羊草草原

鼠的天堂。

这股风气过后，面对已然遭到破坏的草原现状，任继周立刻前往牧区，焦急“问诊”，对过度放牧造成的恶况进行制度性改善。

要彻底改变牧民的自毁式放牧习惯，必须让他们尝到科学的甜头。任继周通过试验研究和对比分析，制定了季节畜牧业方法，核心就是到秋高牛羊肥的时候，只留存基本的繁殖母畜，剩余的大比例牲畜送到市场，保证在冬天养最少的家畜。

在高原的严冬，破坏的草原使得牧民干草储备普遍不足，饿死冻死的牲畜比送到市场的还多，不但没得到收益，还浪费了好多劳动力，更重要的是荒废了草原。而季节畜牧业的提出，可以提高生产力 5 倍以上，真正造福了牧区，目前我国几乎所有牧区都在使用这一科学办法。

为彻底改变乱象，让牧区不再一味追求牲畜头数，任继周提出了评定草原生产能力的新指标——畜产品单位。该指标把草地生产能力量化，即单位面积的草原，在单位时间内，生产的可用畜产品数量。利用该指标，能够更科学地衡量草原的生产能力，更便利地开展草产量研究和草地保护。

此外，畜产品单位的提出，结束了各国各地不同畜产品无法比较的历史，迅速被我国学术界和政府部门普遍采用，也随后陆续被世界资源研究所等国际权威机构用来评价世界不同地区草原生产力，这让我国在世界草原科学发展史上有了一席之地。

向传统农业发出挑战

20 世纪中叶，美国、加拿大、新西兰等畜牧业发达国家都把发展草食动物作为发展农业的国策来抓，牛羊肉在肉类中的比重都达到半数以上，农业总产值中草地畜牧业产值占很高的比例。而我国畜牧业的结构在全世界是比较独特的，以消耗粮食为主的猪肉和禽产品占优势，以牛羊为主的草食动物比例较小。这种发展模式导致我国的人均牛羊肉及乳制品摄入量普遍低于发达国家。

在王栋、盛彤笙等留洋归国老师的熏陶下，在数次海外研学考察后，一个不得不正视的现状摆在任继周面前——拥有五千年农耕文明的中国对草原及畜牧业的轻视。

几千年来，汉民族与游牧民族虽经历无数次碰撞与融合，但依旧没有改变“以农为本、以粮为纲”的体系。古老的中国人，养牛不是为了食用而是为了耕地，养猪也仅仅是为了积粪滋养耕地，待庄稼成熟后，人吃粮食和极少量过剩的猪，牲畜吃秸秆、麸子和糠。这种五千年形成的农耕文化一定有其存在的理由，更无法在短时期内改变，所以任继周认为，可以先逐渐改变国人对草地看法，让更多的人关注、重视草原，因为草是发展畜牧业、逐步改善国民营养结构的钥匙。

难题摆在任继周面前。我国极度缺乏优质饲草的支撑，饲养牲畜仍对秸秆、精料(粮食)和青贮玉米需求过大。而更棘手的是，中华人民共和国成立后的30年里，由于过度放牧等原因导致了我国草原急剧退化。

是草地所在的生态系统出了问题，任继周觉得。

“任何东西，得把它放到系统里研究，才能真正解决问题，发挥其作用，没有系统或是系统混乱，则像多头的线，数不清、理不顺。”任继周根据这种思路，提出了“草地农业生态系统”理论。

为了使草地农业生态系统的理论早日为人们接受并运用，1981年，任继周发起成立了甘肃草原生态研究所，并带领学者集体在我国黄土高原、云贵高原、青藏高原及内海滩涂地区开展了草地农业生态系统的研究，取得突破性进展，逐步形成了我国特有的草地农业生态理论体系。该体系正确地协调了人、畜、草及环境之间的关系，使其生态、经济、社会效益长远结合，协同发展。

经过实践，在此体系下，草地的整体生产力得到提高，并从根本上遏制了草原退化的趋势，既保护了自然资源，也维护了粮食安全。

钱学森与任继周

任继周与钱学森的结缘与思想碰撞，让多年来依托畜牧业并混杂于林业等诸多学科之中的“草”，正式独立出来，升级为“草业”。

钱学森对草原的兴趣始于当年在酒泉等地做“两弹”飞行器试验时。80 年代，他开始着重关注草产业。在美国求学多年的他，深知发展草产业的重要性，并曾多次与任继周通信，沟通我国草原发展问题。钱学森的关注，也让任继周有了推动草产业发展的信心。

③ 20/VI 1986收

甘肃省兰州市61号信箱 甘肃草原生态研究所

任继周同志：

五月二十六日信收读。

我想，在草原上大规模经营的产业才是草业。至于在农田或林地附近、间隙的草地，其经营是农业或林业的一个组成部，不属草业。草业必须以草为主。

这样农牧渔业部要有个畜牧局，林业部也可以有个畜牧局，下面有个小小的专管种草的科，都是理所当然的。

但我们讲的是“草产业”，所以应独立于农、林部门之外，在国务院设草业总局。

如何？请教。此致

敬礼！

钱学森

1986.5.31

■ 1986 年，任继周与钱学森先生通信

1984 年，钱学森在《草原、草业和新技术革命》一文中首次提出“草业”一词，并在当年 12 月，提出“建立农业型知识密集产业”的科学构想，将草产业、沙产业和农业、林业、海业共同构成以生物技术为中心的第六次产业革命的重要内容。同时提出，草业是草原的经营和生产，应当突破传统放牧的方式，利用科学技术把草业变成知识密集的产业。

钱学森认为，草业应该成为一个大行业。1985 年，在北京民族饭店召开的一次会议上，任继周与钱学森首次碰面。任继周回忆，钱学森先生拉着他就当前草产业现状、如何系统发展草产业、发展怎样的草产业等问题深入探讨了许久。

1990 年，钱学森更具体地指出，草业除草畜统一经营之外，还有种植、营林、饲料、加工、开矿、狩猎、旅游、运输等经营活动。草业也是一个庞大复杂的生产经营体系，也要用系统工程来管理。任继周则在 1995 年将草业生产划分为四个生产层，并逐步明确了草业科学的主要研究对象。

任继周的草地农业生态系统理论与钱学森先生的草业系统工程思想相互融合，形成我国特有的草业生态系统理论，适时地将我国 20 世纪八九十年代以草地为基础的多种多样的生产和产业整合并命名为草业，用现代系统科学的方法和生态系统理论进行了科学的分类和聚类，确定了草业名称的合理性和生产的特殊性，进而表明草业是与农业、林业并列的一个综合生产部门，从制度上推动我国草业的发展。

愿做中国草业的铺路石

我国有近 60 亿亩草原，约占国土面积的 40%，是面积最大的陆地生态系统，分布在我国北方大部分地区及部分南方地区。目前仍有大片破坏的草原亟待治理，庞大的草产业期盼发展。

发展，必须依靠科技和人才。任继周清楚地认识到，我国的草业研究才刚刚起步，水平依旧不高。研究草的人仍旧太少，需要更多的人才投身进去。

于是，为祖国培养草业人才，成为了他一生的责任和使命。

自 1950 年开始，任继周先后任教于甘肃农业大学、甘肃草原生态研究所及兰州大学，培养了一大批我国草业领域的人才。

1959 年，他出版了我国第一部草原领域真正意义上的教科书《草原学》，并将草原学正式带入高等学校课堂。

1972 年，他在甘肃农业大学任教期间，成立了我国第一个草原系并任系主任。

20 世纪 80 年代初，在农业部的委托下，任继周主持召开了全国草原专业教材会议，经研究探讨后通过了以草原调查与规划、草原培育学、草原保护学、牧草栽培学、牧草育种学等专业课为核心的草原专业教学计划，这是我国第一个全国草原专业统一教学计划。

八九十年代，任继周先后创办并主编了《草业科学》《草业学报》等多个草业领域中文核心期刊，创建了我国高等农业院校畜牧专业和草原专业（草业科学专业）本科和研究生教学的 4 门核心课程，并受农业部委托，制订了全国攻读草原科学硕、博士学位研究生培养方案及要求，被颁发各高校施行。

为方便教学研究，任继周创立了位居世界领先水平的草原的气候—土地—植被综合顺序分类法，成为世界公认的 6 个草原分类体系之一，其中草原分类检索图在国际上被称为任（继周）—胡（自治）氏检索图。他先后出版了《草地农业生态学》《草业科学研究方法》等著作，成为全国草业领域的必学书目之一，指导了万千学子。他创造了农牧区相结合的系统耦合理论，使得草原迸发出了巨大能量，真正实现经济效益和草原保护的和谐发展，他率先在国内开展农业伦理学和农业系统发展史研究……

如今已 95 岁高龄的任老仍时刻关心草业发展。他依旧耳聪目明，思维清晰，偶尔去一些学校，与学生们聊聊天；去一些学术会议，听听

■ 2012 年，任继周考察兰州大学草坪实训基地建设

新一代草业学者们的研究进展。由于年龄的缘故，任老已经不能再去草原，但也常常与自己的学生交流，了解草原目前的情况。每每聊起草原，他就万分想念那一片广袤大地，成群的牛羊、碧草与蓝天。

任继周先生常常觉得，草业较其他学科起步太晚，大众还不太熟知，是条“冷板凳”。不过，回头去看自己一生的坚持，他觉得非常值得，他愿意成为坐冷板凳的先行者，愿意做中国草业发展的铺路石。

时至今日，他仍不时记起 1950 年西行之前导师王栋先生的亲笔隶书赠联：“为天地立心，为生民立命；与牛羊同居，与鹿豕同游。”

“是呀，这正是任先生一生所追求的事业，也是他这一生的写照。”笔者深感。

社会评价

草，灵性之物。只有融入到它的生命里，与它相濡以沫，才能听得见它的声音，读得懂它的语言，看得到它春萌秋萎、枯荣过后的美丽与生机。任继周就是这样一位与草结缘一辈子的科学家。他出生动荡，从小便立志改善国民营养结构，他投身西北，开展畜牧草原研究近70年。他将自己比作“草人”，即一是俯下身子，做一个平凡的草原工作者；二是站在国民营养的高度，以发展草业为己任。作为我国现代草业科学奠基人之一，70年来，任继周潜心草地农业教育与科研，立德树人，永攀科学高峰，带领团队为我国草业教育和科技发展立下了汗马功劳。这一切的一切，都源于他浓浓的家国情怀，源于他优秀共产党人的政治本色。也正是在历经数十年科学研究的探索与思考，任继周先生总结并凝练出“道法自然，日新又新”的治学思想和科学精神，用共产党人高尚的情操，瞄准国家发展战略方向和“五位一体”战略布局，为祖国建设出谋划策，为草业科学呕心沥血，作出了卓越贡献。

笔者求学时，学的正是草业，任先生的名字时常出现在各种书籍、文献中，我也常参加任先生出席的各种学术会议，因此很早就对这位深耕草业的老院士十分钦佩。

2018 年，新一轮国家机构改革中，原属农业部的草原管理职能转到了国家林业和草原局，这是我国草原工作发展史上具有里程碑意义的重大事件。经过一年的融合、发展，2019 年两会期间，我采访了作为草业“泰斗”的任院士，询问他如何看待新时期的草原管理工作。95 岁的任先生写了一篇名为《加速、大力推行草原管理的现代化转型》的文章回复我，千余字里，字字透出任老对我国草原资源保护及草业发展的殷切期盼。他称道，目前国家对草原管理加强、投入大增已初见成效，但距建设美丽中国和与之相称的美丽富裕草原的目标还有差距，希望国家能够建立“人居—草地—畜群的放牧系统单元”，尽快实现草原管理现代化转型。

是呀，他就是这么一位一辈子为我国草原资源操心的学者，最让他放心不下的，就是那一株株小草。他常自称自己是“草人”，他借用成语“杞人忧天”，笑称自己是“草人忧地”，从事草原工作近 70 年，他无时无刻不期盼那些退化的草原能够尽快修复，人、草、畜关系能够平衡，草产业能够有更大的发展，保证国家的生态安全与粮食安全。

做草原研究，会时常驻扎野外，与高原上的风雪、狼嚎相伴，饭不准点，高原反应严重，很多人身体吃不消。但任先生在草原奔走了数十年，他每每谈及草原，就神情愉悦，发自内心的舒心，回忆起他当年在草原上做调查的过往，眼神带着期盼，心向往之，向往着再次回到梦寐的草原。

任先生给我的照片中，我最喜欢他抱起一只小羊羔坐在石头上那张，那时他已年近八旬，慈祥地笑着，十分美好而纯粹。我心里想着，他仿佛就是个牧羊人，只不过他的草场是我国那近60亿亩的草原，他每天最开心的事儿就是看到自己所有的牛羊有草吃，有好草吃。

——中国绿色时报社　孙鹏

（文字：孙鹏；图片、视频：胥刚）

李洪占

一个人做一件事并不难，难的是用一辈子把这一件事做好！

李洪占 汉族，1933 年 12 月生，中共党员，青海互助土族自治县蔡家堡乡后湾村人。作为一名护林员，自 1956 年他在村里种下第一棵树起，就用脚步丈量着互助县蔡家堡乡的每一寸荒坡，用一生的心血投身于家乡的绿化公益事业……他坚守大山 60 多年，脚步踏遍家乡的山涧沟洼，用一把锄头、一副肩膀、一个甲子的时光，种绿了家乡的每一个山头，是远近闻名的“种树老人”。60 多年来，他义务种树 2000 多亩 8 万余株。入选“全国道德模范”。

六十年的坚持
只为心中那个绿色的梦

——记“全国道德模范”李洪占

过了耄耋之年，应该是颐养天年的时候，可是对于李洪占来说，却是他继续编织绿色梦想的时候。

初见李洪占，身材不高，皮肤黝黑，典型的一位农村老人。可就是这位其貌不扬的 86 岁老人，坚守大山 60 多年，自 1956 年他在村里种下第一棵树开始，脚步踏遍了蔡家堡乡的山涧沟洼，从一个朝气蓬勃的青年，到白发苍苍的老人，他用尽一生投身于家乡的绿化公益事业。60 多年间，李洪占义务种树 2000 多亩 8 万余株，用心诠释着一个共产党员的优秀本色。

李洪占老人介绍自己的植树经验

“只要我能动一天，我就要种一天的树”

青海省互助土族自治县蔡家堡乡后湾村，地处湟水北岸山区，常年干旱少雨，树木成活率低，四处一片荒凉。老百姓说，这里曾是个“荒土岭、栽死鸟”的蛮荒之地。1933 年，李洪占就出生在这片土地上。记忆中，伴随他童年的就是一年到头肆虐的狂风和山坡上扬起的尘土，整座大山几乎看不到几棵绿色的树。“那个时候，全是黄土山，树是稀罕物，村里李极录家门口有两棵树，就算是宝贝，害怕有人去砍树枝，李极录就用土墙和木板把树围起来了。”这是李洪占对儿时最深的记忆。

23 岁那年，他去威远镇深沟村转亲戚时砍了几根树枝，拿到家里泡了好多天，泡出了根儿，种到了院子里，从那时起种树成了他人生最重要的事情。

在青海农村过端午节，在门上有插柳枝的习俗，可后湾村只有李极录家有两棵树，没有可以插的树枝。李洪占一开始种树只是为了过端午节时家门上能有树枝插，到后来是为了荒山变绿……在他 23 岁那一年，他在家乡的荒山头栽下第一棵树苗，60 多年来，李洪占参加过当年生产队组织的植树造林，后来又响应过“要致富多种树”的号召，再后来，他又在全乡第一个响应退耕还林。他日复一日造绿、守绿、护绿，终将昔日光秃秃的大山演变成如今纵横方圆的万亩林海。

“那一棵棵树苗，就像我的娃娃一样”

做一件事并不难，难的是一生在做这一件事。那是 20 世纪 80 年代初期的一个春天，李洪占带着生产队的 7 个年轻人来到下浪沟种树。去下浪沟，要翻过好几个山梁梁，压根就没有路。初春的山顶上寒风肆虐，几个人每天天不亮就出发了，每人都背着树苗拿着铁锹提着馍馍，深一脚浅一脚在寒风里赶路。“那个年代种树苦是苦点，但我们都很有

李洪占环抱20世纪50年代的一棵大树

激情。”李洪占眯缝着眼睛说，“树苗都是我们每天去种树时背过去的，我背40斤，娃娃们背20斤。一个来回是十公里的山路，一干就是一天，饿了拿出馍馍吃两口，渴了就在沟里的溪水边上趴下喝两口，等太阳落山了，我们安置好没种完的树苗，第二天再来。”他们这样一干就是3年，8个人硬是在下浪沟和周边的53.33公顷荒地上种满了柳树和松树。

如今的下浪沟是互助土族自治县蔡家堡乡植被覆盖最好的地方之一，站在山顶上向下望去，树冠遮住了沟底，大山深处，绿意盎然。

对于李洪占老人来说，种树已经成为一种习惯，一种生活。每年，他都有自己的种树计划。从2018年开始，他在白土坡种了20亩柠条，每天到距家13公里以外的地方种树。自己栽、自己管，完全就是一个义务护林员。60多年来，李洪占的脚步几乎踏遍全乡，乡里有几道山梁、有几条沟壑，甚至在哪里种了哪些树他都清楚。他在黑土沟、马莲滩、郭家岭沟、新泉脑沟等12条沟沟岔岔都栽满了杨树和松树，周边的十几面坡上栽满了柠条。“看到小树苗扒住了土、扎住了根，我这心里就安稳了，一棵棵树苗就跟我的娃娃一样，看着他们一年比一年高、一年比一年粗，心里舒坦呐。”日复一日，年复一年，在李洪占的精心照顾下，他种下的树苗扎下了根，绿色渐渐覆盖了荒山荒坡。

“马蹄底容易出根须，马耳头有利于树苗发芽”

刚开始种树时，水确实是令李洪占最头疼的事。他一开始挖了个土窝存水，后来自己挖水渠引水，大多数时间用架子车拉水、用马驮水，该想的办法都想了。如今，村里建了水渠，通了自来水，引进了“母亲水窖”项目，给小树浇水方便多了。为了提高树苗的成活率，他没少操心，严格按照种树的方法步骤进行——挖坑、回填、栽植、浇水。多年的实践，他总结出一套宝贵的经验：“黑刺好活，一棵引一棵，占的面积大，但新树活了，老树就会死；柠条皮实，只要活了根就扎得深，铁锹都挖不动，不容易死；柳树、松树不需要太多阳光，阴坡上长得最好；柏树喜欢晒太阳，阳坡上才能栽得活。说来说去，人才是关键，只要侍弄的好了，树都能活。”朴实的言语中透出的全是科学种树的经验，那就是：因地制宜、先易后难。

种树也是个技术活，60多年摸索中，李洪占的“技术”水平越来越高。经过反复的摸索和实践，李洪占总结出了宝贵的种树经验：种树要舍得剪树枝，树尖要修剪成马耳形，根部（切面）要修剪成马蹄形，要斜切，这样既防止苗子坏死，又能促使树苗根扎得深，长得又粗又壮。“马蹄底、马耳头”是李洪占60多年积累下来的经验总结出的育苗标准，按老人的话说，马蹄底容易出根须，马耳头则有利于树苗的发芽。

“搬下山去以后，我就从山下往山上种”

2018年年底，因易地搬迁项目，后湾村搬迁到了条件优越的塘川镇，原本以为老人可以歇歇了，可没想到老人已经规划出了自己种树的新路线。他在塘川镇找了当地几处荒山，“以前是从山上往山下种，搬下去以后，我就从山下往山上种”。春天育苗，夏天种树，秋天补栽，冬天防火，李洪占用他的两条“泥腿子”一遍遍丈量着蔡家堡的山野，他的手上布满了老茧、指甲缝里塞满了泥土，双脚皴裂了一次又一次。“有生之年，我会继续种下去，直到拿不动铁锨，上不了山。我打算让儿子接我的班，让孙子也学习种树”李洪占说。老人的儿子李珍业今年已经 51 岁，从小深受父亲的影响，对种树也有着浓厚的兴趣。从小到大，看着父亲种树，看着昔日荒山变绿，他打心眼里感到骄傲。他和妻子从父亲那儿学到了不少种树的技巧，如今两人也跟着老人种树，他们要延续父亲光荣的种树事业。

在李洪占老人家，有一个特殊的荣誉：“保护森林发展林业成绩显著特发此状”字样的奖状挂在家里最显眼的位置，这枚奖状和领导的讲话始终激励着他。1982 年 11 月，李洪占代表当时的蔡家堡公社后湾村大队，去互助县人民政府参加植树造林表彰大会。领奖状时，有位领导说：“上面一棵树，下面一个人。黄河上游的植被受到破坏，下游的人就会受灾，作为共产党人有责任保护好植被，为人民服务。”他把这段话牢牢记在了心里。

■ 李洪占在 2019 年海东市第三届“善行海东”道德模范评选活动中，被评为“社会公德”道德模范

23 岁加入中国共产党，李洪占也正如他所说的那样时刻严格要求自己：“入了党组织就要给共产党人长脸，就要有自己的使命。”也正是这种执着的精神、坚定的信念支撑着这位 86 岁老人用满腔的热情为改变家乡的面貌无私地奉献。而今，昔日的荒山披上了绿装，但老人种树的脚步依然没有停下来，和吃饭、睡觉一样，种树成为李洪占每天必须要干的事情，从未间断。这些年种了多少棵树，他记不清了，就算是平常干农活的时候，他的背斗里也长期装着几棵小树苗，走在路上，看到空地或者死了的小树苗，就顺手从背斗里找棵小树苗补种进去。

乡亲们这样评述李洪占：“西宁市有个种树的老省长叫尕布龙，他的事迹很突出；李洪占是咱们后湾村的‘尕布龙’。”他用一生干了一件事情——种树。在蔡家堡乡以及周边的乡镇，这位植树老人可谓家喻户晓，乡亲们尊敬他、佩服他。

在 2019 年 9 月 5 日第七届全国道德模范座谈会上，表彰了 58 位全国道德模范，李洪占就位列其中，入选诚实守信类全国道德模范。

从 20 世纪 60 年代初的几百棵杨树到现在的逾千亩林地，李洪占一把锄头、一副肩头和一个甲子的时光种绿了蔡家堡的每个山头。而今，山已成林，树已成荫，这位 86 岁的老人依然在种树，他守望着大山，60 余年的坚持，毕生的精力只因心中那个绿色的梦。

社会评价

从 20 世纪 60 年代到今天，李洪占用一把锄头、一副肩膀和一个甲子的时光种绿了蔡家堡的每一个山头。而今，山已成林，树已成荫，这位耄耋之年的老人依然守望着大山，坚持着自己的梦想。对于李洪占来说，树已经成了他生命的一部分，种树已成为一种习惯，一种生活，更是一种精神！“一个人做一件事并不难，难的是用一辈子把这一件事做好！”60 年来，李洪占这样说，也是这样要求自己的。正因为如此，他的脚步踏遍了周边的山山沟沟，乡里有几道山梁、有几条沟壑，甚至在哪里种了哪些树，他都非常清楚。“种树可是个技术活！”60 多年的摸索中，李洪占早已成为十里八乡有名的植树专家。

今年，适逢“不忘初心、牢记使命”主题教育活动如火如荼开展之际，当得知互助县一位80多岁的老人60年播绿荒山，60年坚守初心的事迹后，青海省林业和草原局领导和记者走进一线、走进基层、走近这位已入耄耋之年的老人，用心去体会他的绿色情怀，用心去感受一个老共产党员的使命与初心，用心去感悟他平凡而伟大的故事。

在采访过程中，李洪占老人思路清晰、善于言谈，老人对我们谈过去、谈现在、谈将来。特别在谈到种树的技巧和方法时他如数家珍。自1956年他在村里种下第一棵树起，就用脚步丈量着互助县蔡家堡乡的每一寸荒坡，用一生的心血投身于家乡的绿化公益事业……面对这样一位老人，面对这样一位为家乡公益事业辛苦一辈子的老人，对他唯一的感情，只有崇敬。对于李洪占来说，树已经成了他生命的一部分，种树已成为一种习惯，一种生活，更是一种精神！

——青海省林业和草原局办公室　宋晓英

（图文、视频：宋晓英）

朱彩芹

守塔30年，我的初心在这片大山里，在这片绿色的大海里。现在，虽然退休了，但我永远是大森林的眼睛！是永不卸任的护林员！我要看着龙江森工的生态环境越来越好，我要看着天更蓝、水更清、空气越来越清新，我要看着绿水青山变成金山银山！我要把保护生态的精神和工作经验一代代的传下去。

朱彩芹　汉族，1966 年 9 月生，中共党员，黑龙江方正林业局人。1988 年参加工作，退休前是中国龙江森工集团沾河林业局有限公司防火办幸福瞭望塔一名森林防火瞭望员。她用 28 年的执着坚守，拖着病痛的身体，凭着超强的责任感、事业心和保护生态的执着初心，创造了不平凡的森防业绩，谱写了一首林区儿女的奉献之歌，2014 年 4 月被授予“全国五一劳动奖章”及全国十大“最美职工”称号，2017 年当选为党的十九大代表,2019 年被评为“关注森林”活动 20 周年突出贡献个人。

三十年无悔坚守　初心永系大森林

——记“最美职工”朱彩芹

金秋十月，北京。

国庆的观礼台上，朱彩芹代表龙江森工林区80多万职工群众，亲眼见证了这场隆重的庆祝大会。

热烈的北京，紧紧地拥抱了这位来自黑龙江森工林区最北端、小兴安岭密林最深处的防火瞭望员。

朱彩芹,“全国五一劳动奖章”“最美职工”获得者，党的十九大代表，用她30年坚守瞭望塔的初心，执着地书写着保护生态、守望森林的筑绿之梦，成为了全国林业战线的骄傲。

■ 朱彩芹获得“全国五一劳动奖章”

塔台坚守　春秋更叠

黑龙江省沾河林业局，是我国八大重点森林火险区之一。

这里位于小兴安岭北坡，因一条尚未污染的河——大沾河而得名。林业局施业区总面积 75 万公顷，是黑龙江森工面积最大的林业局。这里有着丰盛的草塘和沼泽地，还有 4100 公顷的天然红松母树林。

几十年来，大沾河用它博大的胸怀养育着沾河人，也滋润着这片广袤的森林。

1983—1986 年，沾河林业局开始在施业区建设 15 座瞭望塔，1991 年将其中的 5 座迁移了位置，挪到位置较高的山顶。2005 年后，又先后建设了奋斗、石参山、浦洛口子 3 座瞭望塔。这些瞭望塔除了幸福塔外，都没有电，用太阳能板充电保持对讲机正常工作。

瞭望塔的位置大多数都在深山老林，远离人烟、交通不便。开始时队伍不稳定，流动性较大，不利于防火工作的完成。经过一段时间，林业局发现由夫妻两人共同在一座瞭望塔担任瞭望员，不但稳定系数高、相互配合好，工作也完成得非常出色。

在沾河局的 17 座夫妻瞭望塔中，朱彩芹和王学堂是最早上塔的夫妻。

春寒料峭的 3 月，小兴安岭的积雪尚未消融，气温也较往年明显偏低。而此时，朱彩芹和王学堂已来到“451”瞭望塔，开始了又一个春季森林防火期的通信瞭望工作。

海拔 584 米的珠山是沾河林区的最高峰。24 米高的防火瞭望塔建在峰顶，朱彩芹夫妻在这里坚守了 28 年。

1988 年 9 月，新婚不久的朱彩芹与爱人王学堂一起，来到位于幸福施业区珠山上的“451”瞭望塔，成为了一名防火通信瞭望员。

那一年，朱彩芹风华正茂，瘦小的身躯中怀着一腔对生活的渴望与抱负。山林虽然寂寞，但有丈夫的陪伴，让她对未来的生活充满了向

■ 朱彩芹与爱人王学堂组成了夫妻塔，每天十几个小时坚守在瞭望塔上

往，也让她对这座叫做幸福的瞭望塔充满了期待。她是那样喜欢朱自清的《春》，也是那样向往着她心中“满目的绿”。

很快，朱彩芹就发现了，这份工作远没有她想像的轻松，生活也不是书里写的那样浪漫和惬意。当最初的新鲜与好奇褪色了以后，剩下的就是无边无际的空荡和难熬的寂寞。

初春和深秋时节，即便穿上厚重的棉衣也难以抵御寒风的侵袭。早晨带上塔的馒头，到中午时就冻得几乎咬不动了，一壶开水也成了凉水。2006 年以前的 18 年间，塔上没有任何取暖设备。后来虽然有了炉子，但只要地面上有三四级风，就不能生火取暖。一旦施业区内有山火发生，一个星期甚至半个月都要昼夜开机，晚上就睡在塔顶的板铺上。天长日久，朱彩芹落下了严重的风湿病，手指上的骨节凸出而微微弯曲着。

每年春防后期，蚊虫泛滥，尤其是草爬子更为猖獗。每次下山背水回来，朱彩芹要做的第一件事儿就是脱衣服抓草爬子，最多的一次就抓了 200 多个。她身上被草爬子叮后留下的伤疤，每逢阴雨天就又疼又痒。

沾河林业局施业区内有沾河顶子和大平台两处国家级重点森林火险区。“451”瞭望塔因地势高、通信辐射面广而承担着全局森防通信的中转任务。

刚开始工作时，朱彩芹拿着话筒不知该说些什么。发现烟点时，由于对烟火、低云、旋风带起的尘土分辨不准，特别是分不清雨后森林上空浮动的是烟雾还是汽雾，对烟点的距离也常判断失误。领导虽然没有批评过，但她知道自己不称职，急得晚上睡不好觉。

但她生来有一股不服输的劲，她把一本《瞭望员手册》反复阅读了几十遍，内容烂熟于心。为了增强观察力和判断力，她通过脚步丈量总结经验，用以判断山与山之间的距离。很快，朱彩芹对四周的山林、道路、场点都了如指掌，她的声音也越来越频繁地出现在对讲机里。如果领导在对讲机里表扬一句，她能高兴得一个人对着大山高喊。

1996 年 5 月末，外界火烧入沾河林业局乌斯孟施业区，幸福瞭望塔承担了 90% 以上的通信任务。朱彩芹和丈夫坚守在 8 平方米的塔上，连续三天三夜不眠不休，记录两大本、成功转接千余条信息无差错，为前线扑火提供了可靠的通信保障。

那场大火烧了 25 天，朱彩芹 25 天没脱过衣服睡个囫囵觉。每顿饭就简单对付一下，主食就是馒头。头几天还有点儿茄子干、豆角干之类的干菜。十多天以后，干菜没了，就吃咸菜；后来，咸菜没了，就喝酱油汤；再后来，酱油也没了，就喝咸盐水；最后，盐也没了，水也剩得不多了，只能啃干馒头，噎着了都不敢多喝水。因为山火还没灭，他们没法儿离开岗位下山去买粮买菜，结果彻底断顿了。最困难的时候，一天只喝一杯水。等到大火终于被扑灭后，走下塔梯，朱彩芹在镜子里看见的自己“就像一个野人”。但当她听到领导的表扬，听到同志们的一声“谢谢”，却笑了又笑，眼圈红了又红。此次扑火，朱彩芹夫妇以“零差错”承担了 90% 以上的通信任务，受到了三级指挥部领导的表扬。

时任沾河林业局副局长的赵兵听说了这件事，封她一个响当当的绰号——“朱大侠”。

2004年，朱彩芹被确诊为红斑狼疮，一种自身免疫性疾病，在医学上被称为“不死的癌症”。考虑到她的身体状况，组织上想为她调动工作，却被她执意谢绝了。“培养一个新人不容易，我有经验了，还得干下去。”彩芹说。这一干，又是12年。

2009年4月27日，当伊南河草甸雷击火肆虐沾河时，身患红斑狼疮正在康复期的朱彩芹，坚守塔上15天，无差错接转记录信息上万条，再次确保了指挥部的通信指挥和火场调度。

每年的3月15日至6月15日，是林区春季防火期。此时春风乍起，是一年中防火任务最繁重的时期；9月15日起，是秋季防火期，直到大雪封山的隆冬，瞭望员才能撤离。按照这一周期，寒来暑往、冬去春回，朱彩芹夫妇28年中每年都要在塔上驻守七八个月，每天从早6点到晚8点半守塔观察，没有星期天、没有节假日。

28年里，每一次扑火的指挥与调度，都是经由幸福塔零差错地出色转接和传达后胜利完成的。

朱彩芹在瞭望塔上下传信息

初心不改　勇挑重担

在山里工作，生活环境的艰苦，令人难以想象。

但朱彩芹依然忍受着艰苦和寂寞，离开父母和孩子。舍小家只为了保大家，保护这片绿水青山。

每年，积雪尚未消融时，朱彩芹夫妇就得告别亲人，背着器材、补给登塔，开始与风霜雪雨、豺狼野兽为伴的日子。每一次进驻，他们就像搬一次家。通信器材、粮食蔬菜、生活用品都要一次性备足。从那个雪还没有消融的日子开始，他们就要远离亲人，过上不见人烟的“原始人”生活。这时节，山中的积雪还没过膝深，寸步难行。

每天，朱彩芹在塔上工作值班的时间超过 14 个小时，遇到大风高温的天气，时间还要更长，有时候是 24 小时不间断的昼夜值班，吃住都要在塔上。遇到干旱的年份，防火期要延长或直接进入夏季防火，这些瞭望队员在深山里的时间就更长了。

现在的塔楼都是钢架结构，高 24 米，每座塔楼有 96 级台阶。上面的塔屋是 2 米 ×2 米的或方形或圆形的小屋，放一张小床就几乎没有人转身的地方了。塔楼外用钢架围成个方形，监测的时候就站在上面。

最初的塔楼则非常简陋，窗户是木制的，玻璃外面糊上塑料布挡风挡雪。有雪的天气里常常是外面下大雪，屋里下小雪。晚秋时，朱彩芹睡觉时要穿着棉衣棉裤，还要盖着厚厚的棉被。初春、深秋，半夜醒来，她经常被雪盖住了半个身子，成了名副其实的“雪人”。现在虽然有了火炉，但有风就不能生火，取暖、做饭都不行。

雨天是让彩芹又爱又怕的日子，最怕的是遇到打雷天。雷声会伴着闪电顺着天线钻到塔房里，打得塔楼“啪啪”地响。这个时候，为了安全是应该关闭对讲机的，但为了全局防火的通信畅通，队员们只是放下手中的对讲机远离铁塔，蹲在塔房的中间，以防意外的发生。

冷对于朱彩芹来说，还能克服，最让他们犯愁的，是日常所需的水、粮和菜。尽管每一次防期进驻她都尽其所能地背上通信器材、粮食、土豆、干菜、咸菜等，但依然不可能一次性备足。山里气温低，种啥菜都长不起来。夏天的时候，也会去山里采点山野菜、蘑菇尝个鲜。但这样的时间太短，只有一个多月。而且队员们也并不热衷这种口味清淡的菜。“缺油少肉的山野菜还不如咸菜好吃呢。”彩芹笑着说。在山里的日子太寡淡了，她更喜欢把咸菜里放上浓浓的辣椒，夹着馒头吃得有滋有味。初夏的时候，坐在塔上，一边吃着馒头咸菜，一边远望着满目的绿色，微风轻拂，是彩芹最满足的时候。

每天吃水，他们或从塔下几公里外的小河里背，或融雪取水。山路难行，背一桶水，来回要走几个小时甚至小半天。小河沟和小溪里，赶上哪年的污染少，水质能好一些。多数情况下，水经过沉淀和过滤还残存着绿色的锈，有的还会有小寄生虫。用这样的水洗衣服时，指甲会经常劈掉。有时干旱，他们就取草甸子、河沟里的水，烧开后，沉在壶底的是红色的泥。喝的久了，眼睛会火燎燎地疼。

朱彩芹背一次水来回要几个小时

与森林为伴，免不了与猛兽打交道。

2002 年秋，在一次回塔的途中，朱彩芹惊出了一只正吃山葡萄的黑熊，以为要与自己抢食的黑熊抬着爪子直接朝她奔来。黑熊慢腾腾地追，彩芹一棵树一棵树地躲，气得黑熊吼叫着把一片茶杯粗的桦树林拍得粉碎……

有一年秋防时，朱彩芹下山背水与 3 只狼不期而遇，她机警地撅了根木棍、蹲在距狼不足 10 米的地方不出大气儿地与狼对峙，好在那天狼没有攻击她，只是守着她假寐。一个多小时后，狼累了、遁了，朱彩芹则被吓得好几天不敢下山背水。

没有任何的监督，这份执着的坚守，只有 28 年如一日的自觉和责任。28 年来，她初心不改，勇挑重担。塔上，夫妻俩没一毫松懈地瞭望；下塔，坚持巡山绝不漏岗。28 年里，沾河林业局北部山区的火情，40% 以上是幸福瞭望塔发现报告的。

无怨无悔　挚爱森林

说起朱彩芹坚守高山瞭望塔的理由，十分朴素："我生在山里，长在山里，对这片绿色无限热爱。守卫它，是我义不容辞的职责。"

高山瞭望，其实大有学问。瞭望员要对烟火、低云、旋风带起的尘土等有明确分辨，比如雨后森林上空浮动的到底是烟雾还是汽雾？烟点距离到底是多少？为了增强观察力和判断力，她用脚步丈量出了山与山的距离，瞭望塔四周的山林、道路、场点，她了如指掌；反复琢磨和提炼，对讲机里她的信息传达越来越流畅、凝练、准确。

常年的塔上艰苦生活，侵害了朱彩芹的身体。她的关节出现了变形，刮风下雨时疼的厉害。但彩芹从来不把这个放在心上，实在疼得挺不住了，就吃点管风湿的药。

2004 年秋防，她病倒在岗位上。全身浮肿疼痛，头发脱落，确诊为红斑狼疮。面对“不死的癌症”，朱彩琴第一反应不是“能不能治得了”，而是“还能不能登塔”？！

正是秋防的关键期，她放不下那座塔，那片森林。彩芹仅仅在哈尔滨住了半个月的院，病情刚刚稳定，就带着药包返回了瞭望塔。她每天熬药服药，忍着病痛上塔值班。单位领导非常担心她的身体，多次让她下塔休息，但她执意不肯，最后前指只能强令她回家静心养病，彩芹才答应暂回家中。几天后，当她得知过境火烧入幸福、天龙山施业区时，又坐不住了，立即赶到瞭望塔同丈夫轮流值班，保障指挥部和火场信息的畅通，连续坚持 6 个昼夜，胜利完成任务。

为了完成每天对山林的上百次观察，避免强光照射脸部影响病情恢复，她的丈夫王学堂用小木条给塔楼瞭望口做了百叶窗，让她可以一边恢复身体、一边坚守岗位。

这一坚守，又是整整 12 个春秋。

这 12 年，在父母、亲人的帮助下，儿子长大成人远离父母外出闯世界；家里的木耳袋每年都有不错的收入；刚刚承包的土地也种下了全家新的希望。尽管近两年她的岗位在防火瞭望之外又被赋予了严防盗采盗伐的“利剑”职能，尽管他们需要四季常守大山更无暇顾家了，但朱彩芹快乐依然：“我一看见这满眼的绿呀，就浑身上下都是精气神儿……”

“渥然丹者染风霜，黟然黑者为星星”，朱彩芹把自己的青春、健康献给了她热爱的事业，顽强地和痼疾战斗，无怨无悔地坚守在森防岗位上。

很多不了解她的人会心存疑问，这是真的么？一个人会那么执着，不顾自己的健康和安逸，去遭那份罪？

这个问题，朱彩芹自己的回答很简单：“在塔上，我能看到大山一天变个样，越来越青翠、越来越好看！”朱彩芹，她是真的热爱眼中的这片青山绿水！

因为热爱，她才能在寻常的草青草黄、花开叶落中看到生命的大美。这美是欣赏，是交流，也是学习，也许最初对这片新绿在心底生出的那丝感动，真的就是她在寂寞中坚守了28年的不竭源泉。她才能在没有掌声、没有关注的寂寞中坚守、成长，变得越来越强大。

出色的工作令荣誉接踵而至，近几年，她连续获得了省“五一劳动奖章”、省“女职工建功立业标兵”、“森工优秀青年卫士”、“森工杰出青年卫士”等光荣称号。

2014年4月23日，由中央宣传部、中华全国总工会评选的全国“最美职工”在京公布，朱彩芹作为全国林业战线唯一一名代表，荣获全国“最美职工”称号。

朱彩芹还同时获得了“全国五一劳动奖章”。

全国劳动模范许振超为朱彩芹题词：“安在得人。”他说：“正是因为有了你们的安于奉献、甘愿坚守，大森林才能平平安安。”

也是这一年，离家在外的儿子回来了，并自愿接过了彩芹的接力棒，也成为了一名瞭望员。之后，儿子王刘洋有了女朋友。性格腼腆的他向女朋友求婚时，只说了一句话：“我想当瞭望员，你跟我一起上塔吧！”就这样，2016年9月，儿子结婚后也组成了夫妻塔，执守在“473”瞭望塔，和彩芹的“451”塔遥相呼应。一家四口共同守护着这片绿水青山。

■ 朱彩芹在利用刻度盘测定烟点位置

退休后，朱彩芹加入了北岗社区的夕阳红党支部，当上了监察委员，和老党员们一起，经常到老年公寓里，帮助那些需要帮助的人。她还到关工委任职，关心下一代的成长，给他们讲述护林保生态的故事。

2018 年儿媳妇生孩子，朱彩芹又一次主动上山，替她和儿子一起守护山林。

参加完党的十九大后，朱彩芹在接受记者采访时这样说道："保护绿水青山，建设生态文明，是每一个中国人的责任和义务，更是森工人的职责和使命。人和自然是共存共生的，我要坚守岗位，不忘初心，我们要好好地守护这片绿水青山，一代更比一代强。"

朱彩芹的一家都是森工人，父亲做了数十年采伐工，她为森林奉献了一辈子。彩芹表示，要把多年总结出的经验传授给年轻人，当一个永不卸任的护林人。

如今，朱彩芹的愿望正在转化为现实。党的十八大以来，龙江森工实现了森林面积、总蓄积量、公顷蓄积量和森林覆盖率"四增长"。

曾经有人问她："朱彩芹，你还会在这个岗位上干多久？"她毫不犹豫地说："只要我还能上得了塔，我就会坚守这个岗位。"守塔 30 年，朱彩芹的初心在这片大山里，现在，虽然退休了，但她永远是大森林的眼睛！她要看着生态环境越来越好，要看着天更蓝、水更清、空气越来越清新，要看着绿水青山变成金山银山！

国家林业和草原局领导在接见朱彩芹的时候，号召全国林业系统的务林人向她学习，学习这种森工人艰苦奋斗、爱岗敬业、锐意进取的森工精神，学习她这种为建设生态文明和美丽中国贡献自己的不懈努力。

青山为证，森林为证！

正是有像朱彩芹这样的瞭望员们坚如磐石的守卫，正是他们刚强不屈的意志，正是他们对龙江森工生态屏障的担当，才有了这千里碧波、万里林海的安宁，才有了我们保护生态、建设美丽中国的信心。

朱彩芹，用 30 年的青春和无悔书写了普通却并不平凡的美丽人生！

社会评价

“外边到处是万紫千红，你却昂起头，把全部的目光投向这片无边的绿色，时间让人们的脚步匆匆，你却沉下身，把自己种在这大山的深处，青山常在，绿树成林的背后，有你不知疲倦的眼睛，收获的希望，眺望幸福的前方，有你深情执着的守望。”这是2014年，朱彩芹获得“感动龙江”人物的颁奖词，也是对她28年的坚守和奉献的最好诠释。为了守护好茫茫林海，朱彩芹在自己护林30年的同时，也让自己的儿子成为了一名防火瞭望员。表达了林区人为了确保大森林的安全，乐于吃苦，执着付出，“献了青春献终身，献了终身献子孙”的无悔心声。作为一名最普通的森防瞭望员，朱彩芹默默地守护在大山深处，无怨无悔，无私奉献，为龙江的生态建设作出了卓越的贡献。

最早知道朱彩芹的名字是2009年，沾河伊南河“427”大火，我在幸福前指驻扎了十几天。在前指的宣传栏中，第一次看到了朱彩芹的照片，也听说了夫妻瞭望塔的故事，萌生了采访和写作的想法。2013年，我五次到沾河，攀爬塔楼，对彩芹进行深入的了解、采访。回来后，我用了半年的时间，完成了长篇通讯《大山深处，那十七座夫妻瞭望塔》！

生活中的朱彩芹和工作中的不太一样。她性格倔强直率，但因为长年独自在深山塔楼工作，使得她并不擅言辞，也不习惯和人打交道，沟通交流都不比在工作中那样爽利痛快，反而是有点腼腆和害羞。

在我的采访印象中，朱彩芹从不说苦，从不抱怨。和家里人不说，和队友们不说，和采访者不说，和单位领导也不说。面对困难，她只有一个念头，自己克服。野兽、疾病、寒冷，这些一件就足以把人打败的事情，她都遇到过。可对于她来说，那只是工作中应该面对的一部分，稀松平常，过去就忘了。她性子单纯，只求把工作做好，她记得的，只有工作带给她的满足与快乐。受到领导表扬，不出差错，比啥都让她高兴。

这个爱笑的女人，唯一的一次在我的采访中流眼泪，是她第一次主动说起她的病，她说怕因为这个身体再也回不到“451”瞭望塔，再也不能做她喜欢的瞭望员，再也看不到她面前的那片大山。只有面对绿海群山，她才是那样满足和欣喜。她最喜欢的文章是朱自清的《春》，最喜欢的歌是《小草》，最喜欢的衣服是身上长年的工装迷彩服。其实对于她来说，所有的奖励都比不上沾河防期无战事。她平凡，可又执着的不平凡。

——黑龙江林业报社　陈杞

（文字：陈杞；图片：丁兆文；视频：龙江森工集团新闻中心）

绿色脊梁上的坚守
——新时代中国林草楷模先进事迹

统筹组

组　长　黄采艺　刘东黎

副组长　杨　波　徐小英

成　员　章升东　林　琼　刘庆红　杨　轩　刘继广　于界芬
孙　阁　景慎好　敖　东　王红凌　贺鹏飞　宋宝华
张旭光　曹　钢　柴明清　张庆志　李　洁　刘世农
杨　劼　刘　峰　赵　侠　冯　梅　王占金　陈昱川
宋晓英

撰稿组

撰　　稿（按姓氏笔画排序）
马爱彬　王　冠　刘成艳　米何妙子　阮友剑
孙　阁　孙　鹏　李　英　李咏梅　吴　浩
宋晓英　张彤宇　张尚梅　张　雷　陈永生
陈　杞　武　丽　敖　东　柴明清　郭利平
郭雪岗　蒋　巍　景慎好　薛裕光

统　　稿　董　峻　陈永生

编 辑 组　于界芬　李　敏　周文琦　何　鹏　刘香瑞
于晓文　王　越　张　璠

美术编辑　曹　来　曹　慧　赵　芳

技术支持　李思尧　朱　旭

中央宣传部
2019年主题出版重点出版物

绿色脊梁上的坚守

新时代中国林草楷模先进事迹

下

国家林业和草原局 ◆ 编

中国林業出版社
China Forestry Publishing House

图书在版编目(CIP)数据

绿色脊梁上的坚守 :新时代中国林草楷模先进事迹(上、下册)/ 国家林业和草原局编. -- 北京 :中国林业出版社,2020.1 (2020.10重印)
ISBN 978-7-5219-0484-0

Ⅰ. ①绿… Ⅱ. ①国… Ⅲ. ①林业－先进工作者－先进事迹－中国－现代 Ⅳ. ①K826.3

中国版本图书馆CIP数据核字(2020)第020711号

中国林业出版社·林业分社

总策划:刘东黎

策划、责任编辑:于界芬 李 敏 何 鹏 刘香瑞
于晓文 王 越 张 璠

出版发行	中国林业出版社 (100009 北京西城区德内大街刘海胡同7号)
网 址	http://www.forestry.gov.cn/lycb.html
电 话	(010) 83143542
印 刷	北京雅昌艺术印刷有限公司
版 次	2020年1月第1版
印 次	2020年10月第2次
开 本	889mm×1194mm 1/16
印 张	30.25
字 数	411千字
定 价	132.00元(全2册)

上 目 录

先进个人

改革先锋

人民楷模

共和国勋章

时代楷模

绿色脊梁上的坚守
——新时代中国林草楷模先进事迹

下 目 录

先进个人

全国绿化模范

新中国第一代拓荒者

绿色生态工匠

全国绿化奖章

先进集体

绿色脊梁上的坚守

——新时代中国林草楷模先进事迹

先进个人

靳月英　庞祖玉　侯　蓉

张阔海　赵希海

绿色脊梁上的坚守

——新时代中国林草楷模先进事迹

全国绿化模范

靳月英

我人老了，但我的心还不老。我的腿走不动了，但我的心却一直跟大山在一起。人的心是长着眼睛的。它看到树越长越大，山越来越绿，好像也听到了松鼠在喧嚷、小鸟在唱歌。还有，每当看到乡亲们、孩子们上山植树造林，我的心也总是跟着他们。我们这儿离愚公不远。有了愚公的精神，我们的山一定会变得更绿、水一定会变得更清、云一定会变得更白。

靳月英　汉族，1923 年生，中共党员，河南鹤壁市淇县黄洞乡鱼泉村人，八路军武工队员冯青海烈士遗孀。其丈夫冯青海在 1947 年为掩护杨贵等战友的一次战斗中壮烈牺牲。当时，她年仅 24 岁。中华人民共和国成立后，她数十年如一日，努力为党工作，历任村妇联主任、副大队长、副社长、副乡长和村党支部委员。

她持之以恒投身农业、教育、拥军、绿化等事业，事迹突出、感人。多次受到党和国家领导人的接见。曾获得政府奖励表彰 100 多次，被授予“全国拥军模范”“全国绿化模范”“全国劳动模范”等国家级荣誉称号以及“模范烈属”“三八绿色奖章”等省级荣誉称号，被誉为“共产党员的楷模”，2019 年 10 月，荣登“中国好人榜”。

祖孙四代绿太行

——记“全国绿化模范”靳月英

■ 种下的果树挂了果，靳月英喜上眉梢

2019 年农历五月十四日，是靳月英老太太 97 岁的生日。吃过亲人们张罗的蛋糕和寿面，她叫住了孙女树香：“走，上山看看去。”

树香一边答应着“好”，一边推出了电动车。她知道，老太太又是让她载着上山看树哩。

打 61 岁不再当村干部开始，靳月英带领亲人、左邻右舍开了 8 架山 19 面坡，整理山地 110 多公顷，栽下了 21 万株绿化树、2.2 万株经济林。

30 多年了，早年栽下的一些树，大的长到了碗口粗；近年种下的，虽然还细，但有的也长到了一人多高。

望着一天比一天绿的山坡，抚摸着树木盘曲嶙峋的枝干，微笑总会在老太太脸上浮现。

一

1923 年仲夏，靳月英出生在东太行南坡的一户贫苦农民家里。那里，就是现在的河南省淇县黄洞乡鱼泉村。

抗日战争时期，日本侵略势力、国民党统治力量与共产党革命力量在这里犬牙交错，争相扩展，潜流涌动。年轻的靳月英渐渐接受共产党人的革命思想，暗暗参加了共产党组织的各种斗争活动。

1942 年，19 岁的靳月英嫁给了八路军武工队员冯青海，加入了共产党领导的妇女救国会。

靳月英思想进步，头脑活络，腿脚灵便，是妇女救国会里的活跃人物。她曾经以卖馍、卖豆腐为掩护侦察敌情，也多次为八路军站岗放哨。

靳月英对八路军一片赤诚。她组织和动员妇女同胞为八路军纳鞋底、做鞋垫，曾经把棉袄、棉裤里的棉絮抽出来缝入做给八路军的鞋帮、鞋垫里。

1947 年 3 月，在庙口镇发生的一次战斗中，冯青海为掩护杨贵等战友，英勇负伤，光荣牺牲。

杨贵，就是后来驰名中外的原河南省林县县委书记、人工天河红旗渠总设计师。

二

冯青海牺牲时，勤月英 24 岁，儿子冯小锁 8 个月大。

勤月英为人好，面庞清秀，身材修长苗条，如果改嫁，似乎也是顺理成章。

有一天，冯青海的哥哥哽咽着在靳月英的面前跪了下来：“月英，我知道有些话我无权说也不该说。但，我和青海，就小锁这根独苗。求你不要改嫁，免得小锁改为别姓，我们这一家断了香火……”

靳月英一把把他拉起："哥，我明白您的意思、理解您的想法。我，听您的！"

一诺千金。自此，靳月英把整个身心投入到了为党工作。

靳月英干啥活都不怕苦、不怕累。每天出工，她总是走在最前头，收工总是走在最后头。她从不娇惯小锁。很多时候，她出门干活，都是把小锁托付给村里的老人照管。小锁懂事乖巧，也习惯了独立，只要母亲要干活，他就从来不黏在母亲身上。

1956 年，靳月英加入了中国共产党。自此，她对自己的要求更高了。靳月英"仗义疏财"，手里很少攒钱。她常说，革命先烈为人民谋幸福，命都可以不要，钱又算个啥？她的钱，除了养活自己和小锁，很大一部分都被她拿出来给困难户买米买面。为了帮助乡亲们找到致富门路，她多次买来小鸡、小猪送给乡亲，帮助他们勤劳致富。

党和政府给了靳月英很多荣誉，她也多次受到党和国家领导人的亲切接见。靳月英家，满墙满墙的照片，记录着她参加各种重要活动的光荣时刻。

三

1984 年，靳月英 61 岁，从村干部的岗位上退了下来。

年纪虽大，心肠火热。靳月英总觉得自己还有使不完的力气，应该为党为人民多做工作。

那年 8 月，她去北京参加全国拥政爱民先进单位和先进个人代表大会。一路上，她听到有人议论穷山恶水的坏处、植树造林的好处，看到多数地方都是绿意葱茏，令人舒心爽目。她就想，何不也把村子周围的荒山秃岭都种上树？

这一次，靳月英的"心跳"又一次和祖国的"脉搏"合上了节拍。

那时，全国上下绿风劲吹，造林绿化蔚然兴起。仅以 1984 年为例，国家造林绿化的大动作就接连不断：1 月 10 日，铁道部和共青团中央决定开展“万里铁路万里林”活动；1 月 13 日，国务院常务会议审议通过《中华人民共和国森林法（修改草案）》；3 月 1 日，中共中央、国务院发出《关于深入扎实地开展绿化祖国运动的指示》……

河南省在新中国成立初期已基本没有原始森林。据 1951 年全省森林资源踏查和河南省林业调查队 1953—1956 年的森林资源调查，全省有林地面积仅为 29.69 万公顷，多数分布在伏牛山、大别山、桐柏山区，太行山林区仅有 0.4 万公顷。经过几十年不懈努力，据 1980 年森林资源连续清查，全省有林地面积已经扩大到 142 万公顷，全省森林覆盖率由新中国成立初期的 4% 提高到 8.5%……

靳月英充分感受到了党和人民对绿色的殷切期盼。坐在从北京返回的列车上，靳月英下定了决心：“干！”

■ 靳月英和乡亲们一起整地

四

起初，小锁并不打心底里支持母亲栽树。一是母亲心脏有病；二是母亲也并不年轻了；三是不想让母亲为栽树的事为太多的难。

在河南四大山系中，伏牛山、大别山、桐柏山造林绿化立地条件相对于太行山要好很多。太行山一是干旱，降雨少；二是石厚，到处都是林立的陡坡和怪石；三是土薄，绝大多数地方岩石裸露、少有泥土，树苗无处扎根。

还有，要栽树，没有现成地、苗从哪里来？栽好了谁来管？

但小锁更不会跟母亲犟着来。多年来，他太了解母亲了，想做的事，她就一定会做，任谁也劝不回来。

就这样，靳月英揣着干粮、扛着镢头、挂着土筐、系着水葫芦上了山。

山上没路，靳月英就手脚并用往上爬。多少次，手上脸上被荆棘刮出了血道、衣服被刮开了口子，靳月英全然不顾。

树坑通常要选在稍低洼的地方刨，因为那里多少会有些土，也更容易存水。但太行山的情况总是这样，有土的地方也总是有石头，刨坑，其实主要的工作是把土刨松，使土石分离，把大小石头从土里捡出来，绕着坑围成堰，最后形成一个土窝窝。

一个坑，石头一旦被捡出来，土往往就只剩下薄薄的一层，所以，要从远一些的地方再弄些土来。等把坑里的土填得约摸能把树苗埋进去、立起来、扎住根，原来的石堰就低了，还得再从附近捡石头加高。这样一来二去，刨一个树坑，不，其实是修一个树坑，往往就得大半天时间。尽管靳月英手脚麻利，一天下来，顶多也就修两三个树坑。

靳月英不气馁。虽然不识字，但她听过愚公移山的故事。有时左邻右舍冲她叹气，她就说，愚公是要搬两架山哩，我只是要在山上种树，活比愚公轻松多了。愚公都不怕，我怕啥哩？

五

从 1984 年秋到来年春天，几个月下来，靳月英不停地刨，共刨出了 200 多个树坑。

转眼到了植树季节，她拿出卖猪、卖草攒下的钱，让小锁买回 200 多株侧柏树苗，发动全家和左邻右舍跟她一起去栽。

靳月英知道，栽树不同于修坑，修坑可以慢些来，树苗可不能等。太行山风大，新买的苗子如果不尽快栽上，风一刮根就干了。那时，虽然已经推广了套袋的营养钵育苗技术，苗木抗干燥能力有所增强，但无

靳月英在土石山上刨树坑

论啥样的树苗，通常早栽比晚栽好、快栽比慢栽好。靳月英懂得这些。她知道栽树必须动员大伙儿一起干。

发动群众本来就是老革命的看家本领，靳月英对此当然也不陌生。再加上她心肠热、人厚道、辈分高，原先又是村干部，有威信，动员能力自然比较强。经她一号召，包括儿子、孙女等人在内的一个“植树小分队”迅速组成。

树相对好栽，难的是浇水。

太行山区每年都有一个比较明显的雨季，就是每年总降水量 600 毫米中的 60% 大约都集中在七、八两个月份。而现在是春天，很少下雨。不下雨，土就干。土干燥，树不活，怎么办？只有从山下的水库挑水浇。

山坡陡峭，赤手空拳上山尚不容易，更何况肩上再担两桶水？对策只有慢些慢些再慢些。

似乎只有这个时候靳月英才发现，自己与别人相比，体力还是差了一些。她很难再挑跟别人一样的大桶了。挑不动大桶，她就挑小桶。桶虽小，两桶也总有二三十千克重。她跟亲人、乡亲们一趟趟挑、一遍遍浇，终于把树都栽完浇透了。

树栽完，靳月英觉得再也不能老缠着儿孙和乡亲总跟自己一起耗在山上了。

别人都下了山，靳月英却又上了山。

她提着小水桶，看到哪棵树苗太干她就浇哪棵。有一回，她提水上山，都爬上了半山腰，却突然脚步一滑，重重摔倒，水也洒了一地。靳月英眼泪突然一涌而出：她既心疼水，也多少感到些许委屈。

这样的“失态”，是短暂的。从摔倒的地方撑起身子在山坡的岩石上坐下，凉风吹动了额头一绺绺已经发白的头发，她想起了打仗和土地改革时同志们常唱的那首歌：“能上山能开荒，男女老少过时光，大家都有福享。”那时还饿肚子哩，今天都能吃饱了，刨坑栽树又没人强迫，完全自觉自愿。既然如此，再怨天怨地，有啥道理？简直是丢人啊。想到这里，靳月英竟然笑了起来。

笑罢，靳月英坚定地提起小水桶向水库边走去。

七

太行山春天栽下的树能不能活，关键看能不能度过夏天。

那年秋，靳月英数一数自己种下的200多棵树居然活下来170多棵。这大约是80%啊。对那个时候的太行人来说，这个成活率，已经不低了。

靳月英絮叨小锁：“你老担心树不活，这不是活下来这么多吗？既然活下来这么多，我就接着栽！”

小锁心疼母亲。怕一年老似一年的母亲举不起大镢头，他就去铁匠铺专门为母亲打了把小镢头。

八

太行山的雨季到来了。

与其他地方不同，雨季是太行山区第二个传统的植树造林黄金季节。

一下雨，别人都往家里奔，靳月英却往山上跑。

靳月英说，水贵如油啊。在雨季栽树，老天爷替俺浇水，省了多少事啊。

夏天天热，但山雨很凉。小锁唯恐大雨淋病了母亲，就在山坡上挑了一小块平地，就地捡石板垒了座比方桌桌面稍大一些的小石屋，既能避雨，又能休息，还能在太阳太晒的时候躲会儿。

靳月英这回夸赞了儿子：“这个小屋，盖得真是地方、真是时候啊！”

九

适合栽树的时间只有春季、雨季。但真要让荒山全都披上绿装，可得忙乎全年。

太行山植树耗费劳动最多的，还是刨坑儿。而刨坑儿是无论春夏秋冬四季都能进行的。

为了栽更多的树、更快地绿化荒山，靳月英一年四季都在山上不停忙碌。

■ 虽然果树刚刚挂果，但靳月英总是一遍遍查看后才放心

2019年5月7日，《人民日报》发表记者采写的长篇通讯《眼瞅着石头山绿起来（美丽中国·绿染太行）》，里面讲了靳月英的两个“故事”。

冯小锁那时在乡民政所工作，有一晚，左等右等不见娘回来，就进山找。原来靳月英从高崖跌下来，摔折了胳膊，起不来身。在背回家的路上，老太太自言自语：“别树没种成，命都搭了。”可回到家，她又说了：“命搭就搭了吧，总算干了点事。”

孙女们逗老太太：“等你没了，清明节不给你糊房子糊车，用纸糊几把镢头、几副箩筐烧给你用，让你还能种树！”儿子劝她也该歇歇了，靳月英板脸说他：“你还没有孙女懂我！”母亲很少讲什么道理，只说过：“党员没有休息日，活一天就要干满两晌。”拗不过，又放不下，小锁孝顺，干脆陪母亲一块进山种树。

靳月英挂个水葫芦，揣着冷馒头，中午不下山。三伏天儿媳妇进山送饭，远远看见山坡上，婆婆手缠毛巾，头枕着扁担睡着了，旁边一只桶里还有半桶清水。人在树荫下也热得难受，何况山坡劳作的年迈老人。儿媳妇很感动，领着孙子孙女也加入了栽树行列。

树香说，一开始陪奶奶一起上山刨坑栽树浇水，单纯就是心疼奶奶，觉得她孤伶伶一个人在山上忙活太孤单、一个人干那么多活太累，更担心那么大年纪有什么闪失。“现在，我们都看到了植树造林的好处与成效，渐渐理解了奶奶，也都愿意植树。”

十

靳月英把树栽活了，荒山焕出了绿意，乡邻们议论说，山又不是靳月英自家的，山上有了树，对大家都有好处，不能再袖手旁观了。慢慢地，越来越多的人加入刨坑、栽树、浇水。

靳月英并非毫无经济头脑。刚开始上山刨坑儿，她就把坑边的荒草荒茅割倒归拢到一起。刨坑的时间长，荒草荒茅越积越多，背下山垛起来，也就能换钱了。

小锁有工资。他孝敬母亲的方式之一，就是有时会给母亲三块五块或者十块八块钱。

植树季节，靳月英手里的这些钱就派上了用场：把钱发给跟她一起干活的人。手里钱多，她发一块；手里钱少，她发五毛；没钱，只好不发。

收到钱的人，自然开心；没收到钱的人，也不会失落。反正没谁是为钱而来。

但靳月英总觉得如果不能给乡亲们一丁点儿现实“好处”也不怎么好。

有一天，她豁然开朗：何不在山上也种些花椒等经济林木？花椒跟侧柏一样都比较好活，既有绿化效益，又有经济效益。她果断作出决定，“调整”林种结构，发展一批花椒。

说干就干。数年过去，靳月英先后种下了二三十亩花椒。

花椒采摘季节，靳月英宣布了“政策”：谁都可以上山摘花椒。摘下来，一半归自己，一半“交公”。“交公”的那一部分，换了钱用来买树苗、给大家发“工资”……

尽管人们到手的“工资”很少很少。但这份“工资”，代表的可不是钱，而是靳月英对参与劳动的肯定。大家都觉得，这个肯定，比钱本身有价值多了。这个价值的核心就是两个字：光荣！

十一

刨坑不停，种树不止。到 1995 年前后，水库北边离村最近的一片片荒山全部披上了绿装。靳月英又把目光投向了水库南边的荒山。

这个小水库，以村为名，就叫鱼泉水库。

鱼泉水库虽然不大，但在丰水季节，却像一条晶莹透亮的水线，绵延十几公里。

要去水库南边刨坑种树，绕旱路不现实。又不可能游过去。怎么办？

小锁就焊了条小铁船。有了小铁船，靳月英就能比较轻松地把工具、树苗、干粮、水葫芦等带上山了。

此时，靳月英已经跨过了古稀之年。虽然她自我感觉身体硬朗，但儿子、儿媳、孙子、孙媳甚至重孙对她的担心却越来越多。谁都知道，没人能抗得住岁月对一个老人身体的磨蚀。

因为担心，他们都尽可能地多陪老人一起上山干活。本来，船越小晃动越大，单个人很难掌控。所以，人们越来越多地看到，小锁等人跟老太太一起划船过水、登岸刨坑。2006 年，小锁从工作岗位上退休，他就干脆天天跟母亲一起上山刨坑栽树。那时，小锁已经不“小”了，

年岁已长的靳月英再也挥不动镢头了，却依然坐在小石屋前守望那片山林

他也已经是 60 岁的老人了。

太行山除了干旱，还很瘠薄。要让树苗活，就得浇水；要让树长得好，最好施些肥。施肥就施农家肥。儿媳刘小荣说，老年人瞌睡短，婆婆经常早上两三点就醒了。醒了她就起床去拾粪。本村拾完了，有时还去外村拾。拾回来就和小锁一起用船运上山，一捧捧埋到树下。

因为隔着一道水，从水库南边的山上回家更难些。所以，母子俩中午很少回家，午饭就吃随身带着的干粮。为了有个临时休息的地方，也为了晴天防晒、雨天避雨，小锁在山坡上又修起了第二座小石屋。

十二

靳月英方方面面的事迹传遍全国，感动了很多人。有不少单位组织干部职工实地来考察学习、接受教育。

很多人来到靳月英家却找不到老太太，因为老太太多半还在山上忙碌。

今天，老太太再也举不起镢头、挑不动水了。但她最喜欢的事情就是上山看树。她说，树有根才能扎进土、才能活、才能长高长大。而她的根，就是太行山上那一株株苍翠的树木。

靳月英老了，她的后代却一辈辈成长起来。她的一家，已经五代同堂。除最小的一代尚未成年外，其他人个个都是种树能手。重孙冯超 1987 年出生，如今已经是黄洞乡的副乡长了。从记事时起，冯超就经常帮祖奶奶上山垒石堰、从水库提水浇树。如今，他在乡里主管扶贫工作。2019 年，他带领全乡群众栽种花椒、核桃、李子、蓝莓、梨、仁用杏等经济林 7000 余棵。目前，全乡花椒发展到 3772 亩、核桃发展到 965 亩、仁用杏发展到 133 亩，数千贫困人口因发展特色林业种植而脱贫致富。

冯超说，要让山区绿起来、美起来、富起来，就必须以咬定青山不放松的坚韧，大力推动造林绿化，为高质量发展打上亮丽的绿色底色。

靳月英是无数太行儿女的杰出代表。她自觉自愿投身造林绿化，与国家推动太行山绿化的行动不谋而合：太行山绿化工程也于 20 世纪 80 年代启动。工程启动以来，太行人民沿着更绿色、更健康、更和谐的道路砥砺前行，奋力书写太行山生态修复的壮丽诗篇，全省太行山区共完成造林 200.7 万亩，太行山区森林覆盖率从 7.5% 增加到 21.48%，工程区水土流失面积从 1994 年的 255.9 万亩锐减到 2013 年的 162.15 万亩。

在英雄的太行人民的共同努力下，太行山由贫瘠荒凉变得苍翠葱郁，“爱绿、植绿、护绿”、崇尚自然、保护生态的社会氛围逐步形成。

当前，“一场新时代河南国土绿化的人民战争”已经打响。河南人民正阔步迈向“五年增绿山川平原，十年建成森林河南”的宏伟目标。

社会评价

靳月英是个农民，更是一个党员。打 61 岁不再当村干部开始，她带领亲人、左邻右舍在南太行开了 8 架山 19 面坡，整理山地 110 多公顷，栽下 21 万株绿化树、2.2 万株经济林。靳月英的一个鲜明特点是，时刻不忘自己是一名党员，时刻不忘以党员的标准要求自己。她相信党、跟随党，党需要她做什么，她就积极做什么；党号召做什么，她就积极做什么。年轻时，她是支前模范；新中国成立后，她是劳动模范、拥军模范；年老了，她是教育模范和绿化模范。她做了那么多事，但永远不变的，这些事都是党的要求、人民的呼唤。靳月英老了，她的后代却一辈辈成长起来。她的一家，已经五代同堂。除最小的一代尚未成年外，其他人个个都是种树能手。靳月英是无数太行儿女的杰出代表。她自觉自愿投身造林绿化，与国家推动太行山绿化的行动不谋而合。在英雄的太行人民的共同努力下，南太行由贫瘠荒凉变得苍翠葱郁，“爱绿、植绿、护绿”、崇尚自然、保护生态的社会氛围逐步形成。

靳月英是太行山绿化的名人。1995年前后，太行山绿化刚刚大规模兴起不久，我就采访过老人。回来后，我没写新闻报道，而是写了篇散文《太行酸枣》，发表在《中国绿色时报》副刊。那时，《中国绿色时报》还叫《中国林业报》。

如今，她97岁了。采访如此高龄的老人，在我还是第一次。

我是怀着看望亲人的心情进行这次采访的。去她家之前，我买了些水果、牛奶、糕点，有点儿像是走亲戚。

去之前，我一直在想这个问题：什么是太行山的性格？什么是太行人民的性格？——愚公移山的故事、红旗渠的故事、郑永和的故事、靳月英的故事，统统发生在这方圆不出百公里的南太行。这些故事，能代表太行山和太行人民的性格吗？

我的结论是：能！

太行山壁立千仞，自然条件恶劣。面对恶劣的自然环境，太行人民自古就以顽强和坚韧与大自然展开艰苦卓绝的斗争，从而有效改造了环境，创造了美好的生活。

靳月英的事迹，正是这种精神的折射与反映。

当前，河南人民正在展开一场声势浩大的国土绿化“人民战争”。河南省委、省政府提出，要用最严格制度最严密法治保护生态环境，统筹推进山水林田湖草综合治理、系统治理、源头治理，大力推进国土绿化提速行动，着力构建“一核一区三屏四带多廊道”生态屏障，铁心铁面铁腕打好蓝天、碧水、净土保卫战，全面加强沿黄生态保护，建设天蓝地绿水清的美丽河南。

新时代呼唤靳月英这样具有“蚂蚁啃骨头”精神的新英雄，也必然创造和涌现更多这样的新英雄！

——河南省林业局宣传办　柴明清

（图文：柴明清；视频：周喜军、王清江）

庞祖玉

我是党员，虽然退休了，但党员本色不能退。自己对党对国家没什么贡献，党和国家却给了我这么高的荣誉，感觉到很惭愧，自己应该多做一点工，对党对人民要对得住，白领工资不好。/什么是劳模？劳模就是不怕苦！劳模就是遇到苦就感到浑身有劲！/我虽然老了，但是我不能给组织添麻烦，我还能自食其力，还可以为大家做点好事，这样自己也感到很开心。

庞祖玉 汉族，1923 年 10 月生，中共党员，广西博白人。广西农垦国有长春农场退休干部。这位有着 64 年党龄的老党员，一直坚守在博白县宁潭镇的大山深处。作为新中国第一代垦荒者，庞祖玉曾荣获首届“全国劳动模范”称号，并三次进京，三次受到毛泽东等党和国家领导人的亲切接见。为实现自己在党旗前的庄严一诺，他退休不退志、退岗不退色，结庐深山，守山如命，义务守护国家的山林 34 载。退休后先后获得“广西创先争优优秀共产党员”“广西公民楷模十大新闻人物”“中国十大边疆杰出人物”“全国优秀共产党员”等荣誉称号，用信念和坚守书写共产党人的崇高境界，被当地群众称为活着的“杨善洲”。2019 年 7 月 17 日，庞祖玉在巡山行至长排岭附近时，不幸跌倒与世长辞，享年 96 岁。

一位耄耋老人的护林人生

——记“新中国第一代垦荒者”庞祖玉

青山不语，苍天含泪。

2019 年 7 月 17 日 15 时，庞祖玉在巡山行至长排岭附近时，不幸跌倒与世长辞，享年 96 岁。

头上一顶草帽，右手一把镰刀，两条黄狗穿梭前后……一位身影瘦削的老人曾在这片山林里走了 34 年。

这样的场景，在云雾缭绕的云开大山高岭里无数次瞬间定格，俨然电影《那山 那人 那狗》中令人难忘的动人画面。34 载寒来暑往，96 岁的老共产党员、广西农垦国有长春农场退休职工庞祖玉年复一年、日复一日默默地用双脚走出自己别样的护林人生。

■ 庞祖玉老人在巡山

“应该多做一点工”

1985 年，庞祖玉退休了。

退休后的庞祖玉，本可以同正常人一样享享清福。他和老伴每月的养老金加起来有 3000 多元。在农场的住宿区，农场为他优惠供应了一套近百平方米的单元套房。家里一个儿子两个女儿，大女儿在行政部门工作，二女儿在一家大型宾馆做主管，儿子也在农场工作，还在长春街上自建有 3 层小洋楼。

人退休了，但庞祖玉火热的心却没“退”下来。他常对人说：“我是党员，虽然退休了，但党员本色不能退。自己对党对国家没什么贡献，党和国家却给了我这么高的荣誉，感觉到很惭愧，自己应该多做一点工，对党对人民要对得住，白领工资不好。”

庞祖玉把荣誉当作责任，把党的关怀当作动力，从退休之日起，一直坚持到原 3 队片区为农场义务管护 1500 多亩山林。

不管是刮风下雨，还是酷暑寒冬，每天巡山 2 公里以上，9800 多个日日夜夜从不间断。27 年巡护的山林路途，相当于绕地球赤道半圈，走完 1.5 个万里长征。

每天早上 6 点庞祖玉起床，煮点东西吃，天朦朦亮，就带着一瓶水、一把弯镰刀、一根柴棍，背着一个小编篓，带上自己的伙伴——两条小黄狗，开始了一天的巡山。

他从高岭出发，一路上走过长岭、牛学岭、大窝……然而，这片再熟悉不过的山岭对他来说，却是“步步惊心”：巡守在山林中，遇到毒蛇毒虫是常事。荆棘丛生，一遍山路走下来，手足经常被擦伤。遇到雨天，泥泞的山路常常让人摔倒好几次。一次，在外打工的儿子进山探望老人时，看到老父亲被摔破的膝盖，专程跑到圩镇上买了一双高筒雨靴。从此，不管天冷天热，庞祖玉都穿着这双心爱的雨靴巡山。他告诉记者，穿着高筒雨靴不仅可以防刺伤脚、防滑倒，而且很耐用，走起路来也有劲。粗算下来，庞祖玉平均每年就得穿烂 2 双高筒雨靴。

巡山守林，主要是防火、防盗。2016 年前的一天中午，庞祖玉巡到半路，发现山上果林起火，纵火人是附近村子的一个精神病患者。发现火情后，他立即给场部打电话报警，场部的干部职工闻讯组成 100 多人的队伍赶来救火，及时扑灭了蔓延到 3 个山头的大火，附近山头 500 多亩经济林得救了。

说起防盗，庞祖玉忍不住自豪地说："有我在这里，没人敢放胆来偷砍林木！"以前农场种橡胶树时，常有一些村民前来偷砍，庞祖玉进山巡山时每逢遇到村民，就宣传政策、法律，教育村民爱护林木，因而周边的村民个个认识庞祖玉，对这位老生产队长也非常敬畏，因而在他义务守林的 27 年间，几乎没有发生过偷砍农场林木的现象。

最近几年，场里种了速丰桉，让一些外人蠢蠢欲动。有一次，庞祖玉在巡山中发现有人盗砍树木，马上上前制止。原来盗砍者是附近村子门楼坡屯的一名吸毒者。吸毒者为了阻扰庞祖玉巡山护林，就趁庞祖玉巡山多次偷摸到高岭偷东西，想让庞祖玉知难而退。有一次偷了 600 元，有一次偷了 9 只鸡，几次都撬坏了门锁。庞祖玉得知后决定开始养狗，有了狗，才让这个吸毒者最终放弃了偷盗林木的打算。

如今，1000 多亩速丰桉郁郁葱葱，1000 多棵果树花果飘香，为单位创造了至少 1000 多万元的直接经济效益。单位为了感谢他，多次要给他补助，他都坚决谢绝了。

"遇到苦就感到浑身有劲"

一个退休老人独自结庐深山，要面对和克服的各种艰辛是常人难以想像的。

一座面积不足 30 平方米的红砖小屋，一床黑旧的蚊帐和被褥，一张木桌，一张木床，一盏煤油灯，一个水烟筒，一个简易的伙房。这就是庞祖玉在高岭的家。

一碗白糖粥是每天的早饭，一份咸菜炒猪肉就着干饭就是午餐。晚上没有“节目”，天一黑，就早早上床休息。这就是庞祖玉一天的伙食和娱乐。

面对困难，这位有着钢铁般意志的“老楷模”就一句话：“什么是劳模？劳模就是不怕苦！劳模就是遇到苦就感到浑身有劲！”

1924 年 6 月，庞祖玉出生在博白县亚山镇一个普通的农民家庭。新中国成立前，庞祖玉给地主家做长工。新中国成立后，庞祖玉成为新中国第一代垦荒者，先后在广西农垦国有红山农场、长春农场工作。

自 20 世纪 50 年代初开始，百废待兴的新中国掀起了垦荒大潮。获得新生、正值壮年的庞祖玉满腔热情地投入了当地军管农场的垦荒运动，并很快成为当地知名的劳动能手。

火红的农垦生活，让庞祖玉写下了自己人生最辉煌、最自豪、最留

庞祖玉家里十分简陋

恋的一页，也深深影响着他的立身之本。庞祖玉常常挂在嘴上的一句话："不管在什么岗位，不管干什么工作，干，就要干好。"

1955 年，庞祖玉光荣地加入了中国共产党。他怀着朴素的感情，把对党的无限热爱融入到垦荒种橡胶工作中。在开垦梯田种植橡胶生产劳动中，他独创的"上挖下垒"法使劳动效率提高了 1/3，并被广泛推广。他挖坑种橡胶的效率比别人高 1/3，流的汗自然比别人多；中午人家休息，他还挑水上山淋橡胶……由于表现突出，1956 年，他被评为"全国农业水利先进工作者"，赴京开会。1957 年，庞祖玉被评为首届"全国劳动模范"，受到毛泽东、周恩来、刘少奇等党和国家领导人的亲切接见。1959 年，庞祖玉被评为广西农垦系统积极分子，赴京参加国庆十周年观礼会；10 月 1 日，他受邀登上天安门观礼台，与毛主席握手合影后，观看了新中国成立 10 周年庆典。

三次上京，三次受到毛主席等党和国家领导人的接见，对于农家子弟出身的庞祖玉来说，这是莫大的荣誉。每次一提起这些激动人心的时刻，庞祖玉的心情就难以平静。他常警醒自己，要好好做人，踏踏实实工作，千万不要玷污共产党人的名声，一定要对得起党和国家。

在荣誉面前，他本有"当官"的资本，但他没有向组织伸手，没有给组织添麻烦，更没有在荣誉的光环中迷失自己。组织多次想提拔他，他却一次次婉拒。他是农场 3 队的队长。11 年过去了，直到退休他还是农场 3 队的队长。农场的领导、同事们一直尊称他为"庞老队长"。

1997 年，刚退休的"庞老队长"为了建起"高岭"的家，用自己微薄的工资分批购买砖瓦，连续 6 个月的不懈努力，终于把砖瓦凑了起来。由于砖瓦只能运送到山脚，离建房选址地还有 200 多米的山路，老人家硬是用自己瘦小的肩膀一担担把砖瓦挑上山。

一天大雨倾盆，山路又滑又湿，庞祖玉挑着满满一担火砖刚爬到半山腰，突然双脚打滑，连人带砖滚下了山。其中几块砖头砸中了庞祖玉的左腿，鲜血直流。由于疼得厉害，庞祖玉一度昏厥过去，在半山中淋着倾盆大雨足足躺了 2 个多小时。

2006 年，博白发生百年一遇大洪水。庞祖玉在巡山时遇到雷雨，他在山上的工棚里避雨，一天一夜下不了山。第二天，庞祖玉回到高岭，高岭的简易厨房被泥石流冲垮了，米没有了，水没有了，出山路被洪水淹没，庞祖玉只得靠寻找野果充饥。

为了驱赶巡山路上的孤独，庞祖玉在巡山时顺便砍扫把杆。庞祖玉把扎好的扫把，便宜卖给邻里乡亲，甚至送给附近的学校。2009 年 7 月 12 日，庞祖玉从山上挑扫把去长春学校，在出街路段不幸被摩托车撞成重伤，右边胳膊至大腿鲜血直流，当场昏迷，送至长春农场医院急救 3 天后才转危为安。

可 3 天后，他又溜出医院上山了。原来 50 分钟的上山路，这一次他却艰难地走了 2 个多钟头。

“我还可以为大家做点好事”

庞祖玉一生勤俭。

当地村民说，庞祖玉从来不乱花钱，但对特困户、五保户和孤寡老人等弱势群体，却毫不吝啬。几十年来，他把自己种的木薯、红薯和芋头等物，赠送给贫困户达 700 多户，帮助贫困村民的资金达上万元。有些人说他“傻”，他却乐呵呵地说：“大家都是乡里乡亲的，应该相互帮忙。”

1998 年 5 月初的一个早上，庞祖玉在巡山途中看见一个十一二岁的小男孩在山上砍柴。他好奇地上前问道：“小朋友为什么不上学？”小男孩眼含泪水地答道：“家中老奶奶生病花了很多钱，爸爸妈妈叫我不上学了，在家砍柴卖挣点钱。”庞祖玉用手轻抚着小男孩的头，慈祥而又认真地对小男孩说：“不读书没文化可不行，我最吃亏的就是没机会读书学文化。你这么小就不读书，以后怎么立足社会，怎么建设国家？这样，从今天起你继续去上学，我帮你砍柴，把卖柴得的钱都给你，你每个周末到我这里拿钱回去给家里，就说你是用周末砍柴挣的钱。但是，这事要保密，不能告诉别人。好不好？”懂事的小男孩却一个劲地摇头不同意。庞祖玉用命令式的口气对小男孩说：“就这样定了，你明天就去上学！”此后连续 3 年多的时间，庞祖玉把砍柴挣的钱全部送给那位小男孩，直到考上中学。如今，当年的小男孩已经大学毕业，在首府南宁一家外企担任要职。每次回家，总要带着礼物上山看望庞祖玉老人，表达自己的谢意。

庞祖玉一家生活起初并不富裕，但庞祖玉从不向组织提出任何要求。他常常对孩子们说：“人可以穷一些，但绝不能没有骨气。”庞祖玉一生勤俭节约，平时很少下山，偶尔趁圩日下山买点米、肉等。生活用水来自山下原 3 队的一口山泉，都是靠老人自己用水桶挑上来。山上没有电，晚上照明就依靠一盏小煤油灯和一支手电筒。

巡山时，他看到扫把草就收割、晒干，做成扫把，扫把扎多了，选个街日挑到街上卖。场里干部职工有时在街上见庞祖玉卖扫把，就买些

■ 庞祖玉巡山回来休息

猪肉给他。镇上居民说，庞祖玉做的扫把价格比别人的便宜一两元钱，大家都抢着买。有居民佩服他的为人，暗地里多付了几元钱，他发现后就在下一次街日上门退回去。有时，他干脆不卖，直接送给学校。

“我虽然老了，但是我不能给组织添麻烦，我还能自食其力，还可以为大家做点好事，这样自己也感到很开心。”庞祖玉对记者说道。

庞祖玉有着良好的人缘和威望。附近一位黄姓群众生前经常到庞祖玉居住的高岭下护理龙眼树，庞祖玉一有空就帮助他。他很是敬佩庞祖玉，辞世前叮嘱儿孙：在他死后一定要把其安葬在庞祖玉守林的高岭对面，这样日夜有庞祖玉与他作伴，他就不会感到孤独。2018 年年底，这位黄姓群众病逝，儿孙真的按照老人生前的心愿将其埋葬在庞祖玉那间草庐的对面，阴阳虽相隔，情义重如山。

庞祖玉结庐深山巡山不止的事迹一经媒体报道，各级领导纷纷前往探望和慰问庞祖玉。2012 年 2 月，中共博白县委员会作出了《关于开展向庞祖玉同志学习活动的决定》，要求全县广大党员干部要认真学习庞祖玉的奉献精神。3 月，中央电视台《乡约》栏目走进博白，县委特地邀请了庞祖玉进城参加节目采访。

组织的关怀爱护，让老党员感到无比的温暖。“我是一个普普通通的党员，只是在做一些自己力所能及的一点事。而党和国家给我很多荣誉，给我和我家人很多关怀和照顾，自己只要活着还有一口气，就要为党、为国家、为人民做点事情。”庞祖玉深情地说。

“老党员庞祖玉的奉献精神，让我们很感动，是我们农垦系统的一笔可贵的精神财富。”农场副场长刘伟荣说。在老劳模精神的感召下，庞祖玉的儿子庞伟东和场里 10 多名职工，主动加入义务巡山行列。

庞祖玉坚守的是 1500 亩山林，坚守的是一个共产党人的精神高地，坚守的更是心中那片绿色的希望。他没有惊天壮举，没有豪言壮语，但这位走上巡山路时头戴草帽，手提弯刀，肩挑柴棒，带着小狗，哼着老红歌的老党员、老劳模，高山仰止。

社会评价

96岁的老党员庞祖玉倒下了，他没有倒在安逸的退休生活里，没有倒在过往的荣誉里，而是倒在了34年日复一日的义务巡山路上。

一位有着64年党龄的老党员、1956年的“全国农业水利先进工作者”、第一届“全国劳动模范”、“全国优秀共产党员”……在一般人看来，这样一位为新中国农垦事业倾尽半生汗水、立下赫赫功勋的模范人物，退休之后于情于理都应该停下来歇一歇脚，享受较为舒适的晚年生活。然而对于一位真正的共产党员来说，工作岗位可以退休，先锋模范意识却不能退休，为党和国家事业不断拼搏进取、不断砥砺前行的道路不能停歇。

庞祖玉同志用他的一生，践行了共产党员牢记初心使命、不断自我革命的精神。一条巡山路是平凡的，但中华民族伟大复兴的道路恰恰是由无数平凡之路汇聚而成。在这条道路上，引领我们前进的正是千千万万像庞祖玉一样跨越风雨、坚守信念、默默赶路的人们。他们的生命也许会有休止，但他们的精神永远在路上。

有人说，庞祖玉坚守的是1500亩山林，给国家创造了几千万元的巨大财富。

有人说，庞祖玉坚守的是共产党人的精神高地，给党旗添加了光彩。

有人说，庞祖玉坚守的是心中那片绿色的希望，给老百姓树立了时代楷模。

其实，他没有惊天壮举，更没有豪言壮语。

每天头戴一顶草帽、肩扛一根柴棍、手执一把弯镰刀、唱着歌儿，与山林作伴，与风月相知。

独居大山，工作生活也在不通水、不通电、不通公路的深山，庞祖玉始终无怨无悔，以苦为乐，坚持自力更生，在自己解决生活困难的同时，还力所能及地帮助他人。

2012年第一次采访庞祖玉，当时他88岁的高龄已经让我心生无限钦佩和感叹。跟随他简单走了一段巡山路，由于我听不懂白话，只能默默跟在后面走。彼此没有太多的沟通，却一直深深记得这短短的20多分钟。如今，那位走上巡山路时头戴草帽、手提弯刀、肩挑柴棒、带着小狗、哼着红歌的老党员成了永久的回忆，也是最难能可贵的精神财富。

——广西壮族自治区林业局办公室　张雷

（文字、视频：张雷；图片：蒋卫民）

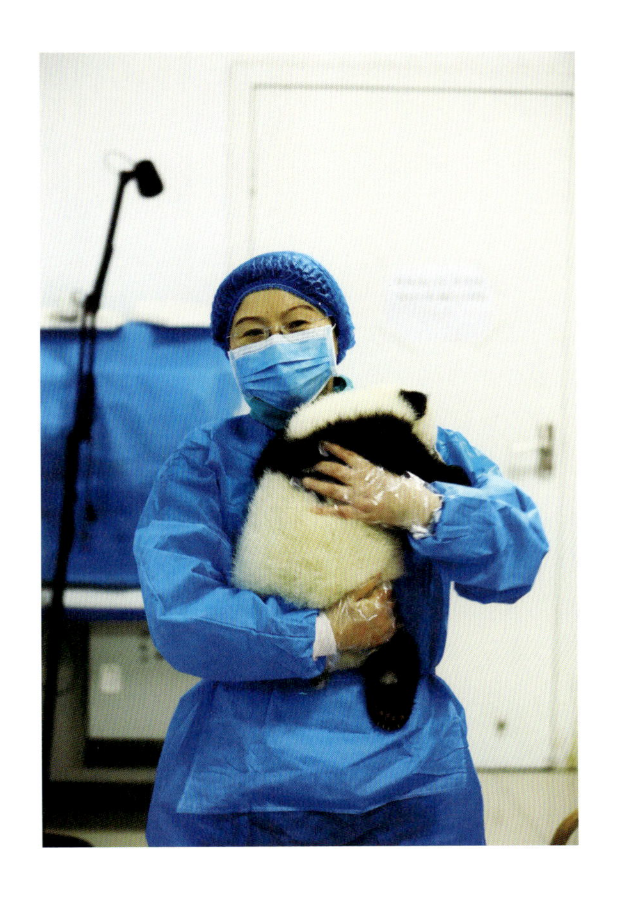

侯蓉

对我来说，大熊猫就是我的另一个孩子。我最宝贵的青春年华，都奉献给了这个事业。我花了太多太多的心血在里面，我看到这个一点点在改变，我看到大熊猫在变好，就像看到自己的孩子在成长一样。

侯蓉 汉族，1968 年 5 月生，四川芦山人，中共党员，第十二届全国人大代表，研究员。1994 年毕业于四川农业大学预防兽医学专业，现任成都大熊猫繁育研究基地动物保护研究中心主任，享受国务院特殊津贴，兼任濒危动物繁殖与保护遗传四川省重点实验室常务副主任、中国动物繁殖学会理事。主要从事大熊猫等濒危动物的保护生物学研究工作，主持国家、省、市等各级科研项目 30 余项，获得省部级科技成果奖励 5 项、市级奖励 10 项；参编专著 3 部；获得国家发明专利 13 项，其中 4 项发明专利为第一发明人；发表及交流学术论文 60 余篇。2014 年获四川省科技进步一等奖。2019 年获“绿色生态工匠”荣誉称号。

黑白色调里的彩色人生

——记“绿色生态工匠”侯蓉

当一名熊猫“妈妈”，是怎样一种人生体验？照顾“国宝”20余年，又积攒了多少不一样人生阅历？

“一段激情燃烧的岁月。”全国人大代表、成都大熊猫繁育研究基地研究中心主任、四川省濒危野生动物保护生物学重点实验室常务副主任侯蓉，用这样一句话，为自己的大熊猫保护生涯做了概括。

自参加工作以来，侯蓉连续当选第十一届、第十二届和第十三届全国人大代表；成为享受国务院特殊津贴专家；是第十批成都市有突出贡献的优秀专家；当选四川省劳动模范、成都市劳动模范；入围四川省学术和技术带头人后备人选……

在与黑白国宝二十余年的互动中，侯蓉也书写了自己彩色的职业生涯。

■ 侯蓉正在做实验

攻坚：克服大熊猫保护关键繁育难题

成都大熊猫繁育研究基地位于成都北郊，是一处与杜甫草堂、武侯祠、金沙遗址齐名的所在，2018 年，来到这里观看大熊猫的国内外游客超过了 750 万人次。

为熊猫基地带来盛名的，当然是园区里面一只只憨态可掬的国宝，而能够以一个园区的力量圈养这么多大熊猫，离不开侯蓉这 20 多年来的努力。

外界常把侯蓉称为“熊猫妈妈”，除开她对大熊猫的悉心照料，这个称号，更多的是肯定侯蓉在大熊猫保护和繁殖上所取得的一系列成就。

时光退回到 20 世纪 90 年代，当时的人工圈养大熊猫有三个难题：发情难、配种难、幼崽存活难。当时的业内也一直有个声音：大熊猫就是三难动物。刚参加工作来到熊猫基地的侯蓉，和同事们面临的就是这样一个情况。

成都动物园 1980 年时取得了大熊猫冷冻精液人工授精的成功，这在全世界是第一次成功。成都熊猫基地在 1987 年创立后，也开始不断地扩充大熊猫精子库。侯蓉记忆最深的，是 20 世纪 90 年代中期发生的一次“精子荒”，“我们大熊猫繁育研究基地连续 20 余年时间一直没有在野外获得大熊猫的精子渠道和来源，全靠当时大熊猫大面积竹子开花抢救的几个个体进行繁殖。”侯蓉说，当时的情况，一方面是饲养的雄性大熊猫不能进行自然交配，采精也采不出来；另一方面，库存的精液非常少。

侯蓉和同事们针对这一情况，一直高度重视大熊猫基因资源的收集、保存。开始特别注意大熊猫基因资源保存工作，这几十年来，在不影响雄性大熊猫自然繁殖的前提下，大家尽可能地采集精液库存。如今，经过几十年的积累，精子库内的数量有大幅度的增长，再配合这些年对大熊猫的精液冷冻方法进行的很多探索和改进，现在库存的大熊猫精子的质量比过去也有了大幅度的提高。

值得一提的是，团队利用精子库繁衍了很多大熊猫的后代，不仅是成都大熊猫繁育研究基地，也帮助了别的机构，包括兰州动物园等。侯蓉和同事还从日本获取了大熊猫“永明”的冷冻精液带到成都，虽然它没有在成都，但是也成功繁殖了它的后代。而另一只叫“振振”的大熊猫，个体已经死亡了，但是通过冷冻精液也成功繁殖了后代。

侯蓉一直以来的工作风格就是既有冲劲儿也有干劲儿。在她和同事们十余年的努力下，发情难、配种难、幼崽存活难这三个难题，如今已经不再困扰从事大熊猫保护事业的工作者了。“其实我们回过头去看三难问题，会发现有的时候并不是动物本身的问题，而是我们的工作没有做到位，对动物的基本规律没有了解清楚。”侯蓉拿大熊猫发情难的问题作了举例，并不是大猫本身的发情困难，而是过去采用了不合理的饲养管理方式，导致了大熊猫的健康出了问题，出现了发情困难的状况。

“到现在为止，在改进了大熊猫的饲养方式之后，特别是改进了营养策略以后，我们现在 90% 的育龄期的大熊猫都能正常发情。”侯蓉说。

而针对大熊猫配种难的问题，侯蓉和同事在多年研究后，也发现实际上配种难同样是多方面的原因，包括对动物的很多规律并没有搞清楚，比如说大熊猫的排卵规律、怎样培养能够自然交配的雄性大熊猫等。

在幼崽发育难方面，过去比较普遍的做法就是对幼年的大熊猫实行早期断奶，“而现在这些方面通过多年的研究有了进一步的深刻的认识，对于过去做得不合理的情况进行了矫正，同时也发现了一些新的东西。”侯蓉说，现在的大熊猫繁殖和养育对比过去有了很大的进步，在 1990 年以前所有被大熊猫母亲抛弃的幼崽几乎无法存活，在 20 世纪 90 年代，成都首先发现了怎么样把双胞胎幼崽抚养成活的方法，这个方法获得了当年的国家科技发明二等奖。现在这个方法已推广全球，世界各地都在使用这个方法来抚养双胞胎的幼崽。

数据是最好的证明。这些攻坚成果已经在国内外得到广泛应用，并在熊猫基地率先建成了206只成都大熊猫人工繁育种群（截至2019年年底），仅2006—2017的12年时间，繁育成活150只大熊猫，种群增长了300%，建成184只大熊猫人工繁育种群。

科研：全面推进大熊猫保护事业发展

自1994年作为优秀毕业生分配至成都大熊猫繁育研究基地工作至今，侯蓉在大熊猫繁育、实验室建设、大熊猫基因资源库的建设上潜心工作，作出了重要贡献。

保护好大熊猫，搞好科研是最重要的一环，侯蓉太清楚其中的意义。“问题、创意、样品、能力、协作。”侯蓉在科研中非常注意总结濒危野生动物研究和保护的规律，创新提出了开展濒危野生动物研究的五要素。

“不能让研究仅仅停留到争取项目、发表论文、追逐研究热点上。必须始终清醒认识到开展濒危野生动物保护研究的重要性，始终坚持问题为导向，以解决问题为最终目标。”侯蓉的话掷地有声。

侯蓉把这样的科研理念传递给了熊猫基地的伙伴们。她鼓励科技人员要耐得住寂寞，真正作出能切实促进保护的研究成果。也正因为秉持这种理念，她在保护大熊猫的路上，一走就是20多年。

四川省濒危野生动物保护生物学重点实验室是四川省首批重点实验室，2007年成为科技部与四川省共建的国家重点实验室培育基地，2011年建成国际科技合作基地，该实验室还为大熊猫等濒危物种的保护研究提供了能与国际接轨的研究平台和人才培养基地。而这个大名鼎鼎的实验室，就是侯蓉克服了缺乏人手、后勤保障困难、交通不便等困难，从无到有创建的，她直接负责并参与了全过程。

同时，侯蓉先后主持国家、省、市等各级科研项目30余项，获得省部级科技成果奖励5项、市级奖励10项，作为第一主研的成果“大熊猫繁殖生物学与保护遗传学研究及应用”获得2014年度四川省科技进步一等奖；获得国家发明专利12项，其中4项发明专利为第一发明人；发表及交流学术论文60余篇。

用同行的话说，侯蓉的这些研究成果，“原创性地解决了大熊猫饲养、繁育、种群质量建设与遗传资源保存等关键技术难题，引领大熊猫保护事业的技术进步”。

侯蓉的脚步并没有停歇，在她的办公室里，堆满了各类资料，她总是及时学习国际最新科研动态，组织制订并及时调整研究规划，引导科研人员的各项研究工作。这些年来，她发展完善了大熊猫繁殖技术体系，发现大熊猫排卵新规律，建立了大熊猫适时配种新技术体系，获得6项国家发明专利。大熊猫一年仅一次排卵机会，如何准确抓住大熊猫的排卵时机是大熊猫繁殖的关键技术难题，围绕大熊猫的排卵规律并优化大熊猫繁殖技术，她耐住寂寞持续开展了十余年研究，将大熊猫的适时配种时间从过去的5天逐渐缩短至6小时；她用十余年时间不断总结经验，不断优化大熊猫的精液采集、精液冷冻技术，提高了大熊猫的繁

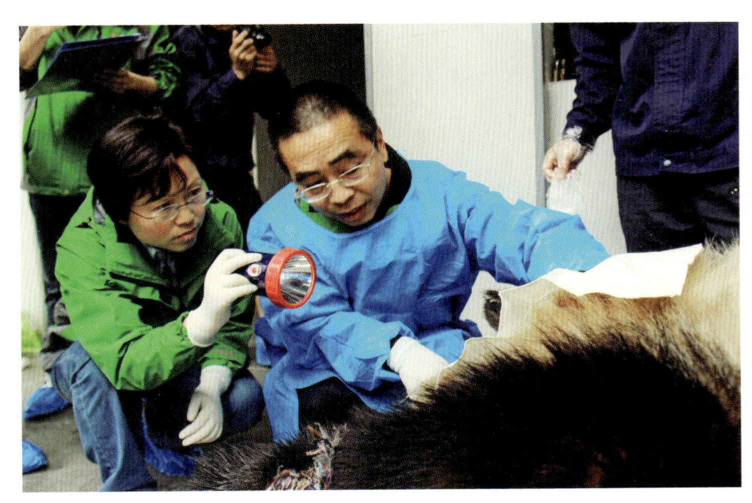

■ 大熊猫人工授精

殖效率；消化道疾病曾经是威胁圈养大熊猫最为严重的疾病，所有圈养大熊猫均出现频繁排黏液便现象，频率可高达 39 次 / 年，而“营养不良综合征”发病率高达 15%，患病个体发育停滞，丧失繁殖能力，反复慢性腹泻，早期夭折，2000 年以前大熊猫年均死亡率高达 10% ~ 12%，而该病是导致大熊猫夭折的威胁中最严重疾病。

与此同时，她在牵头调查导致大熊猫出现死胎以及流产的原因中发现，不合理的饲养和添加剂是重要因素，由此大胆提出改变延续了几十年的传统“高精料低竹子”的饲养方式，建立大熊猫“高竹类低精料”饲养方式，采用颠覆传统的饲养方式后，大熊猫的健康状态得到显著改善，黏液便的发生频率极显著下降，再无新增“营养不良综合征”病例出现，解决了严重危害大熊猫健康与频繁排黏液便的问题；侯蓉负责并具体实施了大熊猫基因资源库的建立，建成了国内外最大的大熊猫细胞库、精子库，首次建立了大熊猫干细胞库，为大熊猫珍贵遗传资源的保存探索了一条新路。同时还将这一大熊猫基因资源库的经验和技术推广

侯蓉研究员指导研究团队

到我国特有濒危野生动物的保护上，建立了包括金丝猴、华南虎、斑鳖、中国特有猫科动物等多种中国特有濒危野生动物基因资源库。

专注加上坚持，侯蓉的成绩是有目共睹的。这些成绩的取得背后是侯蓉克服重重困难，持续 20 余年的默默努力和奉献。侯蓉在创建研究中心之初，面临缺人、缺乏后勤保障、缺乏学术领路人等困境。在创建研究中心之初，侯蓉刚刚研究生毕业两年，而加上她所在的团队也仅有 2 名技术人员、1 名工人，没有团队，没有学术领路人，没有实验室，整个基地也仅仅只有一台电脑，而事情却千头万绪。

她手绘了实验室改造方案、手绘设计了实验台；面对没有公交，单位无车的交通和后勤保障困境，为了筹建实验室她长期搭乘三轮车、骑自行车进城；面对缺人困境，她自己一寸一寸反复擦洗实验室无菌间地板。她为了带领研究团队成长，毫无保留培养年轻人，创造各种条件促进团队的成长。作为一名研究人员，她身体力行，保持终身学习的工作态度，为研究中心同事树立了榜样。她中学到大学学习的外语为俄语，从未学习过英语，工作后为了适应工作需要，并努力与国际研究接轨，她努力自学英语，现在已经完全可以用英文自由交流。为了开展大熊猫繁殖技术研究，她长期加班，尤其在大熊猫的春季繁殖季节，常年的加班以及常年的高压工作状态，她患上了十二指肠多发性溃疡、颈椎病和腰椎病，对此她无怨无悔。

传承：保护为轴 绿色发展

德国当地时间 2019 年 12 月 9 日，德国柏林动物园举行了成都旅德新生大熊猫双胞胎的百日庆典暨命名仪式，这对大熊猫双胞胎兄弟被命名为“梦想 (Meng Xiang)”“梦圆 (Meng Yuan)”，它们的名字寓意着心想事成、梦想成真。活动的成功举办，也进一步增强了中德两国人民之间的深厚友谊。

时光轴往前推 2 年,2017 年 6 月 24 日，时值中德建交 45 周年之际，成都大熊猫“梦梦”“娇庆”从成都大熊猫繁育研究基地出发，前往德国柏林动物园，正式开启了中德双方大熊猫国际科研合作。

2019 年 9 月 1 日，大熊猫“梦梦”顺利产下一对双胞胎熊猫幼仔，这也是中德大熊猫国际合作历史上首次迎来大熊猫新生幼仔。

大熊猫保护并不是熊猫基地自己的事，酒香，一定要飘到巷子外面去。侯蓉的方法是做好传承：技术的传承、文化的传承。“大熊猫保护和其他濒危野生动物保护原理是相通的，大熊猫保护上的思路、经验、技术可以为我国其他濒危野生动物保护提供参考。”侯蓉的思路非常清晰。

她不断加强国内外学术交流，组织人员参加国内外多种培训交流，希望能全方位提升全球大熊猫保护科研人员的能力和水平。在侯蓉的大力助推下，熊猫基地已经在日本建立了最大的大熊猫海外种群。截至 2019 年，成都大熊猫繁育研究基地已先后与 17 个国家和地区开展大熊猫科研合作交流，目前正与日本、美国、西班牙、法国、加拿大、德国、丹麦等 7 个国家进行长期大熊猫国际合作科研繁育项目。由熊猫基地提供技术支持的境外机构，以仅占 1/3 的种群繁育了境外 2/3 的大熊猫，达到 34 只，是迄今境外繁育大熊猫成活率最高的机构。

值得一提的是，目前熊猫基地所参与的所有大熊猫国际繁育合作研究的国家和地区的适龄大熊猫都已成功产仔。同时，大熊猫种群质量建设得以实施，使大熊猫建群者遗传贡献严重偏畸的状况开始得到矫正，种群质量出现好转，促进实现了“建立大熊猫可自我维持迁地保护种群”发展目标。

侯蓉非常注意不同研究方向研究团队的团结协作，她认为根据不同的研究目标灵活组织各类课题组，可以系统解决某些濒危动物的保护问题。

2018 年 5 月，一条有关《鸟类“大熊猫”破壳而出》的新闻出现在国内各大网站上：在雅安蜂桶寨保护区及成都大熊猫基地科研人员的共同努力下，当年全球第一只笼养绿尾虹雉成功破壳。

绿尾虹雉是中国特有大型鸟类，国家一级保护动物，世界性易危物种。2017 年，四川省林业厅邀请成都大熊猫繁育研究基地将大熊猫保护的成功经验推广应用到绿尾虹雉的保护上。这一年绿尾虹雉成功繁育成活 5 只，创了近 10 年来最好繁殖成绩，也成为侯蓉和熊猫基地的科研团队将经验推广、传承到濒危野生动物繁殖及保护研究领域的生动案例。

除了绿尾虹雉，相关科研成果目前还推广应用到了小熊猫、华南虎、斑鳖等其他珍稀濒危野生动物的保护上。特别是小熊猫，通过圈养大熊猫繁殖育幼技术在小熊猫上的成熟运用，熊猫基地圈养小熊猫种群数已达 129 只，建成了全球最大的人工圈养小熊猫种群。“她特别强调科研成果转化与应用的重要性，目前研究中心的研究成果 70% 以上得到转化应用。”侯蓉的同事介绍说。

技术不断革新，教育和文化也要跟上。“大熊猫保护应该从娃娃抓起，从教育抓起。”这些年，侯蓉一直坚持做好教育和科普工作，她认为良好的社会氛围的作用，丝毫不亚于连着几次重大科研成果发布。

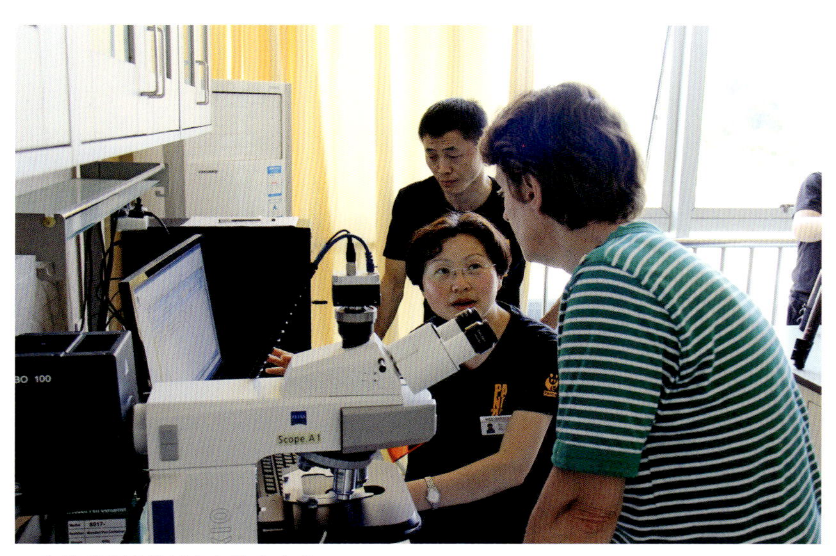

■ 大熊猫精液单层离心技术交流

■ 大熊猫身体健康检查

2019 年大年初一，熊猫基地内的“熊猫国际艺术中心”，特别推出“回望 1869——纪念大熊猫走向世界 150 周年”新春特展。展览持续时间为 1 个月，大量具有史料价值的历史照片、熊猫邮票和熊猫纪念币在本次展览集中展示。

大展仅仅是文化传承的一个侧面，近年来熊猫基地围绕大熊猫文化开展了大量工作，出品或联合出品了“中国大熊猫全球艺术巡展”“熊猫与世界——中国大熊猫文化艺术巡展”“成都国际熊猫音乐节”“熊猫茶馆少儿舞台剧”“熊猫童话少儿音乐剧”等原创文化艺术品牌，获得了全球民众的肯定与喜爱。

“接下来还要进一步推进立法。”2019 年 1 月 1 日，修订后的《中华人民共和国野生动物保护法》施行，侯蓉感到特别高兴，这里面有她的一份努力，因为她已经建言多年。深受鼓舞的她也决定再接再厉，通过更多的调查和研究，助力我国野生动物保护的各项法律法规不断完善。“我正在和一名高校法学教授起草全新的立法议案，建设大熊猫国家公园，需要法律同步。”说这话时，侯蓉的眼神格外明亮。

社会评价

侯蓉对大熊猫等珍稀濒危野生动物的遗传资源保存作出了重大贡献。她负责并具体实施了大熊猫精子库与细胞库的建立，建成了国内外最大的大熊猫细胞库与精子库，为大熊猫珍贵遗传资源的保存探索了一条新路。她主持完成的“大熊猫体外授精研究”，使大熊猫体外授精在世界上首次获得成功，主创的大熊猫人工繁殖技术居世界领先水平。特别是 2006 年，她克服重重困难，利用创新技术，使美国亚特兰大动物园在美国、加拿大等国专家多年努力均未取得成功的情况下，让 9 岁的大熊猫“伦伦”首次成功产下幼仔，赢得了国内外的广泛尊重，为中国赢得了荣誉，在海内外产生了强烈的反响，被美国亚特兰大动物园授予“杰出贡献奖”。

侯蓉在大熊猫研究领域的努力不仅大大增加了大熊猫种群数量，保护了生物多样性，提升了中国的国际形象；更重要的是，极大地推动了对大熊猫等濒危物种、生物多样性以及环境的保护，在国际上树立了负责任的环境大国形象。

有公众质疑有没有必要投入这么大的精力来保护大熊猫？采访时，记者和侯蓉聊到了这个老生常谈的话题。

话题虽老，但是侯蓉的回答却给了记者不少新的启发。“实际上我可以肯定的讲，这么做是非常有必要的，也是我一直大力宣传和倡导的。大熊猫的保护不仅是一个物种的保护，通过这个保护可以引领和带动别的珍稀物种的保护。”侯蓉举了不少例子，比如华南虎亲子鉴定上的应用，丹顶鹤、小熊猫等。“这几年我们在大熊猫遗传多样性保护上面建立的技术方法，实际上已经有不少推广应用到别的物种的保护上面。”侯蓉说，这只是一个方面，在另一个方面，在野外大熊猫栖息地的保护方面这个就更有说服力了，因为野外大熊猫栖息地保护区的面积特别大，实际上保护的远远不止是大熊猫，也包括栖息地内所有的物种和整个生态系统，“所以说，在濒危野生动物保护上面，总是需要一个焦点的，引起大众关注度高的一个焦点，来充当领军带头的作用。”

侯蓉的回答，配合其坚定的眼神，让人联想到了“站定望远”“谋定而动”两个词。站定，是因为清楚自己正在做什么；望远，是因为能清晰辨别未来的前进方向；谋定，则是想好了自己要做些什么来到达目的地；而动，就是已经开始大踏步的前进了。

“我们需要借助大熊猫在公众心中的影响力，来推动整个濒危野生动物的保护。除了大熊猫，再也找不到第二个物种有这样的影响力。”采访结束离开熊猫基地的时候，侯蓉的这句话仍回响在记者耳边。

——四川日报社　吴浩

（文字：吴浩；图片、视频：成都大熊猫繁育研究基地）

张阔海

父亲说，有树的地方就会有水，如果树没了水也就没了。这句话深深地刻在了我的心里。在保护森林、捍卫绿色的34年里，不忘初心、牢记使命，让全国更多的人感受阿尔山的阳光与自然的美丽。我们与自然和谐共生，代代相传。

张阔海　汉族，1963 年 1 月生，中共党员，内蒙古阿尔山人。1985 年担任阿尔山林业局第一支配备了风力灭火机的扑火队队长，从那时开始他在森林防扑火的岗位上一干就是 34 年，为保护绿水青山磨炼了钢铁一般的意志，经受住了血与火的考验，谱写了一首林区人的奉献之歌。

荣获内蒙古自治区防扑火“二等功”、防扑火“先进个人”；国家森林防火指挥部、国家林业局 2007—2009 年度“全国森林防火工作先进个人”；内蒙古自治区“五一劳动奖章”；2019 年“中国梦·大国工匠篇”大型主题宣传活动“绿色生态工匠”等荣誉称号。2012 年当选为阿尔山市第四届人民代表大会代表。

用“防火匠心”守护“绿色初心”

——记“绿色生态工匠”张阔海

83 公里绵延的绿色国境线，19 年，阿尔山林区经受住了 15 次外蒙大火的考验，真正筑起了一道抵御外火的黑色防线。

默默坚守在森林防火一线，34 年，汗水与火魔淬炼守护万顷林海的“工匠精神”。

面对火魔，面对危险，他用舍小家顾大家的那一份奉献，赴汤蹈火的那一份担当，甘于寂寞的那一份坚守，守护着那片绿意盎然的净土。

干一行爱一行　用大爱书写绿色情怀

张阔海出生在一个平凡的林业之家，1960 年，他的父亲不远万里从山东滕州投奔在阿尔山林业局的姐姐，支援林业建设。“父亲在世时经常说，生在林区，就要保护好森林，森林是我们的命。”于是，他捧过父亲的接力棒，做起了新一代“护林人”。“防火在我心中就是天大的事儿”，成为了张阔海从事防灭火事业 34 年间的“座右铭”。

张阔海与火“结缘”还要追溯到 1985 年，为了成为一名真正的扑火队员，彼时还是阿尔山林业局机修厂快扑队队长的张阔海结合实战经验，抓紧一切机会向森林扑火部队大队长和有经验的老同志请教学习。花了两年的时间，他终于从“零基础”的新人，迅速成长为可以独立带队扑灭森林火灾的“领头雁”，并调入林业局防火办，成为一名真正的扑火队员。

春秋两季是森林防火的紧要期，张阔海忙起来，一连几个月都回不了家。去年春天，从山东老家赶来阿尔山探亲的老母亲算是体会了儿子工作的辛苦和繁忙。来了 1 个月了都没见到儿子的“影儿”，着急的直接拽着儿媳妇奔去了他的办公室。到了防火办，这位 78 岁的老母亲顾不得儿子的同事们都在场，第一句话就是："你总说你忙忙忙，我看看你到底忙啥呢？咱俩都七八年没见了，你就不想妈妈呀？"然而，张阔海只能告诉老母亲，当下正处于防火紧要期，实在走不开。虽然又是心疼又是失落，老母亲脱口而出的却是："儿啊，妈妈错了，妈妈不该打扰你的工作。"提起这段往事，张阔海的眼角湿润了…… 责任，就像血液一般在张阔海心中流淌。

林区，烟点即是火情，火光就是命令。因为张阔海的工作习惯，年幼的儿子对于起烟点非常敏感。儿子上初中时的一次体育课上，全体同学听到老师的口令时都面朝前方，只有张欣宇的脑袋一直朝向侧前方，双眼还紧盯着山上的一片森林，老师疑惑地问："张欣宇往哪儿瞅呢？"他急忙说："老师，我看那边好像有烟。"回家后，张阔海告诉儿子，有时候森林里的烟雾不一定是着火，也有可能是地表反上来的气。说起儿子，张阔海的脸上露出欣慰地笑容。

■ 张阔海带领队员点烧阿尔山林区周边防火隔离带

■ 每年张阔海都带领外业人员对阿尔山施业区沟沟岔岔进行实地踏查

走进张阔海的办公室，首先映入眼帘的便是贴在墙上密密麻麻的阿尔山生态功能区地图，还有办公桌上摆着的一本一尺多厚的工作日记，翻开工作日记，每一页都写得工整、详细，全是他的工作心得和当天情况的记录。熟悉张阔海的人都知道，他每天都要完成两个“任务”，雷打不动，那就是写工作日记和看天气预报。写工作日记这个习惯始于1988年，他正式调入防火办的那一天。“人们可能会记得几天前做过的事，但时间久了就容易忘了。把自己遇到的问题记录下来，不时看看想想，再次遇到相似问题时就能顺利快速地解决。”张阔海解释道。

站在办公桌前，张阔海笑着告诉记者，伴随他征战火海多年的老物件还有一个“图筒”。“图筒”是由铁皮做成的，里面装着阿尔山生态功能区地图等。每次上山巡查时，这是他离不开的“老伙计”。他说，地图怕折、怕坏、怕雨浇，“图筒”可以把地图保护得更完整、更长久。“有时，‘图筒’还可以在火场上为扑火队员们熬粥，作用可大着呢！”

办公室进门右手边侧放着一张不到 1 米的单人床，简易被褥叠得整整齐齐。每个防火期值班的日夜，他躺在这张床上凑合着眯几个小时就算休息了。

特别是春季防火紧要时期，张阔海要求生态功能区内 11 座瞭望塔上的瞭望员每天凌晨 3 点，要将当时的风向、天气状况、是否下雨等信息编辑成短信发给他。“现在，我每天 3 点必定清醒，干上防火这行落下‘职业病’了。”

干一行　钻一行　潜心探寻森林防灭火之“法”

2014 年 1 月，习近平总书记在内蒙古阿尔山市考察时指出：“无论什么时候都要守住生态底线，保护好生态就是发展。”阿尔山林业局是率先在内蒙古大兴安岭林区营造人工更新造林保存面积百万亩的林业局。张阔海清楚的记得，在上小学时，他就曾加入到人工林栽种的大军中，用汗水和辛苦为小树苗“安家”。枝繁叶茂逾百年，化为灰烬一瞬间。他深知，保护生态，捍卫绿色是林业人的使命，他要用一生去守护这片绿色林海。

他是这么说的，也是这么做的。阿尔山林业局生态功能区处于蒙古国下风头，建局以来，曾发生 10 余次外蒙火突破国境防火线烧入境内的情况，其中造成较大森林火灾就有 8 次。2000 年开始，张阔海结合实际研究出“双侧补烧法”，每年春季带领专业扑火队利用 15 天时间，吃住在国境线上，将国境机耕难点、狭窄地段防火线平均点烧加宽到 300 米，19 年间，经受了 15 次外蒙大火的考验，把原薄弱地点、狭窄地段、易突破地带改变成安全屏障，真正筑起了一道抵御外火的“黑色防线”。

34 年间，张阔海踏遍了阿尔山林业局生态功能区内的沟沟壑壑，被人们亲切地称为“活地图”。遇有火场紧急情况很难快速、准确定位时，他用两个手指当尺子，仅用5秒钟就能在地图上定位，且毫不偏差。在2003年扑打“5·21”外蒙火中，在紧急情况下，他用“双指定位法”为前来支援的兴安盟森警支队紧急布兵定点定位，快速准确，这让在场的所有人顿时对他肃然起敬。

因为工作原因，张阔海陪伴家人时间极少，把全部的爱给予了这片自己钟爱一生的绿色。

时间倒流到1998年“5·13”特大雷击森林火灾，400多名扑火指战员正驻扎在小东沟山上，在距离驻扎地山顶北侧两公里左右的地方，有一条火线正在由北侧向南侧悄然蔓延。在其他人都毫无察觉的时候，

■ 勘察组组长张阔海利用有利地形，采取以火攻火战术

张阔海听到南侧有低沉的着火声音。凭借十多年的扑火经验，他立刻断定，半个小时之内，南北两侧的火线可能发生冲突并形成热对流，会造成特大扑火人员伤亡事故，指战员必须快速向东侧下山避火。果不其然，当 400 名扑火指战员刚到安全地带，两股火线相互产生热对流，形成轰燃，不到 10 分钟时间，整座大山被烧得片甲不留。

向记者提起 21 年前的这段往事时，他哽咽了。“如果那 400 多名扑火指战员牺牲了，要有多少个家庭受到重创，那是我最不愿意看到的。”他说，那是他活得最精彩的时光。

“张主任是我们的好师父，更是我们心中敬重的好前辈，他常说，流汗就不能留血，更不能让家人们流泪。无论什么时候都要保护好自己的安全。”阿尔山防火办副主任安鹏达说。

打火就像“打太极”，天时、地利、人和，三者合一才能将火魔消灭。在火场，能够准确判断天气状况，就会为扑灭森林火灾带来事半功

■ 中国和蒙古国点烧时张阔海对新队员进行传帮带讲解顶风点烧防火线技术

■ 张阔海给队员分配任务并叮嘱他们注意安全

倍的效果。为了学会观天象，张阔海除了每天观看天气预报之外，还会利用每晚七八点的时间，站在家中院内观察天象。2012年，在堵截“4·20”外蒙火中，他对即将烧过来的外蒙火没有采取以火攻火的战术，而是率领林业局防火办60名专业队员守在中方边境防火线上监视火情。前一晚，他观察天象发现，天空有晕，星星时隐时现，风向已变为东南风，体感潮湿，所以，他断定第二天局部地区必然会有雨。果不出所料，第二天中午，火场上空突降大雨，连续下了两个小时，彻底浇灭了外蒙火。

由他参与设计的“远程自动防火视频监控”攻关课题，成为瞭望员观测自动森林眼的补充观测方式，此系统基于公共网络，无需单独微波或光缆，成本低，维护简单，可任意增加或减少监控摄像头数量，使火情信息更加全面、准确、可靠，在自治区QC成果发布会上，获得一等奖及国家优秀奖。森林消防“节能蒸箱”攻关课题，解决了扑火人员在野外因地形复杂，无法正常用餐等困难，该节能蒸箱投入使用后，有效提高了野外就餐的质量。“起初，我们参照电蒸箱的原理设计制作节能蒸箱，野外作业没有电，我们就把电加热，改成烧柴加热，反反复复实验，一次次失败，哪里不合适，我们就拆开改进，再重新焊接，最后，节能蒸箱‘诞生’了，20 分钟内可供 100 名扑火队员吃上热乎的饭菜，队员们再也不用啃着凉馒头打火了！”张阔海欣慰地说。此项发明在内蒙古大兴安岭林区 2018 年度 QC 小组成果发布会上荣获优秀奖。

一个个具体的举措、一项项突出的成果、一份份沉甸甸的责任，张阔海 34 年的防火历程，每一步坚实的足印都是“工匠精神”的注脚，诠释着他守护苍翠的那一抹绿的生动实践。他说：“我将牢记守林初心、不忘护林使命，践行习近平总书记‘筑牢祖国北疆万里绿色长城’的嘱托，继续守护好祖国北疆这道亮丽风景线。”

社会评价

当大家都在庆贺“五一”“十一”节日之时，他却在保护森林的工作岗位上默默坚守着，34 年如一日，守护着 83 公里国境防火一线，汗水与火魔淬炼出守护万顷林海的“防火尖兵”，面对火魔、面对危险，他用舍小家顾大家的那一份奉献、赴汤蹈火的那一份担当、甘于寂寞的那一份坚守、忍受清贫的那一份信念，呵护着那片绿意盎然的净土。他是“森林守护神”——内蒙古大兴安岭阿尔山林业局防火办主任张阔海。

提起张阔海的名字，在内蒙古大兴安岭林区防火战线上无人不知、无人不晓。2019年8月，因张阔海荣获2019年“中国梦•大国工匠篇”大型主题宣传活动“绿色生态工匠”的称号，我才有幸采访到这位活跃在防火战线30多年的传奇人物。

采访当天，我还未见到张阔海本人，熟悉他的人就将“好人、专家、执着、自律、憨厚、耿直、幽默”等一系列的赞语输入到我的脑海中。我的心里画着问号，到底是什么样的人，才能让大家挑不出他身上的“缺点”？到底是怎样的情怀，才能让他在防火战线上已经干了34年？聆听着他的故事，我时而感慨万千，时而潸然泪目。我感慨，正是因为有像他这样的人，始终坚守在防火一线上，才使得森林绿色永驻，才使得扑火队员平安归家；我感动，在“孝顺儿子”和“防扑火队员”两种角色的转换中，他永远将“防扑火队员”摆在首位，永远把“小爱”埋藏在心底，把“大爱”倾注于万顷林海。

一天的时间，我都是从别人的口中熟识、了解他。待到傍晚，我见到了张阔海本人，这位年过半百、身材高挑、皮肤黝黑的“防火专家”的轮廓也渐渐清晰、明朗起来。他本人和别人口中的“他”出入不大，我的种种疑问也在随后近3个小时的交谈中，一一得到印证。了解得越深，越让我对他的事迹肃然起敬。

他爱笑、他幽默、他勇敢、他执着，但不善言辞的他，在说起“后继有林，后继无人”时，目光黯然。他说，他们的年龄大了，需要新鲜的血液融入进来，继续守护这片林海。只有世世代代的务林人不忘初心的守候，才能保护好我们赖以生存的家园……

——林海日报社　米何妙子

（文字：米何妙子；图片、视频：王伟强）

赵希海

我啥也不图，人活着总要有点价值，有点意义。植树造林是造福子孙后代的事，不管多难、多苦、多累，只要能爬得动，我就要植树！/我是70多岁的人了，还能活几年呀？所以更要抓紧干。我的下一个目标就是争取多活几年，为山上准备100万棵好树苗，不能让国家和子孙为难。/我一个大字不识的老工人，就栽了那么几棵树，国家就给予这么大的荣誉，心里不知道是个啥滋味，就想掉眼泪。/我是一名在大山里奋斗了一辈子的党员。虽然我退休了，但是我要用自己的双手为子孙后代、为生态文明栽下更多的树。

赵希海 汉族，中共党员，1938 年 10 月生，吉林松原人。1958 年参加工作以来，以其林业工人特有的吃苦耐劳、敬业实干精神，为林业生产工作作出了突出贡献。其主要贡献在于：退休后的近 30 年时间里，无偿地在国有林采伐迹地里义务造林、补植树苗 18 万余株，成活 14 万余株，并圆满完成了无偿培育捐献给国家 100 万株树苗的绿色心愿。荣获 2006 年度“全国绿化奖章”“国土绿化突出贡献人物”“2007 绿色中国年度人物”“全球优秀环保奖”以及“2006 感动吉林”十大人物、吉林省“首届环保人物”、“吉林骄傲人物”、吉林省第二届“关注森林特别奖”、吉林市“江城好人”、吉林林业首批“绿色奉献十大杰出人物”、吉林市“绿色文明大使”。

把生命交给大山的人

——记“全国绿化奖章”获得者赵希海

在中国雄鸡式的版图上没有多少人知道吉林省红石林业局的名字，在中国十多亿的芸芸众生中没有多少人知道赵希海的名字。但是，碧波荡漾的长白山目睹着这位古稀老人拯救绿色的厚重历史；九曲回肠的松花江讲诉着他为大山缝补累累伤痕的动人故事；林区人民铭记着这位平凡老人的伟大功绩。

赵希海是吉林省红石林业局的退休工人，1958 年参加工作直到退休，30 年来只从事过两种工作：一种是在矿山做爆破手，炸山开矿；一种是在林业局做伐木工，采伐林木。

赵希海老人没有读过书，一辈子就在大山里面转，不会说什么大道理，只是对这连绵起伏的群山和漫山遍野的绿色充满了情感，那些爆炸声过后给大山大带来的累累伤痕和在他手中轰然倒地的棵棵大树给他留下了刻骨铭心的记忆。那种担忧和痛惜一直伴随着他，直到 1989 年退休，赵希海把对大山的愧疚，对生态环境的担忧，对子孙后代的责任化做一种动力。在老人的心中只有一个信念，保护绿色就是保护环境。于是，在茫茫的林海深处，在美丽富饶的松花江畔开始了“偿还”大山的大义之举。

无私无畏　情漫深山

林场每年都有春季造林任务，赵希海也有。只是他选准植树的主战场都是荒山荒地、人们毁林开垦的小片地、林中空地，块块都是“硬骨头”，所以老人每年植树都要经历几场与当地人的“争夺战”。八卦岭那片荒地是很多人眼里的“肥肉”，很多人把发家致富的希望寄托在那里。在八卦岭植树的时候，赵希海面对别人要活埋他的恐吓毫不退缩，最后用自己心中的公理和正义赢得了“争夺战”的胜利。

曾经有几个人想合伙在八卦岭那片荒地栽果树、种山芝麻，发现赵希海在那里栽树，急了。就主动和赵希海商量让他停止栽树。不想，任凭怎么劝说，赵希海就是不答应。这几个人看软的不行，就来硬的，威胁他说：“死老头儿，地也不是你家的，你不让种，就不怕我挖个坑把你活埋了？”这下，赵希海的倔劲可上来了。“地是国家的，我植树是为国家造福，你在还林地上种山芝麻是占国家便宜，打到哪我也不怕。我的规矩就一条，命可以不要，毁了我栽的树一棵也不行！”那些人面对赵希海的凛凛正气，自知理亏，悻悻而去。但是赵希海却不放心，怕他们趁自己不在毁了他辛苦栽下的小树，一有时间就往八卦岭跑，一直守候了3个多月。那些人还真不死心，几次前来都碰到了不怕被“活

■ 全国义务植树模范赵希海绿色传承仪式

埋”的赵希海，无奈只得放弃，并对这个倔强的老头儿产生了一种敬意。

还有一次，赵希海辛苦几天刚把几块空地的树苗补齐，还没来得及喘口气，一位退休工人就怒气冲冲地来了。“你敢在我的小片地里栽树，真是想死了呀！”骂着骂着还动手拔苗。赵希海冲上去，用身体保护树苗。就这样撕扯好半天，老人被推倒几次，就是不退让。面对这些，赵希海还是那句话：“我的规矩就一条，命可以不要，毁坏一棵树也不行！”

每当回想起这些年的风风雨雨，酸甜苦辣，赵希海的眼里就会有泪光闪动。他想不通，觉得委屈，自己想做点好事怎么那么难呢？这个七旬老人曾多次在大山里流下委屈的泪水，尽管如此，却从未停止过耕耘的脚步。用他的话说：“耗子再多也是喂猫的货。我是绿化山川，有共产党撑腰，他们是毁林开荒，官司打到哪我也不怕。”

执着追求　挑战极限

日复一日，年复一年，树苗在一年年地长高，赵希海却越来越瘦，脸上的皱纹越来越深，手上的老茧也越来越厚，背也更弯了。可是老人非但没有停下脚步，反而不断给自己加码！为什么呢？退休后，赵希海的生活中有两件事雷打不动，一是不管遇到什么阻力也不停止栽树，二是不管多累也要看新闻联播。每当看到哪有沙尘暴了、哪里发生特大洪水了、哪里乱开矿了、哪里的环境受到污染了，他都从心里着急，觉得还是树太少了。

于是，这位年愈古稀的老人不顾自己年事已高、体弱多病，每逢春天都披星戴月地奋战在造林现场。为了抢抓造林的黄金季节，完成植树任务，赵希海给自己定了个死任务，每天必保植 1000 棵树。为了保证完成任务，每天清晨不到 4 点就背上背筐，扛着镐头，带上老伴准备好的干粮，再揣上几片去痛片和胃药出发了，晚上直到看不清树苗才回家，饿了吃口带来的干粮，渴了就喝口山泉水。遇到雨天，赵希海就顶着雨干。

东北的 4 月，乍暖还寒，雨水和汗水混在一起，冷风一吹不时地颤栗。回到家时，摸爬滚打了一天的他造得和泥猴一样，衣服上的水一拧就哗哗地淌。老伴心疼他，劝他下雨的时候休息休息，避一避。可老人却说："季节不等人，每天栽 1000 棵是个死任务，就是下刀子也得干。"过度的劳累使老人突发脑血栓一病不起。局里、场里的领导和邻居们都来看他，嘱咐老人保重身体，安心养病。可赵希海却怎么也躺不住，心急如焚地在家输了 10 多天液，就让儿子扶着下地了。没几天，人们惊讶地看到赵希海以惊人的毅力拄着铁锹一瘸一拐地出现在造林现场。

乐于奉献　建设家园

在人们的想像中，地处偏远的长白山脚下的林场一定是个原始古朴的小地方。但是当我们走进赵希海的家乡红石林业局批洲林场，看到的是漫山的苍翠、遍野的鲜花，听到的是悦耳的鸟鸣、潺潺的流水声，就像一幅人与自然和谐共处的美丽画卷。批洲林场原场长张伟杰深有感触地说："批洲林场在建设社会主义新林区的实践中能走在全局的前列，是与赵希海的率先垂范、乐于奉献分不开的。"

批洲林场有两个公共厕所，为了做好公厕的卫生管理，场里决定找一位退休工人负责，每月给 150 元钱。可是找了半天，因为嫌脏没有人愿意干。赵希海听说后找到场长说："你不用犯难了，这活交给我干吧，我不要钱。"林场要按先前的约定给他钱，老人说什么也不要，还说你给我钱就找别人吧，给钱我就不干了。就这样，厕所的清理任务就被赵希海包下了。

"局里提出要建设社会主义新林区，场里要把林场建设成旅游林场可是一件大好事，自己也要出把力"。春天来了，栽花种草的时节到了，赵希海便每天早起拉黑土，栽花浇水，并在自家的小院里用大棚扣了小

■ 赵希海在苗圃地拔草

花窖，义务培育花苗。下雨的时候，他家就变成了一个小集市，人们无偿领取花苗和花籽，林场美化用的各种花卉 60% 都出自赵希海培育的花苗。仅 2007 年春天，他为林场美化环境提供了花苗 20 万株。

在赵希海的带动和感召下，批洲林场的职工家属都投入到了绿化美化家园的具体实践中，就连在林场居住的 63 户农民兄弟也积极参与林场的绿化美化工作，这里你看不到一个烟头、一张废纸、一点白色垃圾，共建共享和谐健康的生活方式成为这里的新时尚。

赵希海说："我眼看就是 70 多岁的人了，还能活几年呀？所以更要抓紧干。我的下一个目标就是争取多活几年，为山上准备 100 万棵好树苗，不能让国家和子孙为难！"为了彻底解决苗源问题，2004 年他在林场办公楼对面，经过一夏天的艰苦劳作，整理出了 2.3 亩的育苗地，开始自己培育树苗。此时他又一次面对大山作出承诺：在有生之年，培育出 100 万株苗木献给国家。

在这块育苗地里，赵希海不断探索和反复实验，终于育出了一床床珍贵的水曲柳树苗。他像呵护孩子似的精心管理，浇水、除草、施肥、打药，尽心尽力，那一床床的小树苗像懂得老人的心似的一个劲地疯长。2007 年秋，看着一床床茁壮成长的苗木，赵希海反反复复地点数，他想知道经过近 3 年的培育，究竟育出了多少树苗，他没有忘记自己的承诺——100 万株。经过多次点算，初步得出的数字是 10 万株左右，照这个数字推算，2 年培育出一批，要想培育 100 万株苗木需要 20 年的时间。自己已是 70 多岁的人了，还能干多少年，那 100 万株的承诺能否兑现，赵希海心里也没底。

2007 年，赵希海找到了林场的领导，说出了自己的心事，请求场领导再给解决一下育苗地的问题。场领导清楚赵希海的心愿，也非常理解他的难处。于是场领导亲自安排林政人员在场家属住宅一区的河对岸为赵希海圈定了 5.6 亩的地块，提供给他育苗用。

解决了育苗地，赵希海有了用武之地。从 2007 年冬天开始，老人带上自己的二儿子赵景春，每天早晨天刚放亮，就踏着积雪走进大山去

赵希海在为林区职工细心讲解培育树苗知识

采集水曲柳种子。儿子爬树往下打，自己在树下收集，一粒一粒、一斤一斤采集。一冬天的时间里，共采集了近 700 斤的珍贵树种水曲柳种子，在家里堆积了近 10 麻袋。

2008 年初春时节，当大地的积雪还没完全消融，赵希海就迫不及待地来到林场划拨给他的育苗地里，将蒿草和树根清理出来，堆积烧掉。大地解冻后，赵希海与二儿子赵景春开始平整土地。这块地是由零星的几块小片地和涝洼地、水坑、垃圾堆组成的，要想整理成育苗床，要付出多少辛苦可想而知。每天，父子俩早晨 4 点多钟就来到地里，清除垃圾，拣除乱石，填平水坑洼地。早晨冒着料峭的春寒，中午顶着炎炎的烈日，一锹一锹、一镐一镐地翻整土地，整理育苗床，开挖排水沟，每天，天不黑不回家。整个春天里，走在批洲林场的场区主道上，总能看到父子俩忙碌的身影。夏季烈日炎炎，正是得了脑血栓尚未痊愈的他最艰难的时候，可他从未耽误过对小苗圃的精心管护，蹲着累了他就双膝跪在圃地里，爬着为小苗薅草。一位林场工人下班看到他，既心疼又感动，眼泪都要掉下来了。工人说那个在烈日下一步一爬的老人仿佛就是自己饱经沧桑、劳累一生的父亲。他急忙走过去，陪老人一起干了起来……

就是这样没黑没白地干，时间还是不够用。眼看着播种的时期一天天临近，赵希海心急如焚，感到仅仅靠他与儿子再怎么干也忙不过来。老人知道林场的职工都在忙着植树造林，他没有找场里帮助，自己掏钱雇了两个临时工帮着干了几天，紧赶慢赶，终于将这 5.6 亩的育苗地整理成苗床。在这块地里赵希海共播下了 540 斤的水曲柳种子。望着整齐的一床床的育苗地，赵希海脸上露出了满意的笑容。

真爱无声　大爱无言

赵希海说："只要自己能动，义务植树就不会停止！"

2008 年 4 月 29 日，红石林业局"希海植树日"正式启动。启动仪式在赵希海的第一块育苗地里举行，赵希海将自己辛勤劳作育出的 7.3 万株水曲柳苗亲手交给了局领导。第二天，赵希海又与二儿子赵景春来到起过树苗的土地上，将土地重新整理出来，又将剩余的 150 多斤的水曲柳树种播种到了地里。

每一个关心赵希海的人握着他那苍劲粗糙的手，几乎说出的是同样一句话："赵大爷，别累坏了，保重身体。"虽然是一句关怀的话语，同样是对老人无私奉献精神的一种肯定。当中央电视台记者采访他时，老人什么也说不出来，只说了一句："就是干，一直到老！"

赵希海是一位平凡的老人，一辈子在大山里打转，没见过什么大世

老人在林场后面的荒山栽植树苗

■ 赵希海接受多家媒体采访

面，但是就是这样一位平凡的老人心中也有一杆秤。他说："有些东西在他心里比生命都重，有些东西却很轻。"

赵希海家的日子过得很清苦，唯一的家用电器就是场里奖励给他的彩色电视机。奖杯被摆放在最显著的位置，奖状被老伴宝贝似地珍藏在被垛里，有在岗时得的，也有退休后得的，历史最久的有 20 多年了。

2007 年的 12 月 13 日，老人来到了首都北京，参加 14 日晚"2007 绿色中国年度人物"颁奖典礼，那晚这个七旬老人默默地流下了眼泪。赵希海说："我一个大字不识的老工人，就栽了那么几棵树，国家就给予这么大的荣誉，心里不知道是个啥滋味，就想掉眼泪。"在 2007 绿色中国年度人物颁奖晚会的现场，当大屏幕播出赵希海的感人事迹，清瘦的赵希海迈着略带蹒跚的脚步出现在人们面前的时候，人们用热烈持续的掌声欢迎这这位朴实无华、默默奉献的老人。

赵希海是唯一来自林业系统的获奖者，也是年龄最大的获奖者，还是唯一一位工人获奖者。广大网民对平凡的老人表达了一致的尊崇。有网民说："70 岁的高龄，用自己微薄的活命钱来做绿化事业，试问，多少人能够做到？"评委会这样评价道："从伐木劳模到育林英雄，一个普通老人的朴素担当，映射着社会伦理转型的先声。赵希海的选择，给了我们环保的道德支撑。"团中央书记处书记王晓，著名主持人、环境文化促进会副会长赵忠祥为赵希海颁奖。一位不知名的网友还拜托主持人杨澜送给赵希海老人一副手套，希望老人保重身体。

面对社会的支持和大家的关爱，赵希海激动地说："我身体还挺棒的，植树、育苗要干到底，直到干不动为止。"

赵希海的先进事迹和质朴情怀受到了人们的尊敬和爱戴。颁奖典礼结束后，在场的观众纷纷和他合影留念。北京师范大学的一名女学生走到赵希海老人的身边，眼含着热泪说："大爷，我就想摸摸您的手。"全国人大常委会副委员长许嘉璐对和自己同龄的赵希海老人表达了由衷的敬意，并表示为了环保事业将和长白山深处的育林英雄遥相呼应。世界自然基金会中国分会的首席代表欧达梦先生也走到赵希海老人面前表达祝福敬意。获奖者、颁奖嘉宾都对赵希海老人表达了由衷的钦佩。

2008 年 7 月 7 日晚，在位于香港维多利亚港湾附近的九龙堂的一家酒店，香港气候变化行动绿色环保协会，为一位年逾古稀退休的林业工人举行了颁奖酒会。会上，香港气候变化行动绿色环保协会副会长艾海女士，为赵希海颁发了"全球优秀环保奖"。艾海女士还表示，她将来吉林同赵希海一起植树。

2011 年 4 月 29 日上午，在吉林森工集团红石林业局批洲林场举行的"希海植树日"暨"绿色传承"仪式上，74 岁的赵希海把义务植树的大旗郑重地交给了儿子赵景春，同时，还捐赠了他培育的 15 万株树苗。这是他第四次无偿捐赠林木和树苗，他捐赠的全部苗木按市场价格计算，价值数百万元。赵希海说："我啥也不图，就觉得人活着总要有点价值，有点意义。过去我伐树，现在有时间了，要抓紧补上。"

2012 年 3 月 27 日，全国造林绿化表彰动员大会上，赵希海作为全国 100 名“国土绿化突出贡献人物”代表之一应邀参加了会议，并受到表彰。

多年来，来自企业及社会各界的关爱一直温暖着老人，林业局每年都奖励老人 1 万元的特别贡献奖金。在红石林业局 2016 年工作会议上，一致决定奖励老人一套崭新的楼房以供老人安享晚年。老人病重后，前去探望的人更是络绎不绝。

2017 年 3 月 10 日，红石群山呜咽，林海悲鸣。长白山腹地吉林省红石林业局广大员工们泪眼婆娑，全国义务植树模范赵希海老人，带着对大山与林海无尽的眷恋，慢慢地闭上了眼睛……噩耗传来，这座被希海精神鼓舞了数十年的林海小城，瞬间陷入了无尽的伤悲。

3 月 12 日植树节当天，赵希海的遗体告别仪式在桦甸市殡仪馆举行。红石林业局副局级以上领导、机关各部室领导、基层单位党政负责人、员工代表以及赵希海生前的亲友 200 余人参加了告别仪式。老人被葬在批洲林场的一座深山上，他最终选择了与他钟爱一生的森林为伴。

赵希海老人是老一辈林业工人的杰出代表，是优秀共产党员的杰出代表，他以平凡朴实的担当，以生命绿化荒山的坚持与执着，用 30 年的时间谱写了一曲绿色赞歌。从曾经的伐木能手，到全国义务植树育苗英雄，78 岁的希海老人，用生命圆着自己的绿色梦，圆着林业企业“青山常在，永续利用”的生态梦。他用汗水为荒野披绿，用一生的坚韧和执着唤醒着人们对生态保护的觉醒，鼓舞着几代人扎根林海，无偿植绿。

社会评价

身为伐木工，目睹棵棵大树轰然倒地，尔后痛心疾首，立志种植树苗向大山“还债”。

赵希海，一个平凡的林业工人。退休后，立志要把绿色还给大山。执着，自放下斧锯的那时起，拾起树种、栽下树苗，实现的是一种救赎、奉献。

从伐木劳模到育林英雄，一个普通老人的朴素担当，呐喊出国家生态文明建设的先声。

30 年的无私奉献，绿了荒山，白了头发；清了溪水，驼了脊背。30 个寒来暑往，老人用粗糙的双手缝补大山的累累伤痕，用顽强的信念描绘出一片片醒目的绿色。

今天，碧波荡漾的长白山、蜿蜒流淌的松花江聆听着赵希海拯救绿色的故事。相信，这位古稀老人所做的，都是为了明天。

党旗下的誓言因此崇高而庄严。

赵希海，吉林森工的一面旗帜，林海碧波中一座绿色航标。

3 月 12 日，又到一年植树节。满怀敬仰与激动的心情，我慕名来到了“国土绿化突出贡献人物”赵希海老人的家乡——吉林省红石林业局。

在老人的家中，我有幸拜访了赵希海老人的遗孀王翠莲，看到了老人生前获得的满满一柜子奖杯与证书。仿佛间，这些珍贵的荣誉正向我诉说着老人生前的不凡。

王翠莲告诉我们，赵希海 1989 年退休后给自己定了个任务，到 70 岁时，要栽活 10 万株树。1990 年春季开始，赵希海开始动员老伴、儿子、儿媳、孙子全家人一起上山栽树。老伴王翠莲不想让只有 5 岁的孙子上山，赵希海却说“让他去吧，栽不栽无所谓，让他知道树长起来不容易，才能懂得护树爱树。”

在赵希海家“荣誉柜”的上方，有一朵用红色绢纸扎成的已经褪色的大红花引起了我的注意。王翠莲告诉我，那是赵希海 2004 年入党时曾经佩戴过的。入党宣誓后，赵希海快乐得像个孩子似的，手里捧着大红花，嘴里念叨着:“我是党员了，更有义务看护好大山，为大山增添绿色。”

在赵希海老人家乡，我看到了水中嬉戏的野鸭、鸳鸯、苍鹭，听到了鸟儿在山谷中欢快的歌声，更加感受到了当地林业工人们为青山披绿的壮志豪情。面对满山苍翠我不由感慨:“愚公移山的故事传承激励着一代代中国人在追梦求变中坚定信念。赵希海虽然只是一名林业战线的普通退休工人，但是他 30 年如一日植树造林、还绿青山的愚公精神，不正是推进新时代祖国绿化大业不断向前的根基所在吗！”

——吉林红石林业局党委宣传部　张彤宇

（图文、视频：张彤宇）

绿色脊梁上的坚守

——新时代中国林草楷模先进事迹

先进集体

甘肃古浪县八步沙林场“六老汉”三代人

河北塞罕坝机械林场

陕西延安

山西右玉

内蒙古亿利集团

多少年了，都是沙赶着人跑。现在，我们要顶着沙进！治沙，算我一个。

——“六老汉”之一　石满

如果这辈子治不住沙，就让后人去治，不管多苦多累，家家都要有一个继承人，一直把八步沙管下去。

——“六老汉”的约定

我是个党员，说话得算数，身体有了点小毛病就打退堂鼓，那不是一个党员的做法。

——“六老汉”之一　贺发林

我活着没有治完八步沙，死了也要看着后人们去治。

——石满要求把自己埋在八步沙

甘肃古浪县八步沙林场“六老汉”三代人

甘肃古浪县八步沙林场“六老汉”三代人 八步沙林场地处河西走廊东端，腾格里沙漠南缘。昔日这里风沙肆虐，侵蚀周围村庄和农田，严重影响群众生产生活。1981年，当时已年过半百的土门镇农民郭朝明、石满、贺发林、张润元、罗元奎、程海六位老人在治沙合同书上摁下红手印，以联户承包方式组建八步沙林场。38年来，“六老汉”三代人矢志不渝、不畏艰难、拼搏奉献、科学治沙，完成治沙造林21.7万亩，管护封沙育林草面积37.6万亩，生动书写了从“沙逼人退”到“人进沙退”的绿色篇章。

2019年8月21日，习近平总书记前往八步沙林场考察调研，对“六老汉”英雄事迹给予充分肯定，强调“要弘扬‘六老汉’困难面前不低头、敢把沙漠变绿洲的奋斗精神，激励人们投身生态文明建设，持续用力，久久为功，为建设美丽中国而奋斗。”

八步沙林场“六老汉”三代人治沙造林先进群体被中央宣传部授予“时代楷模”称号。古浪县八步沙林场被授予第三批“绿水青山就是金山银山”实践创新基地。

八步沙“六老汉”　用坚守换绿洲

——记“时代楷模”古浪县八步沙林场“六老汉”三代人治沙造林群体

几十年前，八步沙，风沙在左，家园在右。

如今，八步沙，风景在左，绿洲在右。

38 年培筑，草木成燎原。其中缘由，是因为有钢铁一般意志的一群人。

他们，死去的和活着的一起被树碑立传；儿子和女婿都在接续践行父辈的誓言；三代人六个家庭为了沙漠披绿生金，放下了很多，舍弃了很多……

这群人就是被习近平总书记点赞为当代愚公的古浪县八步沙林场“六老汉”三代人治沙造林先进群体。

一

对于婚礼，每个人心中都在编织一个梦幻场景。1959 年，尽管缺衣少食，可对于嫁入古浪县土门镇石河湾的新娘胡玉兰来说，腊月二十日，这个日子是那么喜庆而灿烂。穿嫁衣、上驴车、欢天喜地拜天地、上烩菜，全村老少爷们就等着开吃……

忽然一阵黄风刮来，天地间一下子变得昏暗，参加婚宴的人群四散开来……

石河湾出门就见八步沙，这场“不识时务”的风就起自八步沙。

八步沙，东临大靖，西靠土门，南有祁连山，在地图上找不到它的位置，但它是那条巨大沙龙的龙头——腾格里大漠的南端前沿，也是被世界称为生态工程之最的三北防护林工程的前沿阵地。八步沙其名字

■ 郭朝明（1921—2005），土门镇台子村人，中共党员，曾任台子大队队长，1973年至1982年在八步沙治沙。1982年，长子郭万刚接替治沙

■ 贺发林（1925—1991），土门镇漪泉村人，中共党员，曾任漪泉大队主任、支部书记，1976年至1991年在八步沙治沙。1991年，三子贺中强接替治沙

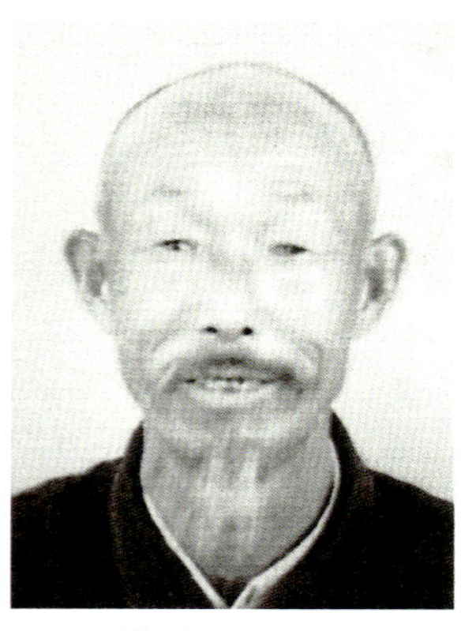

■ 石　满（1930—1992），土门镇漪泉村人，中共党员，曾任漪泉大队主任、支部副书记，1981年至1992年在八步沙治沙。1992年，次子石银山接替治沙

■ 罗元奎（1935—2017），土门镇土门村人，曾任土门大队上河队队长，1981年至2002年在八步沙治沙。2002年，四子罗兴全接替治沙

■ 程　海（1936—），土门镇和乐村人，曾任和乐大队水利主任，1974年至2004年在八步沙治沙。2004年，四子程生学接替治沙

■ 张润元（1942—），土门镇台子村人，中共党员，曾任台子大队团支部书记、党支部书记，1981年至今在八步沙治沙

的由来，一说是历史上以面积定名，只有八步的沙丘；一说是叫“跋步沙”，意思是流沙遍地，人畜走在连绵的沙丘上，只能艰难地跋涉。

无论是八步沙，还是“跋步沙”，哪种说法都印证了八步沙风沙肆虐的情景。

“戈壁滩，古道边，荒漠连天；土也黄，天也黄，沙尘常现……”老人们说，古浪县八步沙的土是黄的，天，也是黄的，原汁原味的黄，漫天遍野的黄。

20世纪七八十年代，这里“一年一场风，年始到年终”“秋风吹秕田，春风吹死牛”。风沙以每年7.5米的速度南移，吞噬了农田，毁坏了家园，八步沙沦为甘肃省武威市最荒凉的地方。沙在进，人在退，村庄在消失，黄风刮响了生态灾害的警笛。

■ 双眉式沙障

在这样一个沙尘暴肆虐、雨水偏少的恶劣环境中，八步沙人虽拼命劳作，却时常“种了一料子，打了一帽子”。

新墩岭是明长城在古浪段土门镇东隅与八步沙一河之隔的一个烽火台，它的北侧是台子村的一块旱地，有300多亩。

这300多亩旱地是村民们赖以生存的根本，赶上年份好的时候，亩产可收100多斤甚至更多。到20世纪60年代末，新墩岭的春天却被黄风笼罩，一年下来，这300多亩地没多少收成。郭朝明和家人白天吃着沙拌饭、嚼着野菜根；夜里一场风，早晨起来流沙堵住门。土地不能继续耕种，风沙与贫穷成为这里的人们心头挥之不去的一片愁云。

“好端端的土地怎么就能变成沙丘呢？”郭老汉望着即将被风沙掩埋的家园，心里不是滋味。1969年的春季，他联合石满等人扛起了沙铲，弃耕植树。

找铁锹、买水桶、收麦草、购树苗……郭朝明他们雷厉风行、说干就干。1970年，他毫不犹豫辞去生产队长的职务，承包了一块不能耕种的土地，开始了他的“绿色梦”。

1973年，时任土门人民公社党委书记的李能儒到新墩岭调研。看到在如此干旱的沙地里能长出树来很吃惊，便问郭朝明，临近的八步沙是否也能栽树。

郭朝明的肯定回答，让当地企事业单位和群众共几百人投入到播绿行动中，掀起了当年秋季八步沙义务压沙造林的热潮。

到了1976年，随着造林面积的扩大，治沙造林队伍中又增加了土门大队的罗元奎、和乐大队的程海等人。

风沙肆虐、草木不活、飞鸟不落、家园失守，还能怎么办？

1980年，古浪县决定，对荒漠化土地开发治理试行“政府补贴、个人承包，谁治理、谁拥有”的政策，并把八步沙作为试点向社会承包。这给几个治沙带头人带来了希望。

1980年冬至，吃过早饭，大家相约来到八步沙了解地形地貌。一路上，他们唱着小调给自己打气，这漫漫黄沙怎么治，谁心里也没有底。

再难也要坚持。他们中年龄最大的贺发林已是58岁了。在20多天的时间里，他们踏遍了黄沙滚滚的八步沙，摸清了情况，又到附近几个国营林场学习取经，请教技术人员，一幅关于八步沙的美丽蓝图慢慢在他们眼前清晰起来……

1981年，那是一个难忘的春天。太阳在村口小路上洒下一路金黄。郭朝明、贺发林、石满、罗元奎、程海、张润元六位年过半百的老汉吃过早饭，早早来到了大队院子里。漪泉村56岁的老支书石满第一个站出来：“多少年了，都是沙赶着人跑。现在我们要顶着沙进，治沙，算我一个。”六位老汉贺发林、石满、张润元、程海、罗元奎、郭朝明在县上治沙承包合同书上摁下红指印，以联户的形式组建了八步沙集体林场。

看着指头上红色的印记，郭朝明不敢回家，一家老小9口人，以后的日子是吃沙还是啃树皮？他不敢面对家人责难的目光，在村口转悠了一个小时，才硬着头皮向家里走去……

■ 八步沙“六老汉”下一代合影

背负家人的不解和乡邻的嘲讽，六老汉毅然决然走进沙漠……

1981 年春，古浪县首家联户经营的林场——八步沙集体林场正式成立。一帧当时拍摄的黑白照片上，背景是林场几间简陋的土坯房，地窝前，有几辆拉运树苗的架子车，旁边立着铁皮焊接的水罐，六老汉迎着风沙，扛锨而立。这就是林场起步的全部家当。

二

选择了一个风和日丽的日子，他们进入沙漠安营扎寨。

一大早，贺发林催着老伴装满一布袋子的馒头、土豆、胡萝卜，在驴车后面装上黄草、水桶、铁锹、油灯、一把生锈的茶壶和几袋旱烟就出发了。

走进沙漠的当天下午，天气还是晴朗的。一盘浑圆的落日贴着沙漠的棱线，大地透出一层深红，沙漠像是一片睡着了的海，贺发林看呆了："这里长大的孩子，从小到大与黄沙为伴，要是再有一片绿树，花红柳绿、鸟语花香，该多美。"

在沙地上挖个坑，上面用棍棒支起来，再盖上草和沙子就是房子了。他们住进了"地窝子"。

沙漠的天是娃娃的脸，说变就变。到了夜间，忽然刮起了黄风。

风呼呼地刮，漫天都是黄沙，嘴巴里、鼻孔里、衣服鞋子里全是沙子粗糙的触感，麦草在天上打着旋儿，贺发林无奈，只得收拾好工具，倒退着一步步回到了窝铺。夜间，黄风还是没有消停，狂怒地掀着沙子，一股脑儿地向窝铺顶上抛撒。听见窝铺顶吱吱呀呀像要坍塌，贺老汉赶快掀开被子，顾不上披上外套跑了出去。还没走出十步，经不住沙丘的重压，窝铺轰隆一声坍塌了。

扒开几根断裂的木头，贺发林和其他人把铺盖卷从沙子里挖出来，顶在头上。

“知道沙漠怎么来的？传说是张果老为了压毛驴，装了半袋沙子放在驴背上，结果袋子破了，就撒了一路，后来这沙子就长个不停，把好多房屋、道路、寺庙都埋了，就成了沙漠。”一阵寒风袭来，贺发林冻得瑟瑟发抖，围坐在寒风呼啸的旷野里，平常爱读书的贺发林开始给大伙儿讲故事……

天亮的时候，被子上一层厚厚的沙，压得他喘不过气来。早就见识过风沙的厉害，可这种来势凶猛的“沙怪”，让贺老汉不得不重新认识沙漠。

天亮了，来不及重新搭建窝铺，贺发林捡来几块石头支起锅，郭朝明捡来干树枝点起火，罗元奎提起水桶倒满水，抖一抖布袋里的沙，把带来的面粉倒进去搅拌。没有一叶绿菜，伴着些许沙子，一锅拌面汤让几个中年汉子三下五除二喝了个精光，抓一把沙子擦擦碗，他们扛起铁锹、沙铲，继续向沙漠深处走去……

挖一条沟需要 8 分钟，压一把麦草需要 5 分钟，栽一棵树需要 10 分钟，浇一棵沙柳是 1 分 40 秒左右……一步一叩首，一苗一瓢水，在黄沙漫天的不毛之地，战风沙、睡地窝，啃干馍、喝凉水，他们用驴车一点点将稻草运进沙地，一滴滴将水倒进树坑。

漫漫沙漠，到底能不能种出树？有人心里疑惑，却不敢吱声。

一天，植树的时候，郭朝明的旱烟袋丢了，这可是他在沙漠里唯一慰藉自己的爱物。吃午饭前，他急匆匆出去寻找。走出地窝子不远，不经意转过一个弯，在一座沙岭背后，几棵葱葱茏茏的沙柳在风中昂扬，柠条和梭梭开着小黄花，一朵挨一朵，几只黑色的蝴蝶在上面忘情地追逐，翩翩起舞……

郭老汉怔住了：“这不是梦吧？”

有绿的地方就有生命，有花的地方就有希望。他顾不上再找烟袋，一路狂奔，向着地窝子的方向直喊：“能干成、能干成、能干成！”

在风沙肆虐的沙漠里播绿，谈何容易？春秋植树季节抢墒栽下幼苗，常常是一场大风过后，不是树苗被风沙埋压，就是树根被大风掏出。慢慢地他们发现，在树窝周围埋上麦草，就能把沙子固定住，树苗就能保住。由此，当地流传起一句顺口溜："一棵树，一把草，压住沙子防风掏。"

他们毫不气馁，用双手挖出埋在沙里的树身，手捧黄沙埋住被风掏出的树根，硬是让一棵棵树苗在八步沙这片荒漠上扎下深根、发出绿芽。

这样植树，何年何月才能见效？经历过几次惨痛教训后，石满不得不乘车去县林业局向技术人员请教。在县林业部门的帮助下，他们制定了治沙造林的长远规划和实施方案，采取"封造管和乔灌草结合"的方式，栽植了抗风沙强的花棒、柠条、白榆、沙枣等树种。

治沙"妙招"找到了，树苗从哪里来？一个沉重的问号挂在每个人的心头。

按照计划，第一年先治 1 万亩，需要 4 万元，而项目的款项是 2 万元。石满他们跑遍了附近和邻县的林场，只解决了一部分，剩下的怎么办？最后，他们把目光落到了自家那点承包地上。

苏武山防风林带

土地是农民的命根子，可石满他们在本来种粮的地里种上了树苗。

为了抓紧植树，石满他们各自向家里发了全员动员令。6个家庭40多人全部上阵，最小的10多岁。他们还动员各自的亲朋好友50多个劳力，在浩瀚的大漠里播下一株株绿色的种子……

在全国治沙会议上，全国治沙劳动模范石满吃了沙漠中种出的白兰瓜。白兰瓜的甘甜久久回绕在口中，石满想，八步沙上也能种出香甜的瓜来吧？

石满带着全家人来到了八步沙，种不出甜瓜，先播出一片绿来。

沙漠的容颜是那么苍老，每一道褶皱里都刻着旱魃和狂风侵扰的创伤。看着一望无际的沙漠，20岁的小伙子石银山眼睛里充满了迷茫："爹，就凭我们这些人，压住这漫漫黄沙，不是愚公移山吗？"

石老汉不吭声，拿起铁锨一脚踩下去。挖树坑、栽树苗，背麦草、压沙障，孩子们跟在父亲身后一起一跪，一天下来，膝盖上磨出了血印。

太阳慢慢西下，沙漠的夜来得早。石满点燃一根旱烟"吧嗒吧嗒"抽起来。儿子石银山拿出装在布袋里的炒面，一口炒面就一口水，吃饱了，还要把最后那捆草埋进去。风沙刮到炒面里，沙子把石银山的牙硌得"吱吱"响，他喝口凉水，不敢细嚼，赶快把炒面冲进肚子里。

回到窝铺，半夜突然刮起大风，窝铺的茅草被卷得七零八落，一家人缩成一团，互相推让着被子，石满在一卷草上蜷着身子睡到了天亮。

春夏秋冬、寒来暑往，风餐露宿、攻坚克难，第一年植树1万亩，第二年植树5000亩。

泪水伴着汗水，苦并快乐着，八步沙林场"六老汉"用"一棵树、一把草，压住沙子防风掏"的治沙措施，第二年苗木成活率达76%，保存率达70%。

三分种、七分管。护绿比种树更难。

挖沙的时候，石满的脚崴了。在沙漠中行走是困难的，况且还背着草，一脚踩下去就会陷下去，一深一浅，左右腿的力量不平衡，石满一个趔趄栽倒，脚脖子肿成了“馒头”。顾不上钻心的疼痛，石满指挥孩子们栽完最后一棵树苗，才一瘸一拐离开了沙窝。

伤筋动骨一百天，石满在炕上躺了 10 天就坐不住了，第十一天大清早，他拄着拐杖去巡林。八步沙附近村里的孩子杨先和小伙伴一同骑着骆驼去沙漠放牧，在攀上沙枣树、倚着树枝细细品尝红红的沙枣时，被石老汉一声吆喝吓得滚了下来。杨先纳闷：“沙枣树在沙窝里，骆驼在沙湾里，他怎么看得见？”可是，那个身材矮小、脸庞黝黑的干巴老头确实从沙枣树枝条中探出头来，目光犀利。石老汉一瘸一拐追上来，杨先就拽着伙伴跑，一口气跑出林子好远，等气喘吁吁停下来，想等石老汉走远了重新攻进沙枣林。可是回头偷瞄一眼，石老汉像尊泥塑一样，就在不远处守着。他俩假装打扑克，一直到了日上三竿，肚子饿得咕咕叫，回头一看，石老汉还是端端坐在沙丘上，死死盯着他们，两个孩子不得不悻悻离开。

“那段时间，望着沙海深处那一簇簇绿茵茵的花草树木，这几个铁骨铮铮的老人，眼中常常会情不自禁地噙满泪水。”“六老汉”之一的张润元老人不忍回忆过去。

一分耕耘，一分收获。当初吃的苦都化为了后来的甜，10 年时间，“六老汉”用汗水浇“活”了 4.2 万亩沙漠，这里沙止步、绿成荫，一个乔木、灌木、沙草结合的绿洲在八步沙延伸。

三

“和所有以梦为马的诗人一样，我也愿将自己埋葬在四周高高的山上，守望平静的家园。”一位诗人曾写过这样的诗句。

石满不是诗人，但他有着和诗人一样的心愿：“把我埋到能看见八步沙的地方。”

1992 年，62 岁的石老汉在挖树坑的时候昏倒，永远闭上了双眼。

弥留之际，他留给后人的一句话是：“这辈子没有留下啥，这滩子树，你们要种好。把我葬在八步沙，我要一直守护着这片林子！”

1990 年的深冬，贺发林的身体也已是一天不如一天。天气晴好的时候，他拄着拐杖在院子里晒晒太阳。更多的时候，则站在村口的高坡上，长久地看着远处的八步沙和那里的每一棵树。

“贺爷，你百年之后，就用自己种的沙柳做口‘老房’吧！”看望贺发林的亲朋好友提议，用沙漠里的树给老人做口棺材。

“不容易种活了，不容易长大了，舍不得啊，舍不得……”贺爷连着说了两个不容易、两个舍不得，就哽咽着再没说出一句话。

贺中强悄悄问父亲：“面对没有尽头的沙漠，努力着没有尽头的事，值吗？”贺发林说：“树活了，我的心就活了。”

树是活了，但贺发林昏倒在树旁，和石满一样，他被检查出已是肝癌晚期。

1991 年，贺发林老人垂下了枯瘦的双手——“回”了。临了，他也没舍得砍下一棵沙柳。

郭万刚关心治沙老前辈

2005 年，60 岁的郭老汉植完最后一棵树，再也没有醒来。郭老汉梦见，自己变成一颗流星，划过长空，落在了八步沙。感觉自己不久于人世，郭老汉越发拼命地坚持和老伙计们在沙漠里共同植树，一个月后，他被儿女们强行拖上了驴车拉回了家。临走时，他给儿女们交代了三件事：早点准备来年的草；去国营农场再要点树苗；从长计议，解决大家的生计问题。三件事，没有一件涉及自己，涉及家人。

……

八步沙的树绿了,“六老汉”的头发白了。为了兑现那份绿色的承诺，他们奉献了毕生的精力乃至生命。结伴治沙的老汉中四个走了，两个年老力衰了，但 7.5 万亩的八步沙才治了一半。

怎么办?

开始在八步沙种树的时候，六位老人中最年轻的张润元当时已经 39 岁了。治沙是一个漫长而艰辛的过程，他们便立下共同的承诺：种树，不论啥时候，每家都得出一个人。

出生在沙漠边缘，从小看着父亲植树护林，耳濡目染，郭朝明老人的儿子郭万刚放弃供销社优越的工作，主动请缨，带领第二代治沙人昂首挺进腾格里，很自然地走上了“植绿”之路。

1991，当时年仅 22 岁的贺中强在外打工。父亲病重，让贺中强回到八步沙接替他种树，贺中强虽然有些犹豫，但嘱托重于山，他义不容辞点头同意。

紧随其后来到驻地的是石银山。1992 年，父亲石满因病去世，弥留之际，他也给石银山留下了两份重托：一是要石银山完成自己管护区的种树任务；二是照顾好家人。从那以后，石银山的脚步走遍了八步沙造林点，走到了五道沟、七道沟、十二道沟，把父亲的绿色希望带到了更远的地方。

有儿子、有女婿，二代治沙人相继接过父辈们手中的铁锨。

没有什么比热爱更让人痴情！没有什么比痴情更让人感动！但无论

热爱还是痴情，支撑的东西还是那份对家园和祖国的责任与担当。

这里给大家讲一个感人的故事。

20 世纪 90 年代，由于国家三北防护林政策调整，加上连年干旱少雨，八步沙林场发展遇到了前所未有的困难。1997 年秋天，郭万刚和石银山几个人坐在沙梁上，望着眼前顽强生长的花棒、柠条、梭梭，心乱如麻——要么卖树散伙，要么另找出路。

一提到散伙，当年父辈们的约定又在他们耳边响起。不能放弃，更不能散伙！为了生存，1995 年至 2000 年间，六家人采取“出工记账，折价入股，按股分红”的办法，卖猪、卖羊、卖粮食，集资买地。

郭万刚提出一个大胆的建议：在林场附近，按照政策打 1 眼机井，开些荒地，发展集体经济，贴补造林费用。

说干就干，从 8 月 16 日出门拉设备、拉黄胶泥、到处借款，直到农历大年三十，郭万刚没进过家门。每每回忆起来，郭万刚的老伴陈迎存就调侃他：“人家大禹治水三过家门而不入，你治沙，是十过家门而不入。”

那年农历大年三十，郭万刚雇了一辆大卡车去金川公司拉打井的设备，车装好已经是晚上 11 点多了，这时候街上传来噼噼啪啪的鞭炮声。郭万刚纳闷地问：“半夜三更哪来的鞭炮声？”司机拉上车门，不解地反问道：“你是不是傻了？今天是年三十，过年了。”郭万刚怔了怔，鼻子酸酸地说：“不知道家里买肉了没有？孩子们有没有新衣服穿？钱都让我拿来买设备了。”想了想，他爬上车后厢，只盼着司机快点开车。

越急越乱，到金川峡车胎爆了。没有备胎，司机只能趴在车底一点一点翘起车胎开始补……一分钟、两分钟过去了，十分钟、二十分钟过去了，一小时、两小时过去了……工具不全、胎破面积大，司机忙得满头大汗，帮不上忙干着急的郭万刚跺着脚，冻得瑟瑟发抖。修好了车，回到家已是第二天凌晨 4 点，天露出了鱼肚白。郭万刚捂着肿胀发热的腮帮子连续喝了两杯热水，头还是疼痛难忍，心里着急着天亮后的打井任务，为了让感冒快点好，他去诊所打了针，一次吃下了 3 副剂量的感冒药。

■ 第二代治沙人郭万刚带领大家一起治沙

1998 年 2 月，经过 4 个月的日夜奋战，一口 156 米深的井口里水流喷涌而出，喷溅在打井人的脸上，和着泪水滚滚而下。

这水，是救命的水；这水，是希望的水。从此，林场起死回生，郭万刚带领大家，在黑岗沙栽了 7000 亩白榆、沙枣、红柳、柠条等沙生植物，经过几年的治理管护，绿色铺地、鲜花盛开，黄羊、野兔等野生动物在此安家落户。他们又在荒沙滩上开出 300 亩地，种上玉米等经济作物，发展日光温室、养殖业。

第二代治沙人将治沙重点转向腾格里沙漠风沙危害最为严重的黑岗沙、大槽沙、漠迷沙三大风沙口。从 2003 年起，先后承包实施了国家重点生态功能区转移支付项目、三北防护林等国家重点生态建设工程，在沙漠腹地累计完成治沙造林 6.4 万亩，封沙育林 11.4 万亩。同时，积极与途经沙区的公路、铁路、油气管道公司衔接，承建通道绿化 200 多公里。采用双眉式草方格治沙技术承包治理的西油东输水土保持工程，被中石油集团评为“优质工程”；省道 308 线通道绿化八步沙段被省交通厅树为“全省通道绿化文明样板路段”。

2015 年秋季，八步沙林场将治沙重点转向条件更加艰苦的麻黄塘百里风沙线生态屏障建设区，承包实施了 15.6 万亩封禁保护区的管护任务，大规模开展治沙造林，完成工程治沙造林 2 万多亩，绿化施工道路 56 公里，栽植各类沙生苗木 800 多万株。

郭万刚等人还带领八步沙周边农民共同参与治沙造林，到河西走廊沙漠沿线张掖等地“传经送宝”，不仅壮大了治沙队伍，也增加了当地农民的收入。

为实现高质量脱贫与保护绿水青山的相生共赢，获得生态与发展的“双丰收”，近年来，八步沙坚持“绿水青山就是金山银山”理念，充分发挥林业生态在脱贫攻坚中的天然优势和巨大潜力，将生态建设与脱贫攻坚相结合，创新林业生态扶贫机制与模式，走出生态脱贫新路子，“增绿”和“增收”双促双赢，让致富与美丽结伴而行。

一条条平坦通畅的道路，一栋栋白墙黛瓦的民居，一个个日益壮大的企业，一张张洋溢幸福的笑脸……走进古浪县生态移民工程示范点绿洲小城镇，乡村美景图中的改革气息、发展印记无处不在。

八步沙人，终将把风沙变成了风景、黄沙变成了黄金。

四

白的树、白的林、白的路、白的沙…… 八步沙的冬天白色是主色调，但绿色的梦想从未缺席。

2016 年 11 月 3 日，气温接近零下 20℃，皑皑白雪间，红柳、沙枣树依然伫立，枝枝傲骨，树树有声。在沙障设置区，十多名青年抱着麦草低头弯腰铺设。身后，遍野的草方格牢牢地固定在连绵起伏的沙丘上，在阳光下金光闪闪。

不远处，三代治沙人郭玺开着叉车，哼着歌。在人群中，一眼就能认出郭玺。尽管接手治沙才 3 年，风沙的侵袭和阳光的照射，却早已给他印上了治沙人的专属肤色——黑。一加入治沙队伍，郭玺就对传统的治沙模式提出质疑："一棵树，一把草，压住沙子防风掏"，虽然第一代治沙人探究出的治沙窍门，至今仍然奏效。但，他认为，效率太低。

"雇 5 个人装卸一车草要 40 分钟，一个人操作抱草机只需 15 分钟；一个人挖坑种树一天最多种 3 亩地，一台挖坑机一天能种 20 亩。"郭玺提议组建机械队，效率明显提高。

每年到沙漠里花开的季节，场里来的第一个大学生陈树君就坐在沙梁上取远景、近景，拿着手机不停地变换着姿势。一丛丛、一簇簇、一团团，红的、白的、粉的……沙漠里的花煞是好看，他要把每一株、每一朵花都拍下来，这些花，开了不容易。

陈树君是地道的古浪人，打小就经常听周围人说起八步沙"六老汉"治沙的故事，心中对他们充满了敬佩。2016 年夏天，他应聘到了八步沙林场工作。

到了八步沙才知道，他是这里的第一位大学生。

场部住宿条件差，场长郭万刚让管理员专门为小陈腾了一间"活动板房"，这算是场里最好的房子了。

每天早出晚归，忙乎一天，想洗个澡，在八步沙都是一件奢侈的事。时间长了，小陈开始对自己当初的选择产生了怀疑。

一天，他打上背包准备出门。"怎么，你要走？"一只大手拍在了他的肩膀上。转头一看，是程生学——"六老汉"之一程海的儿子。程生学默不作声，带着他来到一个沙丘旁，指着一处坍塌的深坑说："你看，这就是'六老汉'当年生活过的地方。"

"难以想像，眼前的这个深坑，是'六老汉'治沙时的居住点。"程生学告诉他，一天夜里，大风夹着沙子使劲地刮，简易的房顶禁不住沙丘的重压坍塌了，老人们把铺盖卷从沙子里挖出来，顶在头上，围坐在寒风呼啸的旷野里，苦苦等到了天亮。

听着程生学的讲述，小陈的心一点一点往下沉："老一辈治沙人在这样恶劣的环境里能几十年如一日坚持治沙，而我却一遇到困难思想就动摇，还说什么要为治沙事业作贡献。”他决定留下来。

2017 年春天，他跟着郭万刚去沙漠。到了沙漠腹地，郭万刚一棵一棵察看树苗发芽和生根的情况，每看到还未发芽的小苗时，他就跪下来，用手轻轻地刨开上面的沙土，看看小苗是不是生了根，然后又小心翼翼地把沙土慢慢盖上去，用手一点一点摁瓷实。他的动作是那么轻柔，眼神是那么慈祥，就像呵护孩子一样呵护绿色，像爱护眼睛一样爱护生态，小陈看呆了……

风沙大，天干旱，树木成活率不高，是八步沙治沙人面临的最大困难，“一棵树、一把草”的老办法依旧是治沙的基本模式。在麻黄塘治沙时，那里几乎没有路，一些治沙点车辆根本进不去，树苗子和麦草等只能靠人背马驮的方式送进去。每天早晨 5 点钟就要起床，一路跋涉，来到治沙点后，每个人早已累得筋疲力尽。小陈看在眼里、急在心上：这些年，八步沙人为治沙吃了不少苦，生态效益很明显，但是经济效益还不尽如人意，难道就没有更好的办法，让这些治沙人治沙又致富？

要想让沙漠生出“金蛋蛋”，首先得管护好它。2016 年夏天，林区内发生了虫害，大面积的花棒死了。陈树君通过虫情监测仪，很快找到了罪魁祸首，迅速扑灭了虫害，充分显示了科学治沙的威力。

梭梭很耐旱，是治理荒漠化的首选树种。一次偶然的机会，陈树君了解到，有着“沙漠人参”美誉的肉苁蓉是一种经济价值不错的中药材，可以寄生在梭梭根部，两者结合起来，既能防风治沙，还能产生经济效益。陈树君和场里商量，开始探索一条治沙与致富双赢的路子。他们邀请省内外专业技术人员培训肉苁蓉种植技术，并引进梭梭肉苁蓉种植一体机，不仅缩短了肉苁蓉接种时间，而且使肉苁蓉的接种率大幅提高。为了进一步发展肉苁蓉产业，又流转了黄花滩移民区沙化严重的土地，以兴民新村、富源新村为重点，完成了梭梭接种肉苁蓉 1 万多亩。当地 3000 多农户不仅有了土地流转收入，还就近在肉苁蓉种植基地上打工，有了一份稳定收入。

陈树君发挥八步沙林区优势，带领大伙发展林下经济，与周边农户合作成立了林下经济养殖专业合作社，修建鸡场养殖沙漠土鸡，并注册了“八步沙溜达鸡”商标，线上线下同时销售。经过一年多努力，“八步沙溜达鸡”在古浪县家喻户晓。2018 年腊月，订单供不应求，5000 多只土鸡一个月就销售一空。2018 年年底，陈树君在网上看到有关公益组织发布的治沙项目后，及时与对方衔接，争取到了 1000 多万元的公益治沙资金，2019 年春季已造林 2 万亩。同时，还联系到一些社会公益组织和志愿者到八步沙治沙造林，用“互联网 + 治沙”的模式，打破了时空和地域的限制，让八步沙人的治沙力量越来越壮大。

八步沙人说，大学生来了，场里变化不小，通过互联网力量治沙，之前想都不敢想。陈树君回答：“‘六老汉’能用白发换绿洲，我们为什么不能用科学手段‘点沙成金’？”

在第三代人的带动下，2016 年，八步沙林场承包治理甘肃、内蒙古边界的治沙项目达千亩。郭玺负责操作林场里各种机械，还管理着八步沙“溜达鸡”鸡场。陈树君负责项目对接、申报等工作。八步沙走上科学治沙、开放治沙、创新治沙的崭新路子。林场以引进科技人才为突破口，大力推行科学治沙方法，配置了电脑，购买了无人机和虫情监测仪等，对治沙工作进行网格化管理。

2017 年，古浪县山水林田湖草生态保护修复工程正式启动，八步沙绿化有限责任公司中标完成了 2017 年祁连山山水林田湖草生态保护修复工程北部防沙固沙造林工程，完成压沙造林 1.9 万亩。

2018 年是林场改革迈出关键步伐的一年。按照“公司 + 基地 + 农户”的模式，建立“按地入股、效益分红、规模化经营、产业化发展”的公司化林业产业经营机制，流转沙化严重的土地 1.25 万亩，完成投资 1300 万元，在立民新村、为民新村 2 个移民点栽植以枸杞为主的经济林基地 7500 亩，在兴民新村完成梭梭嫁接肉苁蓉 5000 亩。

■ 扎草方格治沙

林地林木补偿费，林场没有浪费一分，全部用于防沙治沙。林场在黄花滩铁柜山移民村梭梭嫁接肉苁蓉200亩，在北部沙区完成防沙治沙道路41公里，在十道沟完成防沙治沙工程1600亩，在省道308线、316线承担了通道绿化及维护37.5公里，在甘肃、内蒙古边界修建护林站4座。一个个项目招标、一个个工程完工、一片片绿化收尾……经过多年努力，职工年收入由原来的年均不足3000元增加到现在的5万多元，彻底改变了贫苦落后的面貌，林场走上了一条红色引领、绿色发展之路。

五

八步沙的故事，是六个人的故事，也是六个家庭的故事。从一代治沙人到二代治沙人再到第三代，他们与沙漠同行，与风沙抗争；他们不忘初心，筑梦前行……

风与沙握手，人与沙较量。近40年风餐露宿，近40年风雨征程，八步沙林场“六老汉”三代人坚守一个绿色梦想，传承一份绿色承诺，扎根荒漠、压沙植树，用青春和汗水开启了近半个世纪的绿色变迁之路。

从当年黄沙肆虐、飞鸟不落到如今缚住黄龙、铺开绿色，从当年“六老汉”到如今的28个职工，治沙造林21.7万亩，管护封沙育林（草）面积37.6万亩，筑梦八步沙可期可及……

锲而不舍，金石可镂。穿行在林中，地上灌木郁郁葱葱，一树一树的花开得缤纷错杂，梭梭在微风里舞动着无数彩色的丝绦……“六老汉”像一个魔术师，把八步沙由白变黄，由黄变绿，由绿变花，做了个全方位的美颜。

2019年8月21日，习近平总书记来到八步沙，实地察看当地治沙造林、生态保护等情况。

站在碾轱辘沙——八步沙制高点上瞭望，几十万亩林海在风中昂扬，满眼的绿让总书记频频点头。

“八步沙林场‘六老汉’的英雄事迹早已家喻户晓，新时代需要更多像‘六老汉’这样的当代愚公、时代楷模。”

“我们国家有这样3例造林绿化的典型，一个是塞罕坝，那是国有林场；还有一个是库布其，在内蒙古；再就是八步沙‘六老汉’三代人治沙群体。正因为有了你们的坚持，治沙造林走在了全国的前列。你们带了个好头，应该向你们学习。”

总书记强调，“要弘扬‘六老汉’困难面前不低头、敢把沙漠变绿洲的奋斗精神，激励人们投身生态文明建设，持续用力，久久为功，为建设美丽中国而奋斗。”

……

总书记的话如绵绵春风，暖在治沙人心头。

让总书记牵挂、点赞的八步沙成了武威生态文明建设成就的一个缩影。

八步沙林场“六老汉”三代人不懈怠、不气馁、不放弃，付出了常人难以承受的艰辛，战胜了常人难以想像的困难，以“黄沙不退人不退、草木不活我不走”的执着，长期同风沙搏斗，不断同困难抗争，书写了从“沙逼人退”到“人进沙退”的绿色篇章。他们无怨无悔的付出铸成了莽莽林海，不忘初心的执着垒成了“绿水青山就是金山银山”的精神高地。1991年，甘肃省委、省政府命名“六老汉”所在的八步沙林场为“全省造林绿化先进单位”；同年，八步沙林场被林业部树为“治沙造林先进集体”，石满也被评为“全国治沙造林劳动模范”；1999年，省绿化委、省林业厅、中共古浪县委、古浪县政府专门在八步沙林场为“六老汉”树碑记功；2000年，张润元荣获第四届“地球奖”。2018年，八步沙林场郭万刚等6人被评为第五届中央电视台年度慈善人物；国家林业和草原局授予八步沙林场“三北防护林体系建设工程”先进集体，甘肃省委、省政府授予古浪县八步沙林场“六老汉”三代人治沙造林先进集体荣誉称号。2019年3月29日，中央宣传部授予古浪县八步沙林场“六老汉”三代人治沙造林先进群体“时代楷模”称号，号召广大干部群众学习他们勇于担当、努力拼搏、无私奉献、知难而进的愚公精神。甘肃省委印发《关于深入开展向时代楷模——古浪县八步沙林场“六老汉”三代人治沙造林先进群体学习的活动的通知》，并在全省各级政府、各部门、各行业相继举办了“六老汉”三代人治沙造林先进群体事迹宣讲报告会，进一步弘扬八步沙林场“六老汉”三代人治沙造林先进群体的优秀品格和崇高精神，引导激励全省广大党员干部坚定信心、鼓足干劲，恪尽职守、拼搏奉献。

2019年9月25日，唱响新时代奋斗者之歌——“最美奋斗者”表彰大会在人民大会堂举行，古浪县八步沙林场“六老汉”三代人治沙造林先进群体被授予“最美奋斗者”称号。

2019年9月27日上午，在北京举行的全国民族团结进步表彰大会上，古浪县八步沙林场“六老汉”三代人治沙造林先进群体被授予“全国民族团结进步模范集体”荣誉称号。

2019 年 9 月 21 日至 22 日，由武威市和兰州大学联合举办的习近平生态文明思想实践与八步沙“六老汉”三代人治沙造林精神学术研讨会在市委党校召开。研讨会期间举办了“时代楷模”——古浪县八步沙林场“六老汉”三代人治沙造林现场观摩、先进事迹报告会、主旨演讲、专家访谈、专家论坛等活动，对八步沙“六老汉”愚公精神进行了挖掘提炼，后经市委常委会会议审定通过，将八步沙“六老汉”困难面前不低头、敢把沙漠变绿洲的当代愚公精神确定为新时代武威精神。新时代武威精神激发了大家建设美丽中国的热情和斗志，鼓舞、激励和引导全市广大干部群众更加积极投身生态文明建设，为构建国家西部生态安全屏障作出更多更大的贡献。

2019 年 11 月 16 日，中国生态文明论坛年会在湖北省十堰市召开。开幕式上，生态环境部命名表彰了全国 84 个第三批国家生态文明建设示范市县和 23 个第三批“绿水青山就是金山银山”实践创新基地，古浪县八步沙林场被授予第三批“绿水青山就是金山银山”实践创新基地称号，这也是甘肃首个“绿水青山就是金山银山”实践创新基地。

山欢笑，水欢笑，人欢笑，八步沙在欢笑。这是对治沙人的奖赏，更是对治沙人的期望。八步沙，又站在了一个新的历史起点上。

多年以来，古浪县八步沙林场“六老汉”三代人的治沙造林事迹，引起了社会各界和新闻媒体的广泛关注。《人民日报》、新华社、中央电视台多次报道他们的典型事迹。1999 年，央视《东方时空》专题报道他们的典型事迹；2018 年，央视《焦点访谈》栏目五一特别节目“我奋斗我幸福”和 6 月 17 日“中国人 精气神”两次报道他们的典型事迹；11 月 12 日，央视《朝闻天下》栏目“弘扬伟大民族精神”专题报道他们的典型事迹。《人民日报》、新华社、中新社等媒体以不同形式，从各个角度大篇幅进行深入报道。“六老汉”三代人的治沙造林典型事迹入选国家博物馆，并在多地举办事迹展览，同时还多次在国家部委，省内外高校、政府机关、科研团队中巡回宣讲。

历尽风霜岁月，铮铮誓语难休。风餐露宿咸菜饭，趴冰卧雪几忘家。六老汉前进一步，沙漠便退却一步。一代人有人已经忠骨埋在黄土下，二代人过半已经两鬓白发，三代人正接过父辈的衣钵续绿色传奇、新的神话。

八步沙林场“六老汉”三代人治沙造林先进群体，是“绿水青山就是金山银山”理念的忠实践行者，是荒漠变绿洲的接续奋斗者，是弘扬“人一之、我十之，人十之、我百之”甘肃精神的典型代表。他们，为陇原大地的生态建设添写了浓墨重彩的一笔，为武威新时代精神做了最好的注解。

大井湾沙枣林

社会评价

38 年来，八步沙三代人扎根荒漠，接续奋斗，在“黄沙遮天日，飞鸟无栖树”的荒漠里，初心不改护家园、信念不改治沙患，在茫茫荒漠上构筑了绿水青山，创造了新时代愚公承包治沙模式。他们以实际行动响应国家号召，铸就了义无反顾、勇往直前的精神品格，书写了锲而不舍、滴水穿石的宏伟篇章。

八步沙“六老汉”既有对古代愚公移山的精神传承，更赋予了新时代的内涵：守望、信念、拼搏、奉献。以“六老汉”为代表的八步沙林场三代人矢志不渝、拼搏奉献的优秀品格和奋斗精神，充分体现了平凡中的伟大追求、平静中的满腔热忱、平常中的极强责任、贫苦中的坚韧不拔。他们从事的是不负时代的事业；他们绽放出的是新时代伟大的民族精神；他们所立起的是光照后人的丰碑。

“古道边，戈壁滩，土也黄，天也黄……”第一次听这首古浪小调，我不懂它的意思。

而后的十余年里，我先后深入这里五十多次，终看清了黄沙肆虐，听懂了曲子蕴含，知道了治沙人的艰辛。

2007 年 4 月，我以记者身份第一次来到八步沙。“六老汉”之一的张润元给我讲述了他们一代人治沙的感人故事：钻“地窝子”，冒西北风，吃“沙拌面”……

我被深深震撼。到底是一种什么样的精神和力量，让他们在我心中烙下如此深刻的印记？

2008 年 8 月，我第二次走进八步沙；2012 年，我与治沙人一起过除夕；2016 年，大雪纷飞的沙漠里，留下了我和治沙人的足迹……

采访中，我一直在回应读者对西部生态文明建设的关切点，一是八步沙如何把“茫茫黄沙”变成了“葱茏林海”？二是怎样让“绿水青山”成为“金山银山”？ 三是“六老汉”的成功经验是否有可复制性？

十几年间，我写过的上百篇报道中，挖掘出的人物和故事，有造林屡战屡败却愈挫愈勇、如同“打不死的小强”一样的石老汉，有临死了却舍不得用自己植的树做一口棺材的贺老汉，有为保住父辈栽下的树辞掉铁饭碗的郭万刚……他们的故事，使八步沙这个“范例”无比丰满。

八步沙为什么能成为生态文明建设范例？荒漠中造林、观念中植绿、奋斗中酿蜜。我的结论是：他们已把生态文明的自觉认识化作一种信仰。

希望这种精神，鼓舞、激励和引导全国广大干部群众更加积极地投身生态文明建设，为构建国家西部生态安全屏障作出更多更大的贡献。

——武威日报社　张尚梅

（文字：张尚梅；图片、视频：武威市委宣传部）

塞罕坝人说：从来到塞罕坝林场的第一天起，就深深地爱上了这片热土，从老一代务林人艰苦创业的先进事迹中，渐渐读懂了他们“献了青春献终身，献了终身献子孙”的内涵，读懂了第一代林业工人那份深深植根于骨子里的执着与坚强。

作为第一代建设者、走科学求实之路的见证者说：塞罕坝的每一寸土地都是有良心的，你用科学的态度对待它，用艰苦奋斗的精神感悟它，它会用绿色回馈我们。

河北塞罕坝机械林场

河北塞罕坝机械林场　是河北省林业和草原局直属的大型国有林场，也是国家森林公园、国家级自然保护区，位于河北省最北部，地处浑善达克沙地南缘，与内蒙古自治区克什克腾旗、多伦县接壤。地貌以高原和山地为主，海拔 1010 ～ 1940 米，是滦河、辽河两大水系的发源地之一。塞罕坝极端最高气温 33.4℃，极端最低气温 −43.3℃，年均气温 −1.3℃，年均积雪达 7 个月，最早降雪记录是 8 月 26 日，最晚降雪纪录是 6 月 10 日，年均无霜期 64 天，年均降水量 460.3 毫米，年均大风日数 53 天，是典型的半干旱半湿润寒温性大陆季风气候。

塞罕坝机械林场由林业部于 1962 年建立，1968 年划归河北省林业厅管理。林场实行总场、林场、营林区三级管理，下设 6 个林场，24 个科室，14 个直属单位。截至 2016 年 12 月，全场共有职工 1978 人。全场总经营面积 140 万亩，其中有林地面积达 112 万亩，森林覆盖率达 80%，林木总蓄积量达 1012 万立方米，森林资源总价值约 206 亿元。建场初期，塞罕坝气候恶劣、沙化严重、人烟稀少。几代塞罕坝人接力传承，植绿荒原，创造了“变沙地为林海，让荒原成绿洲”的人间奇迹。塞罕坝机械林场被国家林业和草原局授予“国有林场建设标兵”荣誉称号。

2014 年，林场被中央宣传部授予“时代楷模”称号，省、市分别作出了向塞罕坝林场先进群体学习的决定，中央、省、市主流媒体相继进行深入报道；当代塞罕坝人接过先辈们染绿荒原的植苗锹，大力植树造林，改善生态环境，提升防风固沙和涵养水源的能力，取得了可喜的成绩，被授予“全国五一劳动奖章”“河北省先进集体”“森林中国·首届中国生态英雄”等荣誉称号。

2017 年 8 月 14 日，习近平总书记对塞罕坝林场建设者感人事迹作出重要指示：55 年来，河北塞罕坝林场的建设者们听从党的召唤，在“黄沙遮天日，飞鸟无栖树”的荒漠沙地上艰苦奋斗、甘于奉献，创造了荒原变林海的人间奇迹，用实际行动诠释了绿水青山就是金山银山的理念，铸就了“牢记使命、艰苦创业、绿色发展”的塞罕坝精神。他们的事迹感人至深，是推进生态文明建设的一个生动范例。

2017 年 12 月，联合国环境规划署授予塞罕坝林场建设者“地球卫士”荣誉称号。

从一棵树到一片“海”

——记“时代楷模”河北塞罕坝机械林场

2017 年 8 月 14 日，习近平总书记对塞罕坝林场建设者感人事迹作出重要指示：55 年来，河北塞罕坝林场的建设者们听从党的召唤，在“黄沙遮天日，飞鸟无栖树”的荒漠沙地上艰苦奋斗、甘于奉献，创造了荒原变林海的人间奇迹，用实际行动诠释了绿水青山就是金山银山的理念，铸就了牢记使命、艰苦创业、绿色发展的塞罕坝精神。他们的事迹感人至深，是推进生态文明建设的一个生动范例。

2017 年 12 月，联合国环境规划署授予塞罕坝林场建设者“地球卫士”荣誉称号。

自从河北省塞罕坝机械林场成为生态文明建设范例以来，中央电视台连续多频道的新闻宣传，特别是十余次在《新闻联播》《焦点访谈》节目的重磅推出，新华社、《人民日报》、《经济日报》、《光明日报》等重要媒体在重要时段、重要版面整版篇幅的报道，国内外媒体把关注的目光投向了塞罕坝。

特别是网上，众多网民、自媒体人也一窝蜂般写起了塞罕坝。

关于塞罕坝，有人说是“一片林到一片海”，有人说是“世界最大的人工林”，有的摄影家关注的是自然风光，有的诗人写的是满蒙风情……

塞罕坝机械林场，河北省林业和草原局的直属林场，也是国家级森林公园和国家级自然保护区。这里有草原、丘陵，有森林、湿地，有天然造化的风景，又有人文缔造的传说……

国家和有关部委的领导一次次访问塞罕坝，一次次地组织宣传塞罕坝，一次次就塞罕坝“牢记使命、艰苦创业、绿色发展”的精神作出批示，并进行丰富与完善。

塞罕坝扬名中外，美在自然风光

在位于内蒙古高原南缘的河北省最北部，有一处集中连片的百万亩人工林海，以其独特的生态价值、社会效益，被称为京津地区的“风沙屏障、水源卫士”，被称为华北地区的“绿宝石”。

她，就是被人们誉为“绿色明珠”的河北省塞罕坝机械林场。

■ 林海

中国文化宣传战线中有一只重要的生力军就是摄影人。有人做过一项统计，在这个用镜头和光影诠解人间万象的特殊群体中，听说过、到过、拍摄过塞罕坝的在 70% 以上。塞罕坝把一批摄影人变成了摄影家，缘于塞罕坝的美丽风光。

而这些美丽风光产生于过去的无边荒野中，更增加了宣传的意义。

河北省政府原常务副省长陈立友，从领导岗位上退下来之后开始拿起相机关注自然生态。他多次到坝上拍摄照片，老人一次次采访塞罕坝，亲笔写下《有个塞罕坝真好》。

他用一组对比数据交待了塞罕坝的变迁。

“到解放初，原始森林已荡然无存……当时仅有以白桦、山杨为主的天然次生林 19 万亩，疏林地 11 万亩，成了‘风沙遮天日，鸟兽无栖处’的荒原。从 1962 年 2 月 14 日林业部将地方所属三个小林场合并成立林业部直属塞罕坝机械林场开始（1969 年归河北省管理），经过 40 年的建设，这里已发展成为集造林、营林、木材生产、林产工业、森林旅游多种经营为一体的大型国有林场。”

老人写这篇文章的时候是 2001 年，他用三大效益对比把塞罕坝的成就进行了概括。

“林场建成后，生态环境发生了可喜变化：……塞罕坝已成为一道绿色屏障，横亘于内蒙古高原南缘，阻止了浑善达克沙漠南移，为首都锁住了沙源。而且，塞罕坝地区还是滦河源头，从而保持了水土，也涵养了水源。”

在文章中，老人用摄影家的眼光评价了今天的林场：“这里浩瀚林海，无边草原，清澈溪流，遍野鲜花，珍稀禽兽，蓝天白云，更加上浓郁的满蒙民族风情，构成了独特的自然和人文景观。夏季旅游、度假、避暑，观云海、日出、彩虹、落日余辉；秋季摄影、写生，赏白桦、红叶；冬季狩猎、滑雪，看雾凇、冰花，四季风景如诗如画，令人陶醉。”

2002 年经河北省人民政府批准建立塞罕坝省级自然保护区，2007

年晋升为国家级自然保护区。总面积 20029.8 公顷。主要保护对象为森林—草原交错带自然生态系统及其天然植被群落，滦河、辽河重要水源地，珍稀濒危野生动植物资源。

保护区海拔高度 1500 ～ 1939.6 米，区内分布有野生动物 293 种，野生植物 659 种，大型真菌 79 种，昆虫 660 种。其中国家一级保护动物 5 种，即黑鹳、金雕、白头鹤、大鸨、豹；国家二级保护动物 42 种，即大天鹅、小天鹅、鸳鸯、细鳞鱼等。保护区有国家重点保护植物 5 种，即樟子松、野大豆、蒙古黄耆、刺五加和沙芦苇；特有植物 1 种 1 变种 2 变型，即光萼山楂、长柱多裂叶荆芥、围场茶藨子和黄花胭脂花。

今天的塞罕坝林场总经营面积 140 万亩，森林覆盖率 80%。林场有林地面积由建场前的 24 万亩增加到现在的 112 万亩，林木蓄积量由建场前的 33 万立方米增加到现在的 1012 万立方米。塞罕坝百万亩森林有

■ 林海

效阻滞了浑善达克沙地南侵，每年涵养水源 2.74 亿立方米，固定二氧化碳 81.41 万吨，释放氧气 57.06 万吨；与建场初期相比，塞罕坝无霜期由 52 天增加至 64 天，年均大风日数由 83 天减少到 53 天，年均降水量由不足 410 毫米增加到 460 毫米；塞罕坝良好的生态环境和丰富的物种资源，使其成为珍贵、天然的动植物物种基因库。据中国林业科学研究院核算评估，塞罕坝林场森林资产总价值达 206 亿元，每年提供着超过 142 亿元的生态服务价值。

这些科学数据对于不了解塞罕坝的人来说是生涩而枯燥的，而对于来到塞罕坝的游客来说，直观地目睹了这里集中连片的百万亩人工林海，尽享蓝天白云掩映下的森林、草原、沼泽、湖泊的美景时由衷地赞叹植树造林给塞罕坝带来的风光之美。

塞罕坝之美，美在其精神内涵

塞罕坝生态建设成就，是一部不辱使命、坚守初心的创业史

到过塞罕坝的人首先必看塞罕坝展览馆，“一棵松”的故事、王尚海纪念林的故事，还有刘文仕、张启恩、李兴源等一批典型人物和他们的奋斗故事。

1962 年，369 名平均年龄不足 24 岁的创业者，从四面八方奔赴塞罕坝，在白雪皑皑的荒原上，拉开了创业的序幕。在第一任党委班子的带领下，啃窝头、喝雪水、住窝棚、睡马架，以苦为乐，踏上了艰苦创业的奋斗征程。

成功的路上总不会一帆风顺。1962 年，林场开始造林，时年春季造林近千亩，但成活率不到 5%；1963 年，春季再次造林 1240 亩，可是秋季调查成活率不到 8%……

两次造林失败，热血沸腾的拓荒者冷静分析原因：造林失败，不是树苗在塞罕坝活不了，也不是造林技术存在问题，主要是外调苗木在途中时间过长，运到塞罕坝已处于半死状态了；塞罕坝风大天干，异常寒

当年机械造林现场

冷，外地苗木适应不了塞罕坝的气候。连续造林的失败，一度冷却了年轻人火热的激情，冰冻了他们的欢声笑语，林场骤然刮起了“下马风”。

党委书记王尚海，为了稳定军心，毅然把年过古稀的老父亲和妻儿老小从承德市搬到坝上，住在狭小的房子里，生活异常的艰难，在这样的条件下，他还动员妻子姚秀娥补贴那些城里来的女青年，做职工家属的思想工作。场长刘文仕，也举家搬迁到坝上，为查找机械造林失败的原因，他带领机务人员顶风冒雪，忍饥受冻，踏查地块，反复试验改进机械。技术副场长张启恩，带领技术人员废寝忘食、夜以继日，一块地一块地地调查，一棵苗一棵苗地分析，一个细节一个细节地推断，终于找出了造林失败的原因。

老工人、老领导今天给我们讲那时的故事，依然激情满怀。

1964 年春天机械造林大会战，为按时完成任务，上至书记、场长，下到普通工人全部到造林一线。领导每人带一个机组，一台拖拉机挂三个植苗机，每个植苗机上坐 2 名投苗员。坝上的春天还是零下五六摄氏度，植苗机在高低不平的山地上来回颠簸，取苗箱里的泥水不断溅到身上，一会就结成了冰粒，风刮起的沙尘和泥水溅在脸上，大家一个个就像刚从泥坑里爬出来似的，根本分不清模样。

饿了拿起冰冷的窝头和着泥水啃，渴了就喝化雪水、沟膛水。

大家拼命地干，在零下五六摄氏度的气温下，好多工人挥汗如雨，大家喊着叫着，都憋着一股劲，一定要把树种活，一定要把林场办下去。

“马蹄坑誓师会战”，这一场战斗写进了塞罕坝的造林史，大干3天，机械造林516亩，最终树苗放叶率达到96.6%，开创了国内机械种植针叶林的先河，一举平息了“下马风”。

今天，我们一次次来到这个叫马蹄坑的地方，满眼高大茂密的松林，松涛阵阵，似乎再一次听到当年人欢马叫的奋战场景。马蹄坑的树林间有一条弯曲的小路，通向一座雕像和一块墓地，黑色的墓碑上写着“王尚海纪念林”几个金色大字。当年遵从王书记的遗愿，把他的骨灰撒在了林间，林场将这片林地命名为“王尚海纪念林”。

林场第一任书记王尚海是塞罕坝林海一面永远飘扬的旗帜！这面旗帜，在一届又一届党委班子手中高高擎起，接力传承。

塞罕坝第一代和第二代建设者提及过去的岁月，没有纠结于条件艰苦，而是诉说着塞罕坝“先治坡、后治窝”的历史背影，听他们说“会战马蹄坑”的辉煌，听他们说住地窨子、吃刀砍冻土豆、雪水和苦力(一种地方面食）的“甜蜜”往事，他们没有一丝一毫的报怨，而是怀念和留恋。

近年来，越来越多的人走进了塞罕坝，目睹了这里集中连片的百万亩人工林海，尽享蓝天白云掩映下的森林、草原、沼泽、湖泊的美景。但对林场建场57年来，围绕着攻坚克难造林，不断完善造林方式方法等事例却鲜为人知。

塞罕坝生态建设成就，是一部不辱使命、艰苦创业的奋斗史

那是1963年，家在外地的创业青年，在思乡中熬着零下40多摄氏度的漫漫严冬，盼望着春节能回去和家人团聚。春节快要到了，一场无情的大雪下了近1米厚。灰白的阳光，照耀着风雪连天的塞罕坝，莽莽

■ 建场前的荒原

荒原上到处是肆虐的“白毛风”，身处莽原不知何处是归途。为了送这些想家的年轻人，林场特意派出一辆链轨拖拉机推雪开道，可车没走几步，就被狂风卷起的雪又埋上了，一天也没走出 4 公里，20 多人只好返回总场，伴着大雪度过了除夕之夜！这也是他们在坝上的第一个除夕。

也是在 1963 年，在一场暴风雪中，林场干部孟继芝迷路失踪，全场人全部出去在雪夜寻找。当发现他时，孟继芝已被冻僵，虽然保住了性命，但 19 岁的他不得不截掉双腿，终生与轮椅为伴。

1964 年、1965 年……一年又一年，每年的 300 多天里没有节假日，白天，工人们植苗、整地、造林，挥汗如雨。可怕的冬季，处处寒风处处霜，冰雪是最大的敌人，少粮无菜，生活困顿，寂寞和疾病时时考验着塞罕坝的建设者们，此时在塞罕坝，能住下来就是奉献。

张启恩来林场时是林业部造林司的工程师，组织一声召唤，他退掉林业部家属院的房子，五口人举家迁上塞罕坝。他的妻子张国秀在中国林业科学研究院工作，当组织要求她和张启恩一起上坝时，二话没说。

坝上没有幼儿园，没电灯，没医药，没蔬菜……更甭说洗澡了！只有简陋的学校，大雪和风沙、黑莜面苦力、土豆和咸菜条……眼看着 3 个孩子又黑又瘦，她偷偷地流泪！他们住的是四处透风的小房，夏天外面下大雨屋里下小雨；冬天白毛风一刮，屋里一层冰，有时候孩子睡觉要戴皮帽子。孩子们的脚冻裂了，手冻得跟馒头似的。

在当时，张启恩的一条腿粉碎性骨折，那时他躺在油灯下依然坚持写出了中国第一部《高寒沙地造林》专著。可惜他的三个儿女因为坝上的教学条件实在太差，没有一个上大学。

陈彦娴是“六女上坝”故事的主人公之一。刚刚建场，六个青春勃发、风华正茂的女高中生，为了美好的理想和追求，不顾恶劣的自然条件、匮乏的物质条件和繁重的体力劳动，毅然决然放弃高考，弃笔上坝，加入了塞罕坝艰苦创业的行列。花季少女每天像野小子一样，泥里来风里去，摸爬滚打。

陈阿姨告诉我们，她们当时苗圃育苗使用的是有机肥，都是用牛车拉大粪。夏天在厕所掏大粪是最难熬的活，一进厕所，苍蝇满天飞，往身上、脸上乱撞。她们用粪勺把大粪一勺一勺掏进桶里，再一桶一桶提到车上，一天下来，弄得满身都是大粪，收工时也只能在河边洗洗手、涮涮鞋，根本没地方洗澡。

曾经的花季少女，以浪漫的情怀、吃苦的精神、执着的行动、艰苦奋斗，在塞罕坝奋斗史上写下了浓墨重彩的一笔！

到了 80 年代中后期，林子长起来了，防火成了林场工作的主要内容，于是塞罕坝上又多了一个更加艰苦的工种，就是护林员。作为护林员，最具挑战性的是到远离人烟的望火楼上工作，一天两天很新鲜，但长时间坚守谈何容易？

“老三届”的高中毕业生陈锐军就是他们之中一位忠诚的“绿色卫士”。他从 1976 年分配来到林场工作，工作职责是守卫塞罕坝海拔最高的大光顶子望火楼，这个地方海拔 1940 米，在这里他一守就是 12 年。

他把妻子初景梅接到望火楼上，在望火楼里安了家。这所望火楼离总场场部 70 里，他们经常见不着外人，就连养的一条狗见了生人都分外亲。一家人吃菜要靠熟识的过路司机捎，冬天喝雪水，夏天吃水要到七里以外的山下小河里去挑。他们的儿子从出生到 6 岁，都生活在望火楼上，由于营养不良、缺乏交流，2 岁多了还没出乳牙，三四岁仅会叫爸爸、妈妈……原因就是没有人和他交流，这难耐的寂寞是让常人难以想象的。为了准确观察火情，按照规定防火期内望火楼里不能点灯，他们就这样默默地遵守着规定。12 个春秋的黑夜啊，他们昼夜重复着瞭望、记录、巡查这几件事。工作吞噬着他的青春，他却用生命之光照亮了绿色的希望。12 年里，每天吃的是主食就咸菜，夏天喝的是几公里外背上来的沟膛水，冬天大雪封山就喝化雪水，一部电话、一副望远镜、一个记录本、夜里一盏忽明忽暗的油灯，就是他们日常工作的全部

■ 创业者们勾画美好蓝图

家当，传递信息的电话却成了最好的“朋友”。他看守的望火楼后来就称为“夫妻望火楼”，后来被以“风雪望火楼”为题拍摄成电视剧。

与内蒙古自治区交界的塞罕敖包一带重点火险区有一位护林员名叫李青瑞。没有住房，他住在地窨子里，一住就是 3 年。阴暗潮湿的居住环境使他染上了肝炎，然而他仍然坚守在防火岗位上。因为交通不便，治疗不及时，病魔无情地夺去了他年轻的生命。那年，他年仅 24 岁。

1983 年 11 月，护林员赵福洲外出巡查火情，已经怀孕 7 个月的妻子陈秀灵清理水缸里的泥土和树叶时，不小心被缸沿儿重重地磕了一下。赵福洲回来看到妻子疼痛难忍，急忙向林场打电话求助，林场立即派医生骑马上山，但因山高坡陡，雪大路滑，医生经历 15 个小时赶到望火楼时，已是凌晨 1 点半，救治之下早产的孩子只活了一天就夭折了。哭过、痛过，他们擦干眼泪拿起望远镜继续坚守。

林场的 9 座望火楼，有 8 座都是夫妻共同坚守。57 年来，共有 20 对夫妻守候在望火楼；57 年来，940 平方公里的塞罕坝林场没有发生过一起森林火灾。

这些艰苦创业者们的无私奉献，换来了满目青山，他们用自己的坚守和奉献书写了人间大爱。

塞罕坝的生态建设成就，是一部不辱使命、用技术改变生态现状的兴林史

——与恶劣的自然条件抗争，塞罕坝人无时不在用科学求实的精神营林、造林。

从造林工具的改革到机械造林的成功，从一粒种子到壮苗上山，从一棵幼苗到万顷林海，无不凝聚着科技人员的汗水和智慧。

塞罕坝林场在建设和发展的过程中，始终把科技放在首位，坚持用科学理论、科学方法解决林业生产实践中的技术难题。

坝上地区高寒，年平均气温极低，加上降雨量少得可怜，一年中植

物能够生长的时间不足两个月，好多种植物在坝上根本无法成活，就是长出了嫩芽也会被突然的一夜寒风冻死。

坝上造林种什么？怎么让树苗活下来是困扰塞罕坝人最大的技术难题。

建场之初，开展大面积造林，种苗是关键。

外购苗木不能适应坝上的特殊气候条件，必须就地培育。当时，在高寒地区育苗，国内尚无成功的技术和经验。张启恩副场长被称为坝上的“科技元勋”，在攻关机械造林成功之后，他又组织技术人员反复探索，大胆实验。

无数个昼夜，他们经过潜心研究，多次试验，从种子储藏、播种、防治虫害和立枯病到给幼苗浇水、间苗等技术管理环节，摸索出了一整套的成功经验。

终于，功夫不负有心人。通过严格控制播种覆土厚度、土壤湿度，

■ 荒山造林整地

改低床为高床，他们攻克了全光育苗技术，填补了我国当时高寒地区育苗技术的空白。

后来升任省林业厅厅长的李兴源在担任林场苗圃技术员期间，苦心钻研，反复摸索，引进樟子松种子，用雪藏种子育苗法，农家肥做底肥，成功培育出了樟子松壮苗。从此樟子松在坝上落地生根，解决了沙地、石质阳坡造林绿化树种问题，今天国内同类地区依然效仿学习。

高寒地区育苗的成功，使苗圃面积不断扩大，亩产数量不断增加，不但为保质保量地完成建场规划的造林设计任务打下了良好的基础，还向社会提供了大量的优质苗木。

青年技术骨干曹国刚，心血花在把油松引种塞罕坝这件事上，目的是调整树种结构，减少病虫害。曹国刚有严重的肺心病，到了病发后期呼吸困难，心肺衰竭。一发病说不出来话就用笔写，写经验、写教训、写技术要领。弥留之际，他喘息沉重，脸色发紫，眼睛却依然瞪着。妻子知道他心中想啥，就伏在他耳边哭着说："放心吧，我让咱孩子接着搞林业，把油松引上塞罕坝。"

与恶劣的自然条件抗争，塞罕坝人无时不在用科学求实的精神营林、造林。

自 1983 年以来，林场由以造林为主转向以营林为主。塞罕坝林场坚持以营林为基础，科研和生产紧密结合，不断探索科学营林新方法。

其中就有一把植苗锹的改革故事写进了坝上造林史。

林场已经过世的老科长王文录在几年前接受笔者采访时曾说过这样一件小事："为了加快造林进度，尽快恢复本地的森林植被，建场初造林使用的是从苏联引进的蔡金 I 式植树机。像古代战场上用的长矛一样的植苗锹是坝上造林的专用工具。坝上的立地条件和其他地区不同，引进的设备不能用，张启恩和工人们边干边研究改进了植苗锹，他带着我们创造了'三锹半缝隙植苗法'，看似简单的一插、一提、一拧却凝聚了多少人的心血和智慧呀，这种方法比传统方法造林功效提高一倍以上。”

塞罕坝的老工人没有人教，他们在加快攻克高寒、沙化、干旱条件下育苗技术难题的同时，对影响机械造林成活率的各个环节进行了分析总结，并有针对性地进行了改进。将植树机装配了自动给水装置，解决了苗木在植树机上失水问题；将镇压滚增加了配重铁，解决了栽植苗木覆土挤压不实问题；将植苗夹增加了毛毡，解决了植苗夹伤苗问题……

沙地造林难上难，王文录带领第二代技术人员，反复试验，创新了沙棘带状密植、柳条筐客土造林等一系列新方法。

这些贴着塞罕坝人汗水与心血标签的特有治沙造林法，没有多么高深莫测的理论，却能让树活下来，长成材。

当人工林进入主伐期的时候，迹地更新造林的难题又摆在了新一代技术人员面前。技术员们又摸索出了“十行双株造林”“干插缝造林”等造林新办法。

林场的工人们每一个都是造林的行家，他们对天然林采取了去小留大、去弯留直、间密留匀、伐除病腐木等措施，提高了天然林的林分质量，加速了林木的生长。

随着人工林面积的不断扩大，有害生物防治成为摆在塞罕坝林场面前的又一重要科研课题。在加大病虫害的监测防控力度、做好监测工作、强化组织管理和建立长效责任机制的基础上，突出了科学防治。对主要害虫使用生物制剂进行飞防，达到不伤害天敌、促进林分健康生长的经营目标。

建场多年来，由于病虫害防治及时有效，林区生态系统基本控制在相对稳定的状态。林场在 2002 年就被国家林业局首批确认为“国家级标准站”“国家级中心测报点”，多次被评为“全国林业有害生物监测先进集体”。

一系列根植于塞罕坝的实际创新举措，又颇具推广价值。

石质阳坡成了攻坚造林中最难啃的“硬骨头”。林场每年自筹资金

迹地造林现场

近千万元，采取大坑套小坑、使用大规格容器苗，采取客土、浇水、覆土防风、覆膜保水等措施，让 5 万多亩石质山坡都披上绿装。

塞罕坝人严格执行环环相扣的营造林作业流程，确立了人工林大密度初植、多次抚育利用和主伐相结合的可持续经营理念，完善了抚育间伐为主的生产体系。在生产实践中总结了塞罕坝标志性的营林标准，走出了一条健康、可持续发展的森林经营之路。

他们经过摸索实践，总结出了人工林“三个一律”“五个不准”等技术管理规范。

新的塞罕坝专业技术队伍接力传承，以现任技术副场长张向忠为代表的技术干部，近几年来共完成了 9 大类 60 余项科研课题，总结编写了 7 部专著，编制省级标准、规程 7 项，发表技术论文 700 余篇，20 余项科研成果获国家、省部级奖励，与北京林业大学等 10 余所院校建立了长期科研协作关系。

林场的技术人员在林业科研方面多次获得国家和省级科技进步奖，还曾获得国家计委、科委、林业部、农牧渔业部联合颁发的“农林科技推广进步奖”，被评选为“全国科技兴林示范场”。

从科研要效益，林场一大批科研人员开始把科研向深层次发展，推广了华北落叶松人工林集约经营最优保留密度的科研成果。

林场广泛开展营林生产技术研究，汇集多年科研成果，编辑出版了《塞北绿色明珠——塞罕坝机械林场科学营林系统研究》。突破樟子松自然分布南线，从东北引种到坝上安家落户，解决了高寒地区沙地造林的难题。

57 年来，塞罕坝人在高海拔地区工程造林、森林经营、防沙治沙等方面取得了创新性成果，其中 5 项成果达到国际先进水平。完成了樟子松引种、容器苗基质配方、森林防火技术研究等 6 大课题，部分成果填补世界同类研究空白。

据粗略统计，1962—1984 年，塞罕坝林场共造林 100 万亩，总计 4.8 亿余株，按株距 1 米计算，可绕地球 12 圈；保存 67.93 万亩，保存率 70.7%。在高寒、高海拔、半干旱、沙化严重等极端环境下，林场的单位面积森林蓄积量却是全国人工林平均水平的 2.76 倍、全国天然林和人工林平均水平的 1.58 倍，林场乔木的单位面积蓄积量是世界平均水平的 1.23 倍。林地肥力不断增强，部分地区林内植被达到 30 多种，形成了乔、灌、草、地衣苔藓相结合的立体资源结构。近 28 年来抚育间伐实现直接经济收入 11 亿多元。

在采访现任林场场长刘海莹时，他说：“我从来到塞罕坝林场的第一天起，就深深地爱上了这片热土，我在林场先后担任过分场的场长、林业科科长、总场党委书记、场长等职务。我经历了自 1983 年由造林为主转入营林为主的新阶段。作为坝上林二代，30 多年来，我从这些老一代务林人艰苦创业的先进事迹中，渐渐读懂了第一代林业工人那份深深植根于骨子里的执着与坚强。”

■ 全国最大的人工林基地

刘海莹常常对年轻一代的林场职工说："塞罕坝的每一寸土地都是有良心的，你用科学的态度对待它，用艰苦奋斗的精神感悟它，它会用绿色回馈我们。"

塞罕坝之美，美在开拓创新，谋求发展

塞罕坝的生态建设成就，是一部不辱使命、绿色发展的进步史

第一代建设者缔造了后人总结的"牢记使命、艰苦创业、绿色发展"的塞罕坝精神。

后来人没有躺在前人的功劳簿上沾沾自喜。林场的职工曾算过一笔账，每年只砍 1 万亩林子，可以够林场舒舒服服过日子。

在塞罕坝采访，每个人话不是很多，说起护林却头头是道。

林场建场57年来，塞罕坝人始终把森林防火工作当成关系林场生死存亡的头等大事来抓。

林场的老书记李信常常挂在嘴边的一句话就是："不发生森林火灾就是最大的经济效益。"

林场从20世纪60年代起开始完善防扑火队伍，80年代以后又将防火工作纳入系统工程管理。

50多年，林场坚持"依法立制、依法宣传、依法监督、依法检查、依法打击"的原则，对森林防火工作常抓不懈。

采访过塞罕坝防火工作的记者常常说，"塞罕坝人把如何防火的招想绝了"。

从60年代开始，他们制定了《森林防火工作实施细则》《森林防火"六落实"百分制考核办法》《森林防火全员风险抵押金制度》《塞罕坝机械林场专业扑火队管理暂行办法》等多项防火规章制度。

80年代，又探索加强"四网"、"两化"和监控体系建设。

进入90年代后期，森林旅游的发展给林场防火工作带来了严峻的挑战。全场强化火源管理，对进入林区人员做到"三不放过"，即不进行宣传教育不放过、不留下火种不放过、不检查登记不放过。

提起防火，大家都在这样形容塞罕坝人对于防火的认识。一听到林场响起防火警报，正在吃饭的男人会马上放下饭碗，正在做饭的女人会浇灭灶火，正在做作业的孩子们会放下作业本拿起身边的工具在5分钟内汇集到一条条林路上。虽然这样的机会并不多，大家都宁可信其无。有谁忍心让善良的塞罕人经受这种折磨!

今天的林场防火工作基本实现了地面有巡查员、路口有检查站、山上有望火楼、重点地段有监控哨的立体交叉防控体系。林场取得了建场以来未发生大的森林火灾的优异成绩，多次被上级主管部门评为"全国森林防火先进单位"和"全省森林防火先进单位"。

林子长起来了，林子保护好了，林场的新一代建设者们在传承塞罕

■ 现代化的望火楼

坝精神上把其发扬光大。

今天的塞罕坝已经成为国家级自然保护区、国家级森林公园，林场在利用资源而不破坏资源的前提下发展森林旅游和苗木为主的多种经营，走出一条开拓创新之路。

1982 年塞罕坝提前 2 年完成了规划建设任务，被林业部验收鉴定为“两高一低”，山川终于披上了绿装。

1983 年转入了以营林为主的新阶段，探索形成了严格精细的科学营林体系，森林资源从此越采越多、越采越好，经济自给能力也越来越强。

进入 90 年代，以回归自然、享受自然为主要内涵的生态旅游成为旅游热点。塞罕坝林场把下大力量发展生态旅游作为在新时期走出单纯木材经营的禁锢、促进林场可持续发展的最佳途径。

1993年林场建立了国家级森林公园，开启了森林旅游的新纪元，产业家族增添了精兵强将。

林场按照生态旅游的定位，着眼于发展大旅游、兴办大产业的目标，本着开发和保护并重的原则，努力在以游养林上下功夫。

他们聘请专家对森林公园进行了科学合理的规划，并严格按照规划进行开发和建设。同时，大张旗鼓地进行生态旅游宣传，让旅游管理者、旅游区居民和游人充分认识到对现有生态旅游资源保护的重要性，使游人自觉加入到环境保护的行列中。

2007年，建立了国家级自然保护区，保护森林生态系统、保育湿地生态系统，丰富生物多样性有了更加有力的保障。

近5年来，林场在经营思路上以“绿色、开放、共享”的理念为指导，走“生态优先、营造为本、科学利用、持续发展”之路。

“林场利用资源而不破坏资源，始终把推进生态文明建设放在工作的首位，再难的时候没有调减过造林任务，再苦的时候也没有挪用过一分管护资金。”曾任林场场长的刘春延说。

从林场发展旅游到今天近20年的时间里，基本上实现了三个“逐步”，即逐步由传统旅游向发展生态旅游转变，逐步由单一的观光旅游向满足多种需求的综合旅游转变，逐步由被动保护生态环境向主动保护生态环境转变。

塞罕坝变了，战胜了高寒、大风、沙化、干旱，改变了风沙蔽日、草木稀疏、人烟稀少的荒凉，成为了华北地区面积最大的国家级森林公园，被赞誉为“河的源头、云的故乡、花的世界、林的海洋、摄影家的天堂”。

57年来，三代塞罕坝人在这片荒原上建成了百万亩林海，栽下的树一米一株可以绕赤道12圈，从“一棵树”到世界最大的人工林海，每棵树的年轮都见证了塞罕坝的成长，写满了塞罕坝人的创业故事，记载着生态建设的进程。

塞罕坝绿了，塞罕坝富了。

如何让林场走绿色发展之路，林场把保护生态作为首要任务，经营、利用和培育并举，造林上做加法，加大零散宜林地、石质荒山等地的造林力度。采伐上做减法，保持年采伐量不超过年增长量的1/4，确保森林资源释放最大生态红利。

让塞罕坝逐步完成产业转型，将“绿水青山”变成了“金山银山”是林场领导班子和全体职工的共识。坝上人发自内心地说出了“用塞罕坝生态护京津蓝天”的担当。

增林扩绿是基础，林场转变观念，依托良好的生态环境，丰富的森林资源，广阔的草原和冷凉资源、冰雪资源以及湿地资源，适度发展生

■ 塞罕坝百万亩人工林海

态旅游，每年吸引游客50多万人次，在为人们提供康养休闲胜地的同时，年收入4000多万元。

通过林下造林和迹地更新等方式，培育绿化苗木基地8万余亩，年收入千万元，林场还启动了营造林碳汇项目。

近5年来，林场加大民生建设投入。按照“山上治坡、山下治窝，山上生产、山下生活”的思路，为确保森林安全，累计投入6000多万元，建立了科学严密的森林防火体系。

林场拿出经营收入2亿多元，实施了职工安居、标准化营林区改造等工程，对基础设施全面改造提升。修建、改造林区道路445公里，林路形成网格化；将光纤网络延伸到基层营林区、望火楼，林区通电了，通网络了。

全场所有的营林区、望火楼、检查站和管护点的职工，住上了集室内卫生间、洗澡、电视、网络等功能于一体的标间，极大提升了一线职工的幸福指数；全场1227户职工搬进新居，实现了老人孩子们在城里安居、求学，职工在岗位上乐业的全新人居模式。

塞罕坝森林生态系统每年可涵养水源、净化水质2.74亿立方米，固碳81.41万吨，释放氧气57.06万吨，可供199万人呼吸一年，空气负氧离子是城市的8～10倍。塞罕坝每年提供的生态服务价值超过142亿元。

国家给了林场12亿元的投入，塞罕坝回报国家和社会206亿元的森林资源价值，实现了“绿水青山”和“金山银山”的双赢！

近年来，林场获得了“时代楷模”“全国绿化先进集体”“国有林场建设标兵”“国土绿化突出贡献单位”“全国五一劳动奖状”等多项荣誉，被河北省委、省政府命名为“生态文明建设范例”。

2019年8月底，塞罕坝林场先进事迹报告团在人民大会堂作事迹报告。

今天成就的取得，是塞罕坝几代人无私奉献、艰苦创业结出的累累

■ 塞罕坝林场七星湖湿地

硕果；是牢记使命、尊重规律、改造自然的伟大实践。

正是这一代又一代务林人，在塞罕坝这片美丽的土地上躬身实践，接力传承，共同创造了塞罕坝今日的辉煌，在塞罕坝生态建设的画卷上，留下了浓浓的墨香。

社会评价

2019 年，河北塞罕坝机械林场建场 57 周年。

57 年来，塞罕坝务林人用汗水和智慧浇灌出的百万亩林海，长成了华北地区人工林规模最大、长势最好、生态环境最优、经济效益较高的“绿色明珠”。塞罕坝成为林业史上人工治理改善生态环境的典范。

57 年来，几代务林人在认识自然、利用自然、与自然和谐共生的伟大实践中，创造了我国生态建设史上的一个绿色奇迹，铸就了牢记使命、艰苦创业、绿色发展的塞罕坝精神，成为推进生态文明建设的一个生动范例。

2017 年 12 月，联合国环境规划署授予塞罕坝林场建设者“地球卫士”荣誉称号。

塞罕坝林场建场之始就承担着四项任务：“一是建成大片用材林基地，生产中、小径级用材；二是改变当地自然面貌，保持水土，为改变京津地带风沙危害创造条件；三是研究积累高寒地区造林和育林的经验；四是研究积累大型国营机械化林场经营管理的经验。”

57 年来，塞罕坝务林人坚定信念与艰苦奋斗同行，造林、经营，按照国有林场的模式扎扎实实地走过了每一步。

57年前的塞罕坝是一片不毛之地。57年后的塞罕坝成为了“河的源头、云的故乡、花的世界、林的海洋、摄影家的天堂”。

如今的塞罕坝总经营面积 140 万亩，其中有林地面积达 112 万亩，森林覆盖率达 80%，林木总蓄积量达 1012 万立方米，成为集生态公益林建设、商品林经营、森林旅游和多种经营于一体的全国最大的人工林林场。

初上塞罕坝，是在一个骄阳似火的盛夏。一路上田野中热气灼人，使人在开着空调的汽车中，难免也昏昏欲睡。一进塞罕坝森林公园山门，马上感觉到浑身的凉爽与惬意。登上几十米高的塞罕塔，极目远眺，上万公顷的落叶松人工林和天然白桦林编织的锦缎般的美丽画卷一览无余。

二上塞罕坝，看旅游发展。这一片9.4万公顷的场区范围内，有山地，有高原；有丘陵，有曼甸；有森林，有草原。不出几公里，就可观赏到多种不同的地形地貌和丰富的自然景观。塞罕坝被称为是“河的源头、云的故乡、花的世界、林的海洋”。

三上塞罕坝是一个冬季，处处白雪，室外零下40多摄氏度，出门行路举步维艰，白毛风挟带着豆粒大的雪粒无情地吹打着脸庞，欲哭无泪。林场工人告诉我：他们这里积雪时间长达7个多月，期间平均气温零下15℃，年无霜期仅为64天。塞罕坝的整个冬天人们只能用冻白菜和土豆充饥。在这里工作了几十年的老林业工作者们，晚年大多患有风湿性关节炎、心脑血管等疾病，林场的老人去世时的平均年龄不足52岁。

四上塞罕坝，看林场修公路，建大楼，引外资，抓建设，上项目，搞创收，干得有声有色，基本形成了造林营林、林产工业、森林旅游等多种经营相互递补的绿色产业链条。

五上、六上……23年的采访历程，我去过101次塞罕坝。写过无数篇的文章，拍过上万张的照片。

听塞罕坝、看塞罕坝、说塞罕坝、写塞罕坝，每次去塞罕坝，不一样的情感流淌、不一样的真情表白、不一样的见闻收纳，俱凝结在笔端，我写道：美哉、塞罕坝！！！

说塞罕坝，谁也说不过塞罕人自己。他们是用经历在说，用情感在说，用心在说。

唱塞罕坝，除了塞罕生灵，谁也唱不出塞罕坝的味道。这里的“夕阳红”老干部合唱团唱遍河北，唱响全国，唱的是精神，唱的是品格；这里的动植物都在唱，或轻吟浅唱、或昂首高歌，都是以不变的清纯、烂漫的色彩、永远的生命，唱出对塞罕坝这块热土的依恋、赞美和向往。

写塞罕坝，谁也写不过塞罕坝自己人。他们不是用笔，而是用传承艰苦奋斗的精神、用可持续发展的战略布局在写着明天。

——河北省林业和草原信息中心　孙阁

（图文、视频：孙阁）

封山禁牧从吴起开始，退耕还林从延安走向全国。

建设和保护好共产党人的精神家园是延安人民义不容辞的责任，发扬自力更生、艰苦奋斗的延安精神是我们永不消退的力量源泉。变过去“兄妹开荒”为今日的“兄妹造林”，再造一个山川秀美的西北地区，让延安人民生活得更美好、更幸福是我们的时代答卷。

陕西延安

陕西延安 经过20年艰辛而又执着的林业生态建设，延安累计营造林2216.78万亩，造林绿化以年均110.8万亩的速度推进，林地面积增至4473.6万亩，占国土总面积的80.5%。其中完成退耕还林面积1077.5亩，占全国退耕面积的2.1%、陕西省的26.7%。全市森林面积和蓄积量持续增长，天然林由原有的1625万亩增加到2261.6万亩，活立木总蓄积量达到8755.3万立方米，森林覆盖率由33.5%增加到52.5%，植被覆盖度由46.1%跃升至2018年的81.3%。年入黄泥沙由20年前的2.58亿吨降为0.31亿吨，降幅达88%，降水量达到550毫米左右，城区空气优良天数由2001年的238天增加到2019年的323天。2018年，农村居民人均可支配收入达到10786元，较1998年净增9430元。

二十载山川黄变绿
延安精神引领生态建设

——记“全国退耕还林第一市”陕西延安

2017 年 12 月 18 日，在北京召开的中央经济工作会议上，习近平总书记指出：从塞罕坝林场、右玉沙地造林、延安退耕还林、阿克苏荒漠绿化这些案例来看，只要朝着正确的方向，一年接着一年干，一代接着一代干，生态系统是可以修复的。

2015 年 10 月，荷兰国王威廉·亚历山大访问延安时，发出这样的感叹：如此大规模的植树造林，将成为环境再生的一个极佳案例。延安，为人们提供了一个短期内“生态可逆”的现实样本。

2019 年 9 月 5 日，国家林业和草原局局长张建龙在全国退耕还林还草 20 周年工作会议上指出：这次会议之所以在延安召开，因为这里不但是退耕还林还草政策的发源地，更是全国退耕还林还草第一市。20 年前，延安市在全国率先开展退耕还林。20 年来，全市各级党委、政府和广大干部群众大力弘扬延安精神，统筹规划，持续发力，整体推进，综合治理，累计退耕还林 1077.5 万亩，森林覆盖率提高 19.57 个百分点。昔日“山是和尚头，水是黄泥沟”的黄土高坡，如今变成了山川秀美的“好江南”，实现了山川大地由黄变绿的历史性转变，成为全国退耕还林和生态建设的一面镜子，也为全球生态治理提供了“延安样本”。

会上，在讲到延安 20 年生态巨变时，张建龙动情地说：“延安是全国退耕还林第一市，第一市不是随便叫的，是有内容、有标准的。延安无论是退耕还林面积、质量还是成效，都是全国独一无二的。如果你过去来过延安，或者从文字、影像资料看到过过去的延安，你再看现在的延安，就知道什么叫翻天覆地，什么叫改天换地。”

在延安推进生态建设20年的时间里，中央电视台、新华社、《人民日报》等全国各大主流媒体对延安实施以退耕还林为主的林业生态建设取得的卓越成效进行了大规模、多角度、全方位的报道。其中，在新华社的一篇报道中说："沟壑纵横、秃岭荒山、尘土弥漫是过去许多人对延安的基本印象。但是经过20年退耕还林，现在的延安绿染山林、山花烂漫、蔬果飘香，颠覆了人们对她的传统印象。"

延安生态变迁二十载的光辉而又艰辛的历程，带给世人的是惊叹，是喜悦，是感动。无论国内还是国外，无论本地市民还是外地游客，无论是耄耋老者还是天真孩童，他们分别以不同的方式抒发着自己内心的感动：画家用画笔展现出一幅圣地绿色的和谐画卷，歌唱家用甜美的歌喉将天蓝地绿的延安唱出来，书法家以挥毫泼墨的方式表达着自己对延安青山绿水的热爱，摄影家用镜头定格了延安漫漫二十载生态变迁之路，作家用妙笔将对延安生态变化的感动写出来……

曾经，因了毛泽东主席和党中央在此战斗过十三个春秋，延安家喻户晓；

现在，因了二十载栉风沐雨筚路蓝缕的生态建设，延安妇孺皆知。

关于延安生态建设二十载，有人说它是红色土地上的绿色奇迹，有人说延安由此走向了世界，有人说延安为世界提供了一个短期内"生态可逆"的现实样本。它像一首动人的歌谣，汩汩流向每一个提倡与践行生态保护者的心田；它如一个不老的传说，一次次地为全国各地的兄弟省市提供着不竭的生态建设经验，一次次地让渴望绿色的人们鼓起了建设家园的勇气。

生态延安，绿色延安，和谐延安，幸福延安……这里不仅天蓝、地绿、云白、水清，而且花红、柳绿、人富、景美。这里不仅有巍巍宝塔青青荞麦，还有滚滚延河漠漠水田。

新中国成立至今，一代代党和国家领导人一次次地关注延安，一次次地惦记延安，一次次地为延安生态建设与发展凝心聚力出谋划策，才成就了延安这片黄色土地上的绿色奇迹。

■ 昔日延安

■ 如今延安

黄色土地上的绿色奇迹

延安位于黄土高原丘陵沟壑区，辖 2 区 11 县，总面积 3.7 万平方公里，总人口 226 万。20 多年来，延安市积极响应党中央号召，大力发扬延安精神，率先在全国开展大规模退耕还林，掀起了一场轰轰烈烈、波澜壮阔的“绿色革命”，经过 20 年接续奋斗、不懈努力，延安大地实现了由“黄”到“绿”的历史性转变，创造了黄土高原生态修复的奇迹。

延安是中国革命圣地，是共产党人的精神家园。一代又一代延安人以崇高的政治责任和神圣的历史使命，忠诚守护着这片红色土地。再造

绿海无边

秀美山川，延安人民勇挑重担，一张蓝图绘到底、一任接着一任干。从1998年吴起县首开全国封山禁牧先河，到1999年在全国率先开展大规模退耕还林成为最早试点，再到2013年财力十分紧张的情况下自筹资金再次率先在全国启动实施新一轮退耕还林，将25度以上坡耕地全部退耕还林还草，延安市始终坚持人工绿化与封山禁牧相结合，梁峁河坡洼统一规划，山水林田路综合治理，整体规划、分步实施，群策群力、投工投劳，变“兄妹开荒”为“兄妹造林”，用20年的时间，退出了一片片青山，还出了一洼洼绿地，延安山川大地披上了层层绿装，由过去的“黄中找绿”变为如今的“绿中找黄”。

黄色土地上的绿色祈盼

那么，延安的过去又是一幅什么样的情景呢？

80 年前，美国记者埃德加·斯诺曾在《红星照耀中国》中对他所看到的黄土高原的景象作出如下记录：“这一令人惊叹的黄土地带……在景色上造成了变化无穷的奇特、森严的景象——有的山丘像巨大的城堡，有的像成队的猛犸，有的像滚圆的大馒头，有的像被巨手撕裂的冈峦，上面还留着粗暴的指痕。”

除了满目荒凉，当时这片土地上的贫穷同样令其心生感慨。他在书中这样表述：“陕北是我在中国见到的最贫困的地区之一……”

将历史的慢镜头拉长，以《红星照耀中国》所描述的场景为节点，贫穷，荒凉，落后，寂寥……这些单调而灰暗的景象，在陕北这块不毛之地上，绵延了上千年。

相关资料显示，20 世纪末，延安水土流失高达 2.88 万平方公里，占总面积的 77.8%。土壤侵蚀模数每年达 9000 吨 / 平方公里，年入黄泥沙 2.58 亿吨，约占入黄泥沙总量的 1/6。由于历史和客观原因，延安是一块极为贫瘠的土地。这里沟壑纵横，植被稀少，生态环境恶劣。春冬两季，沙尘暴频发，漫天的黄沙遮天蔽日，肆无忌惮地荼毒着这片贫瘠土地上的生灵。

“三天两头旱，十种九难收”是当时延安农业生产的真实写照。由于山上没有树，扛不住风，地上没有水，滋润不了庄稼，陕北人一年到头面朝黄土背朝天，却常常连播下的种子都收不回来。

“过去山上都是农田，一下雨，山上的土壤就会被连泥带水冲下来，堆在山下川道的稻田里。老百姓赶紧拿上盆，一盆一盆把稻田里的泥水往外舀，试图保住根本就收不了多少粮食的口粮田。赶上好年景，山上的耕地一年也仅能收获一百来斤粮食。”在南泥湾生活了六十年的老人侯秀珍回忆说。

■ 1998 年前延安吴起县牧羊场景

“开一片片荒地脱一层层皮，下一场场大雨流一回回泥。累死累活饿肚皮”。曾几何时，荒凉与贫穷，成为延安的代名词。

萧索黄山，漫天黄沙，成为这片土地上挥之不去的梦魇。

林业专家认为，黄土高原土质疏松，许多地方并不适合种粮食。特别是陡坡地，开荒种粮极易导致水土流失，大大减少了农业生产力。联合国粮食组织的专家考察延安后也曾断言：这里不具备人类生存的基本条件。

广种薄收，是延安人的生产方式；隐忍不屈，是延安人血脉相传的品格。

民以食为天，没有足够的粮食充饥，要生存活命的延安人只能再想其他办法。要在这片血液并不充足的黄土地上刨食，他们只能依靠养羊来增加收入维持生计。

延安的农民有着几千年散牧的习惯，在散牧过程中，特别是以山羊为主的畜群结构对植被造成了很大的破坏。“嘴是一把剪，蹄是四把铲”，山羊不仅吃草和树叶，还用蹄子把草根也刨出来吃掉，把树皮啃光。农民年年倒山种地，漫山放牧，以牺牲生态为代价来维持生计，使得这块原本就贫穷荒凉的土地陷入了“越垦越穷，越穷越垦；越牧越荒，越荒越牧”的怪圈。

山，更加荒芜。

林，更加稀疏。

因为群众的散牧习惯，导致没树没草的山头留不住雨水。一下大雨就能暴发山洪，连牲口都能冲跑。因此，许多人就有了“跑洪水”的记忆。20 世纪六七十年代的延安，几乎每个村子都装有大喇叭。一下雨，村子里就有人专门在喇叭上通知全村人“跑洪水”。50 年前，在志丹县永宁镇，李玉秀的爱人就被洪水冲走了。

“那年，二十来个人一起上山，山里下雨发了洪水。大家只能各自找地方跑。洪水过了，人们发现少了我婆姨。”

隔着岁月的沧桑，每每谈及此事，李玉秀仍然悲从心来，哽咽不已。

“为什么我的眼里常含泪水？因为我对这土地爱得深沉”。在这穷山恶水之间苦苦挣扎着的延安人，面对着如此恶劣的自然环境，如此艰难的生存条件，他们没有想过远走高飞，没有想过另谋他路。他们仍然深深地爱着这片养育他们的黄土地，爱着这片土地上与他们同呼吸共命运的一草一木！

红色圣地上的绿色崛起

一部延安生态修复史，就是一部延安儿女自力更生、艰苦奋斗的伟大创业史

20 年的退耕还林，使全市的林草植被明显恢复，生态环境显著改善，山川大地实现了由黄到绿的转变。20 年来，累计完成退耕还林面积 1077.5 万亩，占全国退耕面积的 2.1%、陕西省的 26.7%，延安被誉

为“全国退耕还林第一市”。扬沙天气数减少到原来的1/10，城区空气质量优良天数达到323天，“郁郁青山”构筑起黄土高原的生态屏障，“蔚蔚蓝天”成为延安的一张亮丽城市名片。

除此之外，20年的退耕还林工作还产生了极大的生态效益物质量和生态效益价值量。中国林业科学研究院2019年6月评估结果显示：2018年度，延安市退耕还林工程涵养水源59515万立方米，固碳100.59万吨，释放氧气235.65万吨，吸收污染物7.92万吨，防风固沙1383.76万吨。

在退耕还林工程生态效益价值量方面，中国林业科学研究院2019年6月评估结果显示：2018年度，延安市退耕还林工程各项生态效益总价值为218.81亿元。其中，涵养水源53.21亿元，固碳释放氧气36.65亿元，保育土壤28.10亿元，林木积累营养物质8.91亿元，净化大气环境27.60亿元，森林防风固沙25.17亿元，生物多样性39.16亿元。

这一可喜成绩的取得，来源于党中央的英明决策，来源于市委、市政府的坚强领导，更来源于延安群众的大力支持。

1999年8月，时任国务院总理朱镕基来延安调查水土流失和生态建设工作。面对延安被严重破坏的自然生态现状，朱总理在宝塔区燕沟流域的聚财山提出了退耕还林十六字方针：退耕还林、封山绿化、个体承包、以粮代赈。如暗夜中的一盏明灯，指明了延安生态复兴与绿色发展的航向！

从此，延安儿女积极响应党中央的号召，在市委、市政府的领导下，驾着满载希望与梦想的快车，驶向一条生态修复的绿色发展之路！

对历史机遇的认知与把握，必须要有前瞻性和预见性，它既需要一种激情和责任，更需要一份清醒与理智。退耕还林工作，对于当时生态脆弱的延安来说，实在是太重要了，它是一件造福子孙后代的大事。而且延安具备退耕条件，也只有退耕还林，才是解决当时处于青黄不接中的延安人民脱贫致富、改善生态环境的唯一途径。

■ 治理中的荒山秃岭

地方政府和领导的执行力是落实党中央决策部署的关键。围绕朱总理对退耕还林的指示，市委、市政府立即成立了调研组，在时任市长王侠、市委副书记孙志明、副市长李瑞支的带领下，历时二十余天，奔赴延安各县区就如何贯彻落实朱镕基总理指示精神、加快延安水土流失治理步伐、建设山川秀美新延安展开了翔实的调研。

调研组经过认真细致地走访调研和反复讨论，形成了几个基本共识：一是国家提出的退耕还林（还草）政策符合延安的实际，延安当时实际耕种面积近1400万亩，人均9.8亩耕地，即使留足2.5亩口粮田，人均还可以退7亩多，全市可以退耕1000万亩左右。二是国家“以粮代赈”政策解除了群众退耕的后顾之忧，是延安农民走出“越垦越穷、越穷越垦”怪圈的天赐良机。三是处理好国家要“被子”（植被）与农民要“票子”的关系，把退耕还林与农民的现实利益直接挂钩，建立有效的利益机制是退耕还林见到实效的根本保证。四是以退耕还林为契机，尽快从传统的生产方式中摆脱出来，加快农村经济结构调整，促进农民收入稳定增长。五是传统的畜牧业放养模式是破坏生态的重要因素，必须全面、严格禁止放牧，推行舍饲养畜，让生态自然修复。随即将这一结论提交给了延安市委、市政府。

根据调研组结论，延安市委、市政府迅速作出了《关于实行封山绿化、舍饲养畜的决定》和《关于实施天然林保护工程的决定》，确立了“以退耕还林工程为主的生态建设统揽农业农村工作全局”的新思路，层层动员，统一认识，在全国率先实施了退耕还林工程。一场波澜壮阔的绿色革命正式拉开了帷幕！

“封山禁牧从吴起开始，退耕还林从延安走向全国”。坐落在陕西省延安市吴起县的中国迄今为止唯一的退耕还林展览馆的墙壁上，醒目地写着这句话。

1998 年，为走出“越穷越垦，越垦越穷；越牧越荒，越荒越牧”的怪圈，吴起作出了“封山退耕，植树种草，舍饲养羊”的决定，将低产坡地全部退耕，当年淘汰出栏当地土种山羊 23.8 万只，全面实现了封山禁牧目标，首开全国封山禁牧之先河。1999 年，延安市各县区全面启动退耕还林工作，比 2000 年 3 月国务院批准长江上游、黄河中上游地区 17 个省区的 188 个县的退耕还林试点工作正式启动早一年。

把党中央的决策贯彻落实好，是延安退耕还林工作迈开坚实一步的金标准。在退耕还林起步阶段，面对延安自上而下的重重顾虑与困难，市委、市政府领导逢会必讲退耕。只要召开退耕还林方面的专业会，主要领导就一定要到现场讲话。在出差的途中，只要是看到沿途中有羊子在山上吃草，市县领导都会叫司机把车停下来，找来当地的领导问个究竟。

第一个吃螃蟹的人总是令人钦佩。作为退耕还林第一市的延安，在筹备退耕还林工作时，没有可供参照的样本，没有能够套用照搬的经验，一切都得从零开始。于是，市委、市政府把建立健全退耕还林工程管理机构、充实工作人员作为一项重要举措来抓，组建成立了市、县、乡退耕办，专项列编 1000 余名工作人员，建立了纵向到底、横向到边的工作管理体系，细化职责，量化任务，强化考核，把每年的退耕还林任务落实到山头，落实到地块，落实到乡村农户。

与此同时，责任也自上而下层层夯实。退耕还林20年来，延安始终坚持实行一把手负责制和责任追究制。先后制定出台了《关于全面实行封山禁牧的决定》《退耕还林目标责任检查考核实施方案》《关于县区党政一把手退耕还林工作负总责的实施办法》《巩固退耕还林成果暂行办法》等30多个制度办法和管理措施。这些制度办法和管理措施，都先于中央和陕西省和其他省市出台，为中央、陕西省退耕还林政策的制定出台提供了经验和借鉴，并在全国推广。

为了使退耕还林工作快速推进，延安历届党委、政府和有关部门，一把手带领一班人，一任接着一任干，一张蓝图绘到底。逐级夯实责任，严格兑现奖惩。出台了《退耕还林粮食补助资金兑现管理暂行办法》，将政策补助资金直接划拨到县区，推行政策兑现公示制度，第一时间拨付到户。在退耕还林钱粮兑现的过程中，为防止虚假冒领、优亲厚友事件的发生，市委、市政府要求各县区从开始的指标分配到最后的政策兑现，都要严格执行公示制度，接受群众监督。这一系列举措，为退耕还林工作的顺利推进提供了坚强有力的保证。

“在退耕还林中，我们坚持了25度以上的坡耕地先退、人均达到2.5亩基本农田的地方先退和已经形成主导产业的地方先退的‘三先退’原则。当然在这个过程中间，我们觉得首先要在全市上下深入学习中央的精神，统一思想，解决大家的认识问题。另外，在整个实施的过程中间，我们采取了退耕还林、封山禁牧、天然林保护、基本农田、舍饲养畜、移民搬迁六大工程。应该说这六大工程是支撑整个退耕还林的主要工程。”王侠说。

全国的退耕看延安，延安的退耕看吴起。作为全国退耕还林第一县的吴起，截至2005年，就累计完成退耕还林230.79万亩，是当时全国150多个退耕还林县（市）中退得最早、还得最快、面积最大、群众受益最多的县。但它的起步，可谓一波三折。

“种了大半辈子的地，现在好端端不让种了，却让我们种树，树又不能当饭吃！”在吴起县实施退耕还林项目的初期，有些农民想不通，就找时任吴起县委书记的郝飏理论。

“你先不要急，咱俩算算账，你算过我，我听你的；你算不过我，你就听我的，我准备带领乡亲们发展高效农业，高效农业一亩地能打1000斤粮，你种十亩地不如我一亩地收成多，还要吃很多苦，你算算哪个好？”每次面对百姓脸红脖子粗的质问，郝飏总是不急也不恼。他总是先请这些人坐下，给他们倒杯水，发根烟，然后心平气和地跟他们“算账”。

通过摆事实、讲道理和作比较，通情达理的群众的情绪也稍稍稳定了下来。

可谈及国家对退耕还林的钱粮补贴政策，群众刚刚平静下来的心情便又开始骚动不安。

“历朝历代都是咱们给国家送皇粮、送公粮，还没听说过国家给咱老百姓送粮，这根本不可能！”

“我活了这么大年纪，从没想到国家给老百姓送粮，还一送就是这么多，而且要给八九年呢！”一位老大娘笑着说。2000年年底，退耕还林钱粮兑现政策在延安实施。当群众用三轮车将一袋袋粮食从发放点拉回家的时候，脸上都洋溢着无法掩饰的喜悦。

“确实当初我到了吴起以后，感觉到吴起的生态必须进行修复，否则的话，农村经济就无法发展。但是，如何把修复生态这项长远发展的工程和当前的农民生产生活结合起来，当时是我们一直思考的问题。也进行了大量的调查、研究，群众里头有很多、很好的典型，都让我们有所启发。现在经过8年的退耕还林和生态修复，可以说吴起在恢复生态这项工作中，已经取得了阶段性成果，效果比我们预期的要好。面对满目青山，我们确确实实感觉到，在劳动人民群众中蕴藏着巨大的智慧和无限的创造力，所有这一切都是吴起人民一棵树一棵树栽出来的，一镢头一镢头挖出来的，劳动人民真伟大。”谈及吴起的退耕还林，时任延安市委常委、宣传部部长的吴起县委书记郝飚感慨道。

20 年来，在延安市委、市政府的坚强领导下，在吴起的率先垂范下，一片片绿荫在延安这片原本荒凉的黄土地上悄然出现，一抹抹绿意在红色圣地上势如破竹般悄然崛起！

延长县郭旗镇石家河退耕前（上、2000 年）退耕后（下、2018 年）对比

一部延安生态巩固史，就是一部圣地百姓众志成城、群策群力的推波助澜史

退得下、稳得住、不反弹、能致富，是延安退耕还林的四部曲。它们环环相扣缺一不可。延安对退耕还林成果的巩固，依然能够成为其他地区的标杆与样本。

为了巩固好退耕还林成果，2004 年 9 月到 11 月，市政府组织市、县、乡、村 6000 多人，历经两个多月，对每个退耕户的退耕还林面积、口粮田、林果面积、有无养殖业和劳动收入等进行了一次逐户全面普查。在充分调研的基础上，市委、市政府及时出台了《关于加快以苹果为主的绿色产业发展的决定》等政策，其中明确了基本农田建设、产业开发、最低生活保障、封山禁牧、管护体系建设的具体扶持办法和工作措施，明确了要把退耕还林与退耕农户口粮田建设、后续产业发展、舍饲养畜和建设农村沼气池等解决农户长远生计问题结合起来。市县两级财政投入大量资金，帮助退耕农户修农田、建产业，以解决退耕户吃粮花钱问题。同时将成果巩固工作纳入考核和领导离任审计范围，出现复垦现象严格责任追究，使退耕还林成果巩固工作走上规范化道路。2005 年 4 月，《国务院办公厅关于切实搞好“五个结合”进一步巩固退耕还林成果的通知》(国办发〔2005〕25 号）文件正是在延安经验的基础上不断完善并且推广。

围绕这一系列的政策办法，相关领导反复开会探讨，最终总结出退耕还林四大目标——退得下、稳得住、不反弹、能致富。

现在，退耕还林四大目标中的“退得下”已经实现，那么，如何才能让退耕还林成果稳得住呢？

由于延安农民的散牧习惯，退耕还林前，全市羊子存栏数量超过 200 万只，最高时达 230 万只，特别是以山羊为主的畜群结构对植被造成了很大破坏，大部分地区载畜量严重超限，草场严重退化。要保持好已经栽上树苗的退耕地不被羊子破坏，就要改变群众沿袭多年的散牧习惯，推进舍饲养畜。而舍饲养殖费工费力，成本剧增，又为这一变革增加了难度。

为此，市委、市政府在总结吴起县1998年封山禁牧经验的基础上，1999年10月，出台了《关于封山绿化舍饲养畜的决定》文件，2002年在全市范围内禁止放牧；2004年，出台封山禁牧管理办法，在全市范围内严格推行封山禁牧，促进生态自然修复。并把封山禁牧列入年度目标考核，实行一票否决制。同时全面推行舍饲养畜，扶持农民群众建设圈舍、人工种草和饲草加工，积极调整畜群和品种结构，大力发展以养猪为主的规模化、标准化养殖业。不断强化封山禁牧手段和措施，禁止任何单位和个人以任何理由放牧。而且舍饲养畜严格实行准入制度，凡舍饲养羊，必须经畜牧等部门根据饲草、圈舍、劳力等条件确定具体饲养量，未经许可和超出许可范围的羊子一律限期处理。市上定期不定期组织暗访和随机检查，并将暗访、检查结果在全市范围内予以通报。通过这些措施，有力地促进了封山禁牧工作。

"千淘万漉虽辛苦，吹尽狂沙始到金"。经过自上而下的一致努力，到2018年年底，全市羊子存栏下降到56万只，规模化养殖厂养殖户的比重由不到10%提高到40%以上，畜牧产值由7.56亿元增长到26.31亿元。禁牧政策渐入人心，舍饲养畜成为绝大多数群众的自觉行为，为生态自然修复与退耕还林成果的巩固提供了有力保障。

除此之外，为进一步贯彻党的十九大关于生态文明建设有关精神，经过一年多的精心准备，《延安市退耕还林成果保护条例》于2018年12月1日正式颁布实施，延安也由此成为了以法律条文形式保护退耕还林成果的第一市。

那么，在退耕还林之后，农民群众可耕种的土地少了，怎么样才能保证农民利用仅有的土地吃上饭？如何才能让农民在吃上饭的同时还能有零花钱呢？如何才能保证退下来之后不复垦、不反弹呢？

经过多次开会与反复讨论，大家一致认为，基本农田建设是解决农民吃粮问题的有效途径之一，应该在延安大力推进。于是，延安市财政每年列支3000万元，补贴用于基本农田建设，把保人均2.5亩基本农田同保干部工资一样对待。坚持25度以上陡坡地不修、植被好的地方不修、退耕还林地不修的“三不修”原则，在近村、低山、靠山的地方布设农田。退耕前，延安耕地总面积为1400多万亩，其中坡耕地占到83%，粮食产量低而不稳。退耕后，通过新建、改造基本农田和大力开展新技术、新品种引进和试验示范，努力提高粮食单产。土地产出能力的提高，使得延安在退耕还林1600多万亩的情况下，仍保持了粮食总产量基本稳定。

植被覆盖率逐年上升，山川大地开始由黄转绿。尽管取得了阶段性成就，但随着工业化、城镇化的快速推进，新的农业发展问题又摆在了面前。大规模退耕还林之后，延安的耕地保有量减少了一半多，且受自然地理条件限制，以及受部分耕地灌排条件差、抗旱能力弱、耕地产能低等因素影响，永久基本农田建设和农业生产发展空间在哪里？虽然国家给予了8年的钱粮补助，但补贴结束后，粮食安全怎么保证？退耕还林成果如何巩固？群众靠什么增收？退耕还林还草的水土流失生态脆弱的地区，需要采取哪些措施？这一系列的问题，又摆在了市委、市政府相关领导面前，他们思考着，探索着，想努力寻找出一条巩固退耕还林成果的新路子！

延安有长度500米以上沟道4.4万条，1000米以上沟道2.09万条，沟道造地潜力150多万亩。2013年，针对大规模退耕带来的粮食安全、脱贫攻坚等新问题，在中央财政支持下，在市委、市政府的领导下，在各县已有实践经验的基础上，延安探索出“山上退耕还林保生态，山下治沟造地惠民生”的生态保护修复模式，率先实施了治沟造地土地整治重大工程。

治沟造地是对黄土高原丘陵沟壑地区特殊地貌，集坝系建设、盐碱地改造、荒沟闲置土地开发利用和生态整体修复为一体的一种沟道土地整治新模式，是保生态、增良田、惠民生的系统性工程。此项工程被原国土资源部、财政部列入全国土地整治重大工程。项目涉及全市13个县区、197个项目，建设规模50.67万亩，总投资48.32亿元。为推动治沟造地整治重大工程，加快实现预期目标，在工程实施过程中，延安市不断加强组织领导，科学规划设计，坚持按照“综合配套，先渗后溢，保持水土，防涝防洪，防盐防碱”的工作思路，采取“以坝控制，节节设防，留足水道，畅通行洪，适度开挖，分级削坡，造林种草，恢复植被”等针对性措施，规范项目管理，确保工程质量，探索总结出一套行之有效的方法。

精诚所至，金石为开。2018 年年底，延安完成新修水平梯田、水平捻地、坝地、治沟造地 379 万亩，人均口粮田达到 2.5 亩。全市粮食总产量一直稳定在退耕前的 70 万吨左右。项目完成后，耕地平均质量等级提高了 2 到 3 等，年均新增粮食产能 2.2 亿斤。在实现了退耕不减产的同时，也保障了生态安全和粮食安全的协调发展。为探索黄土高原生态环境与经济社会发展积累了宝贵经验，提供了成功案例。

“荒山要‘被子’，农民要‘票子’”。退耕还林是促进生态环境改善的手段，让群众能够过上富裕的生活，才是终极目的。如何来平衡“被

■ 黄龙山林区

子”和“票子”的关系，让退耕的荒山与需要穿衣吃饭的农民之间达到共赢，这才是实施退耕还林的重中之重。

于是，市委、市政府把加快农村经济结构调整作为促进农民转变生产方式、实现致富增收的根本途径，按照“一县一业、一村一品”的思路，积极推进经济结构调整，大力发展苹果、草畜、棚栽等特色主导产业，实现生产方式由以粮为主向发展特色主导产业转变，由一家一产单打独斗、粗放式经营向规模化种植、标准化生产、集约化经营的产业化方向转变，市财政针对主导产业给予政策和资金支持，农民每建一个标准日光温室补贴 1500 元，新栽一亩果树补贴 100 元，建一个年出栏 1 万头的养猪场一次性补助 100 万元，新建一个年末基础母羊 400 只以上且存栏达到 1000 只以上的规模养羊场一次性补贴 50 万元。2006 年，

市委、市政府作出《关于加快以苹果为主的绿色产业发展的决定》，市县财政每年用于产业发展的直补资金达到 2 亿多元，加上配套扶持，每年产业建设方面的资金在 6 亿元以上。经过多年发展，延安形成了以苹果为主的农业特色主导产业，种植面积占全省的 1/3，全国的 1/10，是我国苹果种植面积最大的地级市。全市近百万人从事苹果产业。在苹果产业之外，棚栽业、特色养殖业等产业正在兴起，地椒羊、红枣、小米、核桃、花椒等一批特色地域品牌也已形成。

良好的生态环境是最普惠的民生福祉。延安退耕还林始终致力于让人民群众充分享受绿色福利，长远谋划、综合治理，农民坡耕地减了、高产田增了，种的庄稼少了、栽的树多了，“植树造林就一定能过上好光景”成为延安老百姓普遍共识和自觉行动。只有坚持生态惠民、生态利民、生态为民，不断顺应广大群众对优美生态环境的新期待，才能更好提升人民群众的获得感、幸福感、安全感。

自退耕还林以来，生态旅游业在延安勃然而兴。延安共建成省级以上森林公园 8 个，自然保护区 7 个，打造了 10 个森林养生、体验、探险生态旅游基地，开辟了 12 条生态旅游线路，涌现了宝塔区万花、安塞区南沟、黄陵县索洛湾、吴起南沟等一批乡村生态旅游典型，催生了林产品加工、民宿餐饮、观光采摘等业态，全市参与乡村旅游的农民近 4000 人，旅游区人均年收入 1.6 万元。

在退耕还林的过程中，延安的“进”耐人寻味。这“进”，抓住了山水林田湖生命共同体的根本——树，提高了生态效益；抓住了农民增收这个中心，确保了生态建设的成果；抓住了生态移民这个手段，确保了植被的自我修复；抓住了发展现代农业这个方向，确保了延安的高质量发展。而这，正是延安进与退的辩证法。

除此之外，退耕还林是“绿水青山就是金山银山”理念在延安的生动实践。延安人过去盼温饱，现在盼环保。据中国林业科学研究院测算，2018 年延安退耕还林工程生态效益年价值为 218.8 亿元，充分印证了绿水青山既是自然财富、生态财富，又是社会财富、经济财富。只要认真践行习近平生态文明思想，就能使绿水青山持续发挥生态效益、经济效益和社会效益，为子孙后代留下永不枯竭的“绿色银行”。

风雨兼程二十载的延安退耕还林路，退去的是固守千年的生活习惯，还上的是绿色先进的发展理念；退去的是面朝黄土背朝天的耕作方法，还上的是高效集约的生产方式；退去的是和尚头般的荒山秃岭，还上的是福泽百世的绿水青山！

一部延安生态保护史，就是一部圣地人民矢志不渝、百折不挠的增绿添美史

在抓好退耕还林的同时，延安同步启动了天然林保护工程，全面停止了天然林商品性采伐，通过公益林建设，分流林业职工等举措，实现了由木材生产向生态建设转变、单纯性造林向造管抚育转变、单一经营向多种经营转变，全市 1625 万亩天然次生林得到休养生息。

为了从根本上遏制生态环境恶化，保护生物多样性，促进社会、经济的可持续发展，1999 年，延安市委、市政府抢抓国家政策机遇，在陕西省率先实施天然林保护工程。通过近 20 年坚持不懈地努力，森林资源得到有效保护。新增天保公益林面积 469.3 万亩，天然林面积增长到 2261 万亩。少采伐林木蓄积量 1653 万立方米，新增活立木蓄积量 3379 万立方米，活立木蓄积量达到 8755.3 万立方米。在连续 14 次全省天保工程“四到市”考核中，均位居前三名，其中 9 次名列第一。与此同时，进一步加强了森林防火、野生动植物保护和自然保护区建设工作。荣获“全国生态建设突出贡献先进集体”“全国保护森林和野生动植物资源先进集体”“国家森林城市”“国家园林城市”。连续 19 年未发生大的森林火灾和人员伤亡事故，连续 6 届被国家林业局、国家森林防火指挥部授予“全国森林防火先进单位”。

如此优异成绩的获得，与奋战在各个岗位上的林业人的默默奉献密不可分

说到天然林保护，谈到护林人，人们首先想起的是延安富县的任家三代护林人。

在富县桥北国有林管局，有任家三兄弟。他们分别叫建林、育林、成林。用他们自己的话来说，他们的名字有着典型的林业色彩。其中不仅寄托了他们的父亲任泰祥一辈子爱林、护林的情怀，也见证了兄弟三人大半辈子的事业。

"我父亲任泰祥参加工作就到张家湾林场。到 1997 年退休，他跟这片林子打了 40 多年的交道，一辈子把林子看得比命还重。1964 年，我出生的时候，父亲已经是护林员。那时咱们陕北的生态环境恶劣，山上的黄土裸露。每遇刮风，就风沙肆虐、黄尘飞扬。每当这时，父亲总是说：'陕北的树太少了，要想改变环境，就要多种树。树长起来，就要好好抚育，这样才能长成参天大树，才能防风固沙，保护环境。种树种草都不容易，山上的花草树木都是有灵性的，你们将来工作，就干林业，守着山，守着树。'"任家长子任建林一边翻着父亲的遗物一边说。

为了父亲的那一份嘱托，任家三兄弟子承父业。后来，任成林的儿子任强，也成为了一名森林消防员，继承了爷爷和父亲的职业。

"这些年，周边村民的生态意识不断提高，偷猎、偷伐的现象越来越少，林子一年比一年好，野生动物一年比一年多。现在林子密了，狍子、野猪、野兔、獾……我们巡护常常能遇到。曾经我还看见了豹子。幸好当时我是坐在车上，豹子从路上走过，也没停留。"任成林说。

2016 年，启动国有林场改革以来，全市 63 个国有林场均定性为公益服务事业单位，经费纳入同级财政全额预算。全市增设 3 个国有林场、2 个集体林场，所有林场全部升为科级建制，有的县区还增加了林场编制，市直林业局增加了科室，专门成立了天然林保护管理科，管护

人员实行了社会购买，管护力量得到增强。

近年来，延安市编办、市发改委、市财政局、市人社局、市政府研究室多次组织调研，在林业机构改革、重点项目建设、配套资金落实、职工医疗保险和养老保险等方面给予大力支持和帮助。据统计，全市累计投入基础设施建设资金 15.7 亿元，不仅为禁伐减产后职工转岗创造了就业条件，保证了职工收入，而且保障了木材停伐后林区教育、医疗卫生等社会管理、公共服务正常运行，解决了职工养老、医疗等社会保险，维护了林区社会稳定。同时，积极加大基础设施建设力度，将林区饮水安全、电网改造、林区道路建设、国有林场危旧房改造纳入建设规划，进行全面建设。

特别是从 2010 年开始，中央和陕西省共投资 12992 万元支持延安市实施国有林场危旧房改造工程，共计 6496 户林场职工入住了新房。

片片森林绿树成荫，除了护林员的精心管护，森林防火的地位也举足轻重。

1999 年 12 月，经陕西省政府批准，延安组建了全省第一个市级森林公安局。当时，全市天然林资源保护、退耕还林等林业重点工程建设正进展得如火如荼。随着林地面积的快速扩张和林区全面实行禁伐，盗伐、滥伐林木、侵占林地等破坏森林资源的案件迅速增多，工作量急剧增大。而刚刚组建的市森林公安局还处于起步阶段，工作人员少，底子薄，办案经验少，执法水平低。当时，省内其他地市由于未成立森林公安局，所以也没有现成的经验可供借鉴。

时任治安法制科科长的罗军理只能带着干警边学边干。在日常的工作中，为了提高工作水平，罗军理积极向局领导建言献策，采取走出去、请进来的方法，先后选派 90 多人参加中央、省市相关专业培训，迅速在全市森林公安系统掀起了一股培训的热潮。就这样，延安市森林公安局不断成长壮大。

谈及自己 20 多年的森林防火生涯，让现任延安市森林防火指挥部办公室主任、市森林公安局副局长，2019年荣获全国“人民满意的公务员”称号的罗军理感触最深的，是1995年5月6日发生在黄陵县桥山林区的那起特大森林火灾。

这场火灾的发生，是一位外来人员在林区挖药材时，随手将一个烟头丢在了林区所致。当时，桥山林区生长着大面积的油松。油松极易被引燃，当一棵油松着了火，树上的松果如同火焰弹，能隔条沟抛出十几米远。带火的松果落到哪里，哪里就会成为新的着火点，用不了多久，火势就会迅速蔓延开来。当时，没有先进的火场无人侦察机，面对着熊熊燃烧的烈火，为了察看现场情况，心急如焚的罗军理带着林场职工一直深入到距离着火点很近的现场。一般林区都没有道路，罗军理就顺着山崖攀爬上去。在攀爬的过程中，他的双腿和胳膊多处被树枝划伤，衣服和鞋子也被火苗烧破。由于当时条件有限，扑火工具多为扫帚铁锨，仅有极少量的风力灭火机，人力扑救难度很大。经过六天六夜的全力扑救，还是无法将这场大火完全扑灭。最终，大火被一场突如其来的倾盆大雨扑灭。

从那一刻起，罗军理就一直为自己面对火灾不能有效地进行扑救而深感无奈，为自己无法阻止那郁郁葱葱的天然林被火焰吞没而深感自责。

二十多年光阴流转，那场火灾在罗军理心中留下了不可磨灭的印象。在以后的工作中，他一直未曾间断对森林火灾预防和扑救体系建设的思考、研究与探索。二十多年的时间里，他与延安森林防火人一道紧盯森林防火形势，积极争取各级党委与政府的重视与支持。他抢抓机遇，攻坚克难；他干在实处，走在前列。被誉为林区“活地图”、森林防火“罗指挥”，取得了连续19年无重大森林火灾和人员伤亡事故的可喜成绩，硬是踏出了一条与延安绿色一同成长前行的坚实道路。

在延安这场史无前例的绿色生态保卫战中，三北防护林的建设也功不可没

1982 年，当村民们提出愿意用 300 亩荒山荒地换取小小的一部分耕地时，受尽刮风时遮天蔽日的黄沙侵袭、看遍一场洪水就能把庄稼人一年的希望彻底冲毁的延安市安塞区的张莲莲，十分痛快地答应了这场置换。

“有了这么多地，不就可以植树造林了吗？植树造林，不就可以改善环境？不就可以让乡亲们过上免受侵蚀、保住自己庄稼的日子吗？”张莲莲当时默默地想。

怀揣着这样朴素的梦想，张莲莲开始了她长达 37 年的造林生涯。尽管当时，张莲莲对三北防护林的相关政策不甚了解，但她没有知难而退，而是锐意进取、迎难而上。白天，她和老伴带着儿女起早贪黑地在那片别人不愿意要的 300 亩荒山上用辛勤与汗水栽下了一棵棵希望之树；晚上回到家，在繁重的体力劳动与家务劳动之余，她挑灯夜战地学习防护林方面的相关政策和法律法规。在学习的过程中，如果遇到自己不懂的问题，她就用小本记录下来，等到白天，再向林业局的技术人员虚心请教。

漫漫 37 载，足以使沧海变成桑田，也足以使天真无邪的孩子长大成人，更足以使座座荒山变成片片绿洲。37 年来，为了种树，张莲莲的双腿落下了病根，她的手指关节变了形。可即便病痛折磨着她，劳累侵扰着她，张莲莲还是勤耕不辍。她爱这座山，就像爱自己的儿女；她爱每一棵树，就像爱自己的生命。37 年来，她用坏了 100 多把镢头，穿坏了 300 多双鞋。四代人共计植树 20 多万棵，把村子周围 1750 亩荒山变成了林海。

绿叶无悔，扑向大地，那是为了报答泥土芬芳的情谊；青春无悔，献给大地，这才可以显示出生命的绚丽。

也许，张莲莲不是一颗璀璨的珍珠，但她是一团火，为三北防护林

的建设发了一份热；也许，她不是阳光明媚的春天，但她是一阵淅淅沥沥的春雨，滋润了黄土高原上每一株干渴的幼苗。

郭志清是这场绿色革命的助力者。

1951 年，红军战士郭志清因病复员，回到家乡延安市宝塔区柳林镇王家沟之后，担任了村干部一职。

在担任村干部期间，郭志清再次目睹乡亲们依旧过着“天下一次雨，地刮一层泥。春种一面坡，秋收一袋粮”的苦日子。他固执地认为，乡亲们之所以辛勤劳作一年还食不果腹，这都是因为没有树、没有草，生态环境恶劣所致。他对乡亲们说：“好日子是等不来的，要靠我们自己的双手才能干出来。”

1984 年，已是花甲之年的郭志清第一个站了出来，承包了距村子 3 公里远的韭菜沟。自此以后二十多年的时间里，他就与这片荒坡结下了不解之缘。

当时的韭菜沟是光秃秃的峁洼梁包围着的一条支离破碎的荒沟。“兔子不出没，野鸡不光顾”是当地人对这条沟最形象的比喻。

悠悠二十载风霜岁月，郭志清每天扛着镢头修路整地，打坑栽树，常年战斗在荒沟里。春天栽树，老人冬天就把树坑挖好。在那寒风刺骨的日子里，老人手脚冻裂，渗出斑斑血迹，他就用胶布把伤口裹住，然后继续干。直到腊月二十八，老人才从韭菜沟回到家中。

2007 年的冬天，83 岁的郭志清老人溘然长逝。临去世前，病榻上的老人依然惦念着韭菜沟，依然惦念着他的那些树。他对儿孙们说：“种了 20 年树，咱不要国家的钱和粮，只要给子孙留点绿。”

后来，为了纪念老人，人们称郭老所造的这片林为“红军林”。

目前，在延安生态治理较好的区域，基本实现了水不下山，泥不出沟。昔日的荒山秃岭变成了今天的满目苍翠。“一碗水半碗沙”的生态环境早已成为历史。这些可喜成就的取得，与任家三代护林人的默默坚守息息相关，与罗军理投身森林防火事业二十余载密不可分，更与张莲莲、郭志清们几十年如一日地植树造林紧紧相连。他们是延安生态保护中的先进典型，也是延安精神力量强有力地彰显。正是这股力量，使延安一座座裸露的荒山披上了绿装；正是这股力量，让昔日漫天的黄沙注定永远定格在人们的记忆之中。

红色圣地上的绿色守望

青山绿水好家园

回顾延安生态文明建设二十载，延安儿女在付出辛勤努力的同时，也收获了可喜的成绩。

山变绿了！ 20 年，延安绿跨过山梁，越过沟壑，把陕西绿色版图向北推移 400 公里，山川大地实现了由黄到绿的历史性转变。葱郁的山云雾缭绕，犹如仙境。全市累计营造林 2216 万亩，以年均 110.8 万亩的速度推进，林地面积达到 4473 多万亩，占国土总面积的 80.5%，其中天然林 2261 万亩，集体林 2361 万亩，森林覆盖率由 33.5% 增加到 53.07%，植被覆盖度由 46.1% 跃升至 2018 年的 81.3%，分别较退耕前提高了 19.57 个百分点和 35 个百分点。昔日“山是和尚头、水是黄泥沟”的黄土高坡，如今变成了山川秀美的“好江南”，实现了山川大地由黄变绿的历史性转变，成为全国退耕还林和生态建设的一面旗帜，也为全球生态治理提供了“延安样本”。

水变清了！ “下一场大雨剥一层皮，发一回山水满沟泥”已成为历史。今天的延安，退耕还林工程区每年涵养水源 6.0 亿立方米、固土 1044.1 万吨，年入黄河泥沙由治理前的 2.58 亿吨降为 0.31 亿吨，降幅达 88%；水土流失总面积减少 6716.2 平方公里，降低了 23%。降水量近年达到 550 毫米左右。

天变蓝了！生态植被恢复后，每年吸收污染物 7.9 万吨，滞尘 879 万吨，吸滞 TSP（总悬浮颗粒物）703 万吨；扬沙天气由退耕前的 27.2

次 / 年减少为 2.7 次 / 年，城区空气优良天数由 2001 年的 238 天增加到 2019 年的 323 天，“圣地蓝”成为延安一张亮丽名片。

人变富了！延安坚持生态建设与经济发展并重，把林业生态建设和林业产业发展、脱贫攻坚有机结合，大力发展林果经济、林下经济和森林旅游等新业态，推动绿色发展，实现产业富民。退耕还林工程的实施在改善老区群众生产生活环境的同时，也让延安 80% 以上的农民受益，全市退耕户户均补助 3.9 万元、人均 9038 元，成为国家在延安投资最大、实施期限最长、覆盖面最广、群众得实惠最多的项目。按照生态林与经济林 8∶2 的比例，鼓励引导群众发展以苹果为主的特色林果业，探索发展以中蜂、森林猪、食用菌养殖为主的林下经济和生态康养旅游，同时将林业生态扶贫作为精准脱贫的重要举措，建立生态护林员和林业劳务雇用机制，增加生态公益性岗位，推进集体林权制度改革，盘活林业资产，多渠道促进农民持续增收。通过土地延包、林地林权确认、四荒地拍卖、扩大生态林保护等措施，深化林权制度改革，全市发放林权证 30.6 万户，确权面积 2053.2 万亩，林地确权率 98.9%，实现了树定根、林定权、人定心。目前，全市苹果种植面积达到 300 万亩，年产量 300 万吨以上，年产值近 130 亿元，花椒、核桃、红枣等干杂果产值 13 亿元，林下经济产值达到 1.2 亿元，林业总产值 131 亿元，森林资源资产总价值超过 7000 亿元，增加生态公益性岗位 7000 多个，农村居民人均可支配收入达到 10786 元，较退耕还林前 1998 年 1356 元净增 9430 元，其中 60% 以上来自林果产业。延安生态环境的优化提升，吸引了华为、万达等世界和国内 500 强企业来延安发展，为广大群众提供了就业机会，注入了转型升级、追赶超越的强大活力。2018 年延安经济增速重回全省第一方阵，生动诠释了“绿水青山就是金山银山”的理念，走出了一条生态恢复、绿色致富的和谐共赢之路。

城乡变美了！延安坚持把生态建设与推进新型城镇化、改善提升城乡人居环境相结合，开展了以创建全国文明城市、国家卫生城市为核心，以创建国家森林城市、国家园林城市等为重点的“2+1”三城联创，2012 年以来累计投入资金 70 多亿元，扎实开展城市“双修”试点、中心城区“三山两河”治理，推进“河流 + 山体 + 公园 + 绿网”系统建设，城区主要山体全部实现绿化提升，90% 以上居民搬迁区域恢复植被；统筹实施县城、重点镇、新型农村社区绿化美化及城镇小区、水岸、道路等生态廊道建设，全市道路绿化率 98.5%，水岸绿化率 96.1%，累计建成山体公园 26 个，市区绿化覆盖率达到 41.85%，人均公园绿地面积 35.3 平方米。率先在全省制定美丽宜居示范村、生态村、清洁村建设标准，实施以“三清一改”为重点的农村人居环境整治，加快推进“三化一片林”绿色家园创建、着力打造山清水秀、环境优美、生态宜居的城乡环境。目前，全市 50% 的村建成生态村，16 个村被命名为全国绿色村庄，30 个村被命名为省级美丽宜居示范村，延川县梁家河村被评为

■ 高原雾海

陕西唯一的“中国最美乡村”，农村人居环境整治工作受到国务院通报表彰，先后荣膺“国家卫生城市”“国家森林城市”“国家园林城市”和省级环保模范城市、省级节水型城市称号。

各种动植物回家了！延安市天然林面积不断增大，林分质量逐步提高，林区动植物种群数量不断扩大，生物多样性得到有效保护，野生动植物生存环境得到改善。目前，全市辖区内分布的陆生野生动物有264种，濒临灭绝的国家一级重点保护动物有华北豹（金钱豹）、褐马鸡、大鸨、金雕、黑鹳、白鹳、丹顶鹤、原麝等8种，国家二级重点保护动物有石貂、秃鹫、长耳鸮、豺等26种，省级重点保护动物有豹猫、狼、赤狐、狗獾、花面狸、苍鹭、大白鹭、绿头鸭等16种，有重要生态、科学、社会价值的“三有”陆生野生动物214种。森林资源的有效管护，使野生动物种群和生物多样性呈现明显恢复趋势，一些多年未见踪迹的珍稀动物重现山林，迄今最大的华北豹野生种群在子午岭林区多次发现。国家一级保护动物褐马鸡种群数量不断扩大，已由1999年的120多只增加到现在的2000只左右，分布区域逐步扩大。生物物种不断丰富，紫斑牡丹、核桃楸、刺五加以及兰科植物等珍稀濒危野生植物得到有效保护，生物多样性更加突出。

生态文明建设，牵一发而动全身。延安的生态文明建设，不是以点带面，而是面面俱到地打出了一套山水林田湖草系统治理的“组合拳”。它从系统工程和全局角度寻求新的治理修复之道，做到了与生态治理同步、与富民产业同步、与城乡发展同步。只有统筹兼顾、精准施策，全方位、全地域、全过程开展生态文明建设，才能达到系统治理的最佳效果，实现经济、社会、文化和自然的协调发展。

时至今日，延安兴绿护绿爱绿在全社会蔚然成风，绿色环保的生活理念已经根植于普通民众的心底。可以说，生态建设是“从延安精神中汲取力量”的时代答卷，延安精神是永不消退的力量源泉。

经过20年的跨越式发展，延安林业生态建设成就世人瞩目，黄土高坡沧桑巨变。经历了13年红色革命的老区人民，不断从光照千秋的“延安精神”中汲取力量，通过实施以退耕还林为主的生态建设工程，在延安这片红色热土上，又创造了人类生态建设史的绿色奇迹。但延安生态环境整体脆弱的状况还未得到根本性扭转，保护环境、涵养生态的任务还十分艰巨。只有认真学习贯彻习近平新时代中国特色社会主义思想，坚持用延安精神建设延安，低调务实不张扬、埋头苦干，力促退耕还林从数量、规模到质量、效益的根本转变，久久为功推进全国生态文明先行示范区建设，才能为转型发展、追赶超越提供不竭动力，让延安人民生活得更幸福更美好。

社会评价

2019年，延安开展以退耕还林为主的林业生态建设已经走过了整整20个年头。

20年来，延安人民以愚公移山的定力和坚韧，让片片荒山变成了绿洲；以盘古开天辟地的果敢与勇气，把“兄妹开荒”变成了“兄妹造林”；以“敢叫日月换新天”的胆量与远识，在黄土地上上演了一场绿色崛起的奇迹；用二十年磨一剑的耐心与坚守，使得万顷碧波翻绿浪，漫山遍野柳成荫……

20年来，曾经饱受恶劣生态之苦的延安人，在林业生态环境建设中学会了尊重自然、顺应自然、保护自然，最终达到人与自然和谐共生的终极目的，最终成为全国退耕还林和林业生态建设的一面旗帜。

延安20年林业生态建设主要有四个方面：一是增加林草植被、治理水土流失、再造秀美山川、维护国家生态安全为主的退耕还林、天然林保护、三北防护林和重点区域绿化等生态修复工程；二是巩固林业生态建设成果、保护森林资源安全为主的野生动植物保护与自然保护区建设、封山禁牧、森林防火、有害生物防治等生态保护工程；三是富民增收、带动区域经济发展、促进人与自然和谐共生为主的森林旅游、森林康养、干果经济林、特色林下种养业等林业产业惠民工程；四是培育提升爱绿、植绿、护绿的生态文明意识为主的“我为延安种棵树”、林业科普基地、森林体验基地等生态文化宣传行动。

20年来，通过延安人民的不懈努力，延安林业获得的奖项和荣誉称号也不胜枚举：全国林业工作先进集体、森林防火先进单位、生态建设突出贡献先进集体、保护森林和野生动植物资源先进集体……延安市除被誉为“全国退耕还林第一市”，还荣膺“国家森林城市”“全国园林城市”……

20 年来，延安儿女充分发扬了自力更生、艰苦奋斗的延安精神。一寸一寸地退耕，一棵一棵地栽树，终于将昔日的荒山秃岭变成了今天的绿水青山，变成了金山银山，变成了“花果山”。

20 年来，延安率先实施封山禁牧，率先开展退耕还林，为国家林业保护和退耕还林提供了可借鉴的经验，为国家相关政策的出台贡献了自身的参考价值，成为了全国生态建设的先行者、引领者和示范者。

20 年前，这里“山是和尚头，沟里没水流，三年两头旱，十种九难收”；20 年后，这里“荒山秃岭都不见，疑似置身在江南”。

20 年前，这里满目荒凉，赤地千里；20 年后，这里繁花似锦，绿树成荫。

今天的延安，也由昔日的满目萧索变得天蓝、水清、山绿、草碧、人富、景美，为世界提供了一个短期内“生态修复”的成功样本，延安也成功缔造了一个人类生态建设史上的奇迹。

从山秃水枯到青山绿水，从广种薄收到物产丰饶，从林稀树少到苍翠叠嶂……作为一个土生土长的延安人，见证了延安由黄变绿过程中的点点滴滴。作为此文的作者，能够以文字的形式定格延安艰难而又光辉的20年生态变迁史，实属幸事。

“不可想像，没有森林，地球和人类会是什么样子。全社会都要按照党的十八大提出的建设美丽中国的要求，切实增强生态意识，切实加强生态环境保护，把我国建设成为生态环境良好的国家。”2013年4月2日，习近平到北京市丰台区永定河畔参加义务植树活动时说。

习总书记的殷殷嘱托，一语道破生态环境保护是何等重要。

20载峥嵘岁月，延安人民用自己的心血和努力，累计完成造林绿化2216万亩，其中退耕还林1077.5万亩，森林覆盖率由33.5%提高到53.07%，植被覆盖度由46.1%提高到81.3%。陕西绿色版图由此向北推移400公里。

生态环境的改善，推动了环境质量的持续提升。如今的延安，与之前相比，年平均降水量增加200毫米以上，年入黄河泥沙量下降88%，水土流失面积减少23%，扬沙天气数减少到原来的1/10。城区空气质量优良天数达到323天。郁郁青山构筑起黄土高原的生态屏障，蔚蔚蓝天成为一张亮丽的城市名片。

政府领导、林业部门管理人员、造林大户、退耕还林区的农民……走近并采访这些与延安生态建设息息相关的人们，才真正明白那一个个看似简单的生态数据，其中包含着多少人艰辛的付出。

“我把粮食调给你们吃，你们就种树。把树种好了，把黄河治理好了，下游所增产的粮食比你们种的这点多得多。”“所以延安地区的人民、陕北的人民要把我们革命时代的‘兄妹开荒’变成‘兄妹造林’！”这是朱镕基总理对延安的基本要求，也是对生态延安的殷切期盼。

“我们一定要确保换人不换岗，换岗不换责任；我们要一任接着一任干，一级带着一级干，一级做给一级看，一张蓝图绘到底”。20年来，延安历届市委、市政府始终把林业生态建设工作放在重要位置来抓，坚持生态事项优先研究，生态资金优先安排，生态问题优先解决，生态工程优先推进。通过众志成城20载的持续奋斗，彻底扭转了生态环境日趋恶化的被动局面，造就了一个山清水秀的新延安。

20年的林业生态建设，带给延安人的，不仅仅是生态环境的改善，通过封山禁牧、治沟造地、产业发展等林业生态建设成果巩固综合措施深入推进，林区群众增收渠道不断拓宽，第三产业增加了群众的经营性收入，林地流转增加了群众的财产性收入，外出务工增加了群众的劳务收入。延安因此也变得地减粮增，变得林茂人富，实现了生态、经济和社会效益“三赢”。延安人民因此也过上了“春有百花秋有月，夏有凉风冬有雪”的美好生活。

“我们栽树的时候就像愚公，愚公移山是一架山一架山往下挖，我们栽树也是一架山一架山往上栽。”吴起县薛岔乡南沟村原支部书记、林海造林公司负责人闫志雄告诉记者。

“腿落下了病，手骨节变形了，我发现自己停不下来了，山山峁峁、沟沟岔岔我都想栽。”谈及种树，张莲莲这样表述。

“也苦，也乐。这个地方没人想来，我也还真不愿意走。”在子午岭国家级自然保护区内的八面窑瞭望台上坚守了9年、离了两次婚的瞭望员杨永岗，由于山上极度缺水而喝过放了半年陈水的杨永岗，工作中饮食单一、环境艰苦却执着坚守岗位的瞭望员杨永岗，面对记者的提问，只说出这样一句话来。

采访过程中，在了解了一个又一个生态建设者的感人事迹的同时，也收获着一次又一次的感动。为他们几十年如一日的坚守而感动，被他们平凡中的伟大所折服。他们的点滴付出，形成了一种强大的合力，使得延安旧貌换新颜；他们的执着坚守，汇聚成了一股磅礴力量，推动着延安林业生态建设持续向好。

——延安市林业局

（文字、图片：延安市林业局；视频：延安市电视台）

“右玉要想富，就得风沙住 ；要想风沙住，就得多栽树 ；要想家家富，每人十棵树。”“人要在右玉生存，树就要在右玉扎根。”从 1949 年上任的第一任县委书记张荣怀，到现任书记吴秀玲、县长王志坚，七十年的风雨历程，右玉历届县委、县政府领导班子，“一任接着一任干，一张蓝图绘到底，换届不换方向、换人不换精神”，“绿色接力棒”代代相传，守正笃实、久久为功，与山为伴，向树而生，谱写着塞上明珠的绿色传奇。

山西右玉

山西右玉 是右玉精神的发祥地，习近平总书记先后5次对右玉精神作出重要批示和指示。新中国成立初期，全县仅有残次林8000亩，林木绿化率不足0.3%，土地沙化面积达76%。70年来，历届县委、县政府团结带领全县人民坚持不懈植树造林，坚韧不拔改善生态，昔日的“不毛之地”变成了如今的“塞上绿洲”，全县林木绿化率达到56%。先后荣获三北防护林建设先进县、三北防护林工程建设突出贡献单位、全国治沙先进单位、全国绿化模范县、全国绿化先进集体、国土绿化突出贡献单位、关注森林突出贡献单位等多项国家级荣誉，成为国家级生态示范区、国家可持续发展实验区、国家AAAA级旅游景区、生态文明建设示范县、绿水青山就是金山银山实践创新基地、全国防沙治沙综合示范区。在绿色创业中孕育形成了右玉精神，得到了党中央充分肯定，右玉精神已经成为推动全县改革发展、促进富民强县的强大动力。

功成不必在我　守护绿水青山

——记“全国治沙先进单位”山西省右玉县先进集体

荒漠化是全人类面临的严重环境挑战之一。我国是世界上荒漠化面积最大、受影响人口最多的国家。多年来，我国在荒漠化治理过程中成绩突出，并走出了一条“生态与经济并重”“治沙与治穷共赢”的防治荒漠化之路。

2011 年 3 月 1 日，习近平总书记在中央党校春季学期开学典礼上作了《关键在于落实》的重要讲话，讲话中指出，“说到这里，我想起了山西右玉县植树造林、改造山河的感人事迹。右玉地处毛乌素沙漠的天然风口地带，是一片风沙成患、山川贫瘠的不毛之地。新中国成立之初，第一任县委书记带领全县人民开始治沙造林。六十多年来，一张蓝图、一个目标，18 任县委书记和县委、县政府一班人，一任接着一任、一届接着一届，率领全县干部群众坚持不懈，用心血和汗水绿化了沙丘和荒山，现在树木成荫、生态良好，年降雨量较之解放初期已显著增加。老百姓记着他们、感激他们，自发地为他们立碑纪念。正可谓‘金杯银杯不如老百姓的口碑’。右玉的可贵之处，就在于始终发扬自力更生、艰苦创业、功在长远的实干精神，在于始终坚持为人民谋利益的政绩观。我们抓任何工作的落实，都应该这样去做。”

新中国成立初期，右玉 76% 土地沙化，70 年的造林治沙成绩骄人，全县林木绿化率由 0.26% 增加到现在的 56%，99% 的沙化土地得到治理。

是什么原因使得右玉始终如一地沿着生态文明建设的路子走到今天？ 70 年的风雨历程，总书记 5 次提到的右玉县委书记们是怎么做的？

七十年一张蓝图绘到底

右玉县地处晋蒙两省区交界，国土面积 1969 平方公里，11.6 万人，288 个行政村。境内四周环山，南高北低，苍头河纵贯南北，平均海拔 1400 米，全县山地丘陵面积达 89.6%。处于西伯利亚寒流东移南下的天然风口。距离毛乌素沙漠不足 100 公里，处于三北地区长城沿线潜在沙漠化地带。自古以来，是农耕文明和草原文明交汇地带，和平时期是晋商旅蒙的重要通道，战乱时代是兵家必争之地。

连年战火破坏了这里的自然生态，独特的地理位置加剧了生态的恶化。民谣这样描述："十山九秃头，洪水遍地流，风起黄沙飞，十年九不收。"当时，有国际环境专家将右玉列入"最不适宜人类生存的地区"，建议右玉举县搬迁。

新中国成立后，右玉走上了植树造林、改善生态环境的绿色发展之路，一走就是 70 年。

70 年来，右玉县委领导班子，始终坚持为人民谋利益的政绩观，团结带领全县干部群众，发扬钉钉子精神，咬定青山不放松，一张蓝图绘到底，把曾经的"不毛之地"变成如今的"塞上绿洲"，全县林木绿化率由 0.26% 提升到了 56%，创造了黄土高原上的生态奇迹。在造林绿化过程中，孕育形成了宝贵的"右玉精神"。从沙进人退到绿染山川的沧桑巨变，就是一部共产党人带领人民群众艰苦创业、感天动地的奋斗史。那么，这个持续了 70 年的蓝图究竟是如何形成的？

蓝图的初绘——让老百姓在这里活下来，过上好日子。那么，我们先从蓝图的初绘说起，右玉蓝图的初绘根本目的很朴素，就是让老百姓在这里活下来，过上好日子。

1949 年 6 月，35 岁的张荣怀洗去战火风尘，奉命担任新中国成立后右玉县委第一任书记。张荣怀在抗日战争和解放战争时期，曾在右玉流血战斗。解放战争时期，他历任右玉县五区区委主任，二、三、五区委、南山区县委文员和武工队长等职务。右玉的百姓救过他的命，张荣怀书记和右玉的老百姓有着深厚的感情。

张荣怀上任时，刚立夏，正是右玉一年中风沙最大、起尘活埋人的季节。一场狂烈的风沙，让张荣怀意识到自己的责任：在恶劣的自然环境和贫穷落后的条件下，右玉人民首先要吃饱肚子、活下来。这是一个县委书记必须解决的难题。

昔日洪水泛滥的苍头河（上）如今清水长流（下）

张荣怀深知只有到群众中去才能找到答案。他曾说："深入基层调查研究，是我党的光荣优良传统，也是行之有效的工作方法，任何坐在办公室的空谈都无济于事。战胜风沙的答案不在别处，就在群众中间。只有摸清右玉的情况，倾听百姓的呼声，才能真正破解难题，找到出路。"

张荣怀与县长江永济带头，对右玉全境进行徒步考察。他们手拿军用地图，身背军用水壶，穿行在河道山岭，眼望着延绵的沙丘，两人都陷入了沉思：右玉的地越垦越多，粮食却越打越少，这种广种薄收、掠夺自然的路，已经越走越窄。沿着这条路继续下去，只能加剧土地的沙化，导致右玉人民失去生存的最后依托。

他们前后用了半年多时间，走遍了全县大大小小 300 多个村庄、上千道沟梁河汊。白天，他们走在山梁沟汊、田间地头；晚上，他们就住进农户家里，和老乡聊天，向群众请教，寻找改善右玉恶劣的生存环境、让老百姓吃饱肚子的办法。

张荣怀在一次考察中，来到了高家堡乡曹村。他们被骤起的狂风赶进了山沟的一片树林，一个光着脊梁的农民正在地里干活，他就是后来被评为山西省林业劳模的曹国权。张荣怀了解到，31 岁的曹国权因为穷，还没有娶上媳妇，他没有选择走西口，而是用土改分的 12 亩好地和别人换来一道沟，沟口植树挡风沙，沟内种庄稼。问及原因，曹国权说："不种树哪能种成庄稼！不种树哪能打下粮食？打下粮食才能娶上媳妇。"

张荣怀与江永济思索着：树像一道屏障挡住了风沙，地里的沙子少了，土壤保墒耐旱了，庄稼自然长好了。他们得出结论：只有种树，右玉才会没有风沙，土地才能打下粮食，老百姓才能过上好日子。种树是右玉人生存下来的唯一出路。

张荣怀与江永济回到县里后，在 1949 年 10 月 24 日，在当时的右卫城天主教教堂召开了县委工作会议。会上，张荣怀提出了改变右玉面貌的崭新思路："右玉要想富，就得风沙住；要想风沙住，就得多栽树；想要家家富，每人十棵树。”只有大力种树种草，恢复植被，庄稼才有条件生长，吃粮问题才能从根本上得到解决。这个思路，得到了全县干部和群众的广泛认同，形成影响了右玉 70 年的战略蓝图。

这是一个共产党的县委书记，肩负着带领人民求生存、谋发展的历史使命，在贫瘠的右玉大地上，经过艰辛的徒步走访，深入群众，调查研究，同右玉人民共同探索出来的一条改变落后面貌的根本出路。70 年的实践证明，这条道路符合右玉实际，是一条科学的发展之路。“右玉要想富，就得风沙住；要想风沙住，就得多栽树”。这几句朴实的口号，改变了右玉人民的命运，改变了右玉发展的历史进程。这个口号在右玉至今都在流传，影响了几代右玉人，影响了右玉后来的 19 任县委书记和县长，孕育形成了宝贵的“右玉精神”。

1950 年的春天，右玉召开全县“三干”会议。会议的主题为：向风沙宣战。县委书记张荣怀和县长江永济分别作了动员报告，号召全县人民从当年开始，每人每年种 10 棵树，家家植树，人人植树，党员干部率先垂范，以实际行动向风沙宣战，为改变恶劣的生存环境而艰苦奋斗。

“三干”会结束当天，张荣怀和江永济带着全县干部群众，扛起铁锹，在右卫城西门外的苍头河畔，栽下了改天换地的第一批树，跑出了 20 任县委书记绿色接力的第一棒。当年张荣怀书记栽下的“奠基树”，如今已经长成了参天大树，守护在苍头河畔，人们亲切的称它为“荣怀杨”。

蓝图的攻坚——在沙梁上种活了树。在右玉造林史上，三战黄沙洼是关键的历史阶段，也是右玉蓝图攻坚的关键节点。

黄沙洼是右玉造林绿化中最难啃的硬骨头。三战黄沙洼是右玉攻坚克难、大片造林成功的一次决定性胜利，也是解决右玉老百姓生存的主要问题，是推动右玉造林发展的关键所在。

黄沙洼地处马营河和苍头河交汇三角地带，是一个长 40 里、宽 8 里的大风口，当地老百姓称“吃了人烟吃山丘”的“大狼嘴”，沙丘每年以十几米的速度向东南延伸，直至把右玉县城三丈六尺高的北城墙几乎掩埋。在位于黄沙洼西北的红旗口村，盖房子不敢连在一起，害怕被风沙掩埋。

1956 年，年仅 29 岁的马禄元担任右玉县第 4 任县委书记。当时只有 8 岁的大儿子马友，今天还清晰地记得，他那时刚上小学，经常是上着课外面就起了风沙，教室里一片昏暗，大白天也得点着油灯。每个学生面前的课桌上，都放着一盏用墨水瓶子做的胡麻油灯，衣服口袋里始终装着一盒火柴，随时准备点灯。他还记得，右玉的冬天出奇的冷，西北风裹着沙子漫天飞舞，上学下学，孩子们头发里、衣服领口里全是沙子。这就是马友刻骨铭心的童年记忆，也是马禄元上任伊始，右玉县的真实状况。

马禄元徒步考察右玉全境后，他认识到，右玉前几任书记找到的那条路没有错，坚持种树，治理风沙，改变生存环境，是右玉的唯一出路。当时，中央召开了延安绿化会议。

马禄元勘测完黄沙洼说："咱们就不信这个黄沙洼，害人伤畜永无边。咱们让延安绿化会议精神先在这里扎根！全民动员，大战黄沙洼，堵死大风口！"

在县委植树造林誓师大会上，马禄元书记对大家说："右玉严重的水土流失，流掉的不仅仅是地表的泥土和水分，更是农民的粮食和血汗。一年比一年严重的风沙旱灾，已对右玉百姓的生存构成了极大的威胁。要想摆脱这种困境，靠天不行，靠地也不行，只能靠我们自己。但是，我们要记住，植树治沙是一场持久战，绝非一朝一夕可以成功。我们要有充分的思想准备，要树立吃大苦、耐大劳的精神，坚持奋斗 30 年、50 年！现在我们要做的是，脚踏实地，一棵一棵地去植树，一道梁一道梁地去绿化。"誓师大会一结束，马禄元书记和班子成员就带领全县 6 个乡的数千名劳力，进了黄沙洼。29 岁的马禄元和 30 岁的县长解润当天挖树坑 132 个。为后来右玉造林史上著名的"三战黄沙洼"拉开了序幕。几千人经过近两年的努力，在黄沙洼上种下了 9 万多棵树苗。由于财力匮乏，没有树苗，就从杨树上剪下枝条，采用插条的方法栽植。黄沙洼上都是流动的沙丘，难固定、不存水，人们要到很远的河沟里挖上河泥，刨开流沙，换上河泥当新土，才能栽下树木。把树苗栽种进去后，要及时浇水，否则幼苗很快会被周围干涩的流沙吸干水分无法成活，往往是一桶水浇下去，瞬间被吸干，所以需要不断地浇水保湿，直至它初步成活。

然而，1957 年刚立夏，一场八级大风刮了 9 天 9 夜。9 万棵树苗只存活了几棵，首战黄沙洼以失败告终。马书记感叹道："在右玉种树，比登天还难。"

首战黄沙洼的惨痛教训，也让右玉的干部群众认识到，战胜风沙光靠决心和热情是远远不够的，必须要尊重客观规律，科学植树。

1957 年 7 月，时年 36 岁的第 5 任县委书记庞汉杰担任第一书记，马禄元虽是县委书记，实际上成了副职。但马禄元不计个人职位高低，

■ 如今右玉绿树成林

两人精诚联手，继续奋战在造林治沙第一线。庞汉杰一上任，就带领干部群众分析右玉到底能不能搞造林绿化？以往造林绿化失败的原因究竟是什么？ 采用什么科学方法造林绿化才能成功？

带着这些问题，在随后的几个月里，庞汉杰书记白天带领技术骨干在沙丘上重新进行勘测、规划；夜晚带领县委班子成员设计方案。两个多月时间，庞汉杰书记踏遍了右玉的山山水水，两双鞋都磨破了。他在地图上划满了圈圈杠杠；笔记本上写得密密麻麻。全县境内，23 座大山、数百个土丘、5 条河流、600 多道两公里以上的沟壑，以及 5 处大风口，他都标记得详详细细。

完成考察后，庞汉杰书记带着县委常委来到黄沙洼，在黄沙洼召开了现场会。他在会上发表了他几个月来的考察结论，提出右玉目前的主要矛盾是人的生存与恶劣环境之间的矛盾。他指出右玉目前存在的主要是“五害”：风沙、干旱、水土流失、霜冻和冰雹。这五大灾害的源头相同，都是右玉植被遭受严重破坏，以至风沙成患。大力植树造林是根治“五害”的唯一出路，只要科学规划、合理布局，从失败中汲取教训，沙丘就一定会变成绿洲。

庞汉杰与县委、县政府领导班子成员率领全县人民决定“二战黄沙洼”，吹响“绿化右玉的进攻号角”。通过集思广益和科学论证，再战黄沙洼的突破口，选择再在马营河、苍头河交汇的地方种树。因为这里土壤湿润，树木容易成活，成活的树木可以大大减弱刮向黄沙洼的大风，拦住了狂风，也就拦住了随风流动的黄沙。

如今右玉绿树成林

前面就有马禄元书记首战黄沙洼的惨痛教训，再战黄沙洼谈何容易？ 除了县委领导带头苦干外，还要依靠人民群众的力量。县委广泛发动群众，全县干部、工人、农民、商人、学生、民兵，各行各业、各个阶层都投入到植树造林再战黄沙洼的大战中。右玉大地上再次掀起了植树造林的热潮。吃的是窝窝头，喝的是山泉水，肩膀挑水磨下了老茧，手把铁锹打下了血泡，但群众的植树热情非常高。

在黄沙洼栽树，除了苦干实干，还需要巧干、科学干。大家在种树中，制定了“穿靴、戴帽、扎腰带、贴封条”这些土洋结合的造林方法。所谓“穿靴”，就是在马营河（由县委副书记马禄元负责）、苍头河（由县长解润负责）岸边，营造雁翅形护岸林，防止河滩干沙移动；“戴帽”就是在流动的沙丘上网状开沟，秧苗结绳压条，固定沙丘；“扎腰带”就是在半坡环造防风林带；“贴封条”就是在侵蚀沟沿和风蚀残堆上不讲规格地密植造林，并且种草，以后再不断进行补植。在栽植的过程中，坚持先固风沙，后连林带，逐年控制，多年成片。

经过巧干、苦干、实干整整 3 年，黄沙洼终于生机盎然，“黄风变清风，起风不起尘”，渐渐地黄沙洼上的 1.5 万亩杨树林，形成了一道绿色屏障，保护着右卫古城，千百年来流动的沙丘终于被制服了。

1962 年，庞汉杰书记为了进一步巩固植树固沙的胜利成果，带领干部群众对黄沙洼发动了第三次大会战。这次又采用了新的科学办法，那就是把过去单一的种树改为林草结合、乔灌混植、立体种植。俗话说，路线对了头，一步一层楼。 在巩固黄沙洼成果的同时，他们还治理了马营河流域、李洪河流域，绿化了右玉城，科学造林，取得了显著的成效。从 1956 年到 1964 年，马禄元、庞汉杰两任县委书记八年三战黄沙洼，最终取得大战黄沙洼的成功，可以说极大地鼓舞了右玉群众植树造林的信心，同时打破了“沙梁上植树无法成活”的断言，也为全县大面积造林提供了样板和经验。到 1964 年，右玉人工造林面积达到 20 万亩，林木绿化率增加到 6.88%，比 1957 年增加 1 倍多。大面积林地初步控制了水土流失，改变了风大沙多的自然面貌。

蓝图的坚守——“飞鸽牌”的干部，要干“永久牌”的事情。在解决了沙地造林的难题后，接下来的路又该怎么走？我们继续来了解蓝图是如何坚守下来的。

右玉坚持不懈造林治沙，经过了困难时期的考验，遭受了“文化大革命”的洗礼，顶住了改革开放初期“有水快流”的诱惑，做到了“飞鸽牌的干部，要干永久牌的事”。

面对不同时期的考验，右玉坚守住了绿色发展的蓝图。

三年困难时期，第 6 任县委书记关毅坚定植树“绿地皮、饱肚皮”的信念，顶风沙、冒春寒，经过考察确定了“一路、二河、三道梁”的造林绿化思路，并取得了优异的造林成绩。

20 世纪五六十年代期间，右玉痴心播绿、改善生态的传承依然没有动摇和懈怠。第 8 任县委书记王云山结合当时的政治形势，以生产队组建民兵连队，组织军事化、行动战斗化、集中优势兵力大力推进荒山绿化。第 10 任县委书记杨爱云借鉴当时山西平陆县的做法和经验，开始引进“三松”，采取顺水建土坝、坝上乔灌混交、坝面筑铁丝笼、坝后培土植树的办法，按流域山系植树造林，林草间作治理“十大流域”，阻止了水土流失，提高了造林成林的效果。

1975 年 11 月，第 11 任县委书记常禄上任。他是右玉 20 任县委书记任期最长的，也是植树最多的书记。常禄刚到右玉时掌握到，右玉 26 年来已人工绿化荒山荒坡 40 多万亩，还有 80 万亩荒山荒坡没有绿化。常禄暗下决心：“80 万亩荒山没有绿化，这就是我的责任。我常禄要让右玉全部变绿。”常禄对干部们说：“前几年植树把容易成活的地植了，那叫吃肉，现在肉吃完了，就剩下骨头了，啃骨头，就得下硬功夫！”

常禄在右玉任职 8 年，他认准一个理，那就是从右玉的实际情况出发，从人民群众的利益出发，实事求是地解决人民群众最需要解决的问题，干人民群众最想干的事。在实际工作中，他始终遵循“实干”两个字，不搞形式主义，认真做好每一件事，把每一项工作落到实处。常禄常常这么说，“飞鸽牌”的干部，要干好“永久牌”的事情。

1978 年，党中央和国务院总结我国生态平衡遭到严重破坏的惨痛教训，决定在西北、华北北部、东北西部风沙危害和水土流失严重地区实施防护林体系建设工程。右玉县被中央列入三北防护林体系建设工程重点县之一。当时，右玉要大面积推进植树造林，面临着气候条件、苗木、人才、技术等多方面的困难，要完成三北防护林体系建设工程任务，推进林业持续长远发展，人才是最关键的。这些人才只有是右玉本土培养出来的，才可以在右玉扎根、不会飞走。

办一所右玉林业学校，就可以解决这一问题。于是县委书记常禄找到时任分管文教工作的宣传部部长王德功说明情况，并听取他的意见。没想到，王德功一听说办林业学校，感到很为难。因为他知道，右玉穷，这几年老师的工资都很难按时发放，要是再办一所林校，经费、校址、老师都是面临的重大难题，况且学生毕业后如何分配？算国家公职人员还是农民身份等一系列的问题该如何解决？常禄书记鼓励他说：“办法总比困难多。只要你想做，就是有一千个困难也能想办法去克服；如果你不想做，有一条理由就能让你退缩。”王德功很感动！常禄书记只是一名外派干部，不是右玉人，只要把眼前的工作做好，政绩就很突出，根本用不着去为 10 年、20 年以后的事考虑。可是，常禄书记不图虚名，不务虚功，而是把右玉的植树造林当成一项长远的事业来做，“飞鸽牌”的干部，要干“永久牌”的事情。

县委、县政府经过多方努力协调，顺利地办起了林业学校，7 年间共培养林业专业人才 1045 人。这些人才奋斗在造林第一线，成为绿化右玉大地的技术骨干。很多人成为右玉的绿化劳模，他们的先进事迹载入了右玉的绿化功臣录，有些人还走上了领导岗位。实践证明，培养人才，在右玉治沙造林过程中非常具有战略眼光，为右玉长期治沙造林提供了有力的人才和技术保障。

常禄书记在右玉这片土地上奋斗了 8 年，整整种了 70 多万亩的树。他把一腔热血献给了右玉这片热土和右玉一棵棵的树。到 1983 年离任时，全县人工造林面积达到 110.75 万亩，全县林木绿化率达到 37.5%。右玉提前完成了三北防护林建设第一期工程规划任务，成为山西省第一个完成宜林荒山的县。常禄书记不仅坚守了蓝图，而且实现林木面积突飞猛进增长，让不毛之地初变绿洲。

蓝图的丰富——“要让右玉老百姓尝到种了这么多年树的甜头”，这是第 12 任县委书记袁浩基说过的话。1983 年 9 月，第 12 任县委书记袁浩基任职时，右玉经历 30 多年造林治沙，生态环境明显改善，已经成为闻名全国的“塞上绿洲”。但右玉经济依然落后，人民仍然贫穷，各项事业发展滞后。

在改革开放初期，以经济建设为中心的新形势下，“有水快流”的发展思路颇为盛行，右玉周边地区的煤窑遍地开花，一家家的“万元户”相继出现。面对一些人“眼热”，想换“脑子”也借助煤炭资源“快流”一下的要求；面对“绿化已到顶”“种树已成功”“植树影响经济”的声音，袁浩基书记如何跑好植树造林、改善右玉生态环境的“接力棒”，如何改变人民群众的贫困生活，带领右玉人民走上富裕之路，成为他面临的首要难题。

1983 年 8 月 6 日，北方旱地农业工作会议召开，要求“在北方干旱区，狠狠地抓紧种草种树，发展牧业，达到粮食大增产”。

袁浩基书记和县长姚焕斗一边学习，一边琢磨着右玉的发展新思路，共同研究提出了“种草种树，发展畜牧，促进农副，尽快致富”的右玉农业发展“十六字”方针。

部分干部群众，甚至部分班子成员，要求调整工作思路，减缓绿化投入，优先集中人力、物力开矿，先把经济发展起来。

袁浩基的信念却十分坚定，他认为“植树在右玉已是一个不能动摇的方向，不能选择停止植树的脚步而去单纯追求短期的经济利益"，他说："前面有榜样，后面有群众，没有绿色就没有右玉的发展。在右玉，绿色不进，风沙就进，不植树就是千古罪人，还当什么书记？"

为了进一步弄清这一方针是否科学可行，如何更好地贯彻执行，1984 年 7 月，他们从全国的科研院所和权威部门请来 100 多名专家教授，召开了"右玉县农业发展战略论证会"，调查研究了 3 天，论证了 4 天，科学论证了"十六字"方针，并形成了《山西省右玉县农业发展战略论证会论文集》。大家一致认为，"十六字"方针是右玉县发展农林牧生产的正确方针，是右玉县治穷致富实现农业翻番的最佳方案。

为了更好地贯彻"十六字"方针，会议结束时成立了"右玉县农村经济技术发展中心"，聘请 36 位专家、学者担任顾问。论证会后，形成一致共识，右玉大地上掀起了贯彻"十六字"方针的热潮，全县林业、牧业、农业得到突破性进展。正是"种草种树，发展畜牧，促进农副，尽快致富"的农业发展"十六字"方针，开启了右玉绿化大业从"求生存"向"谋发展"的历史性转变。

袁浩基、姚焕斗与县委一班人认真提出了右玉建设"绿色宝库"的指导思想：乔灌草三个层次一起上，生态经济社会三个效益一起抓，走多林种、多树种、多草种、高效益的大林业县的路子。在"种草种树、发展畜牧"的同时，他们发挥自身资源优势，建起了右玉边鸡养殖场，办起了沙棘饮料公司和人造压板厂，取得了较好的经济效益。

那时，一些人对袁浩基说："右玉是捧着金碗要饭吃。右玉地下的煤可多了，挖出来就是钱，还愁富不了啊。"袁浩基书记在县委常委会上说："煤矿可以开采一点儿，但是一定要符合生态规律，一棵树都不

右玉县县城周边绿化

能给我动。”他带领着县委一班人，不盲目地以采煤来拉动经济增长，而是认准了“十六字”方针这条充满各种困难却又有着光明未来的发展道路。袁书记说：“我的工作目标，就是要让右玉老百姓尝到种了这么多年树的甜头，真正享受到科学种树、以树致富的硕果。”

从 1983 年到 1989 年 6 年多时间里，袁浩基和姚焕斗带领全县人民一把铁锹两只手，自力更生绘新图，觉悟加义务，政策加技术，营造大片林 13 万亩，零星植树 553.5 万株，全县人工造林面积达到 124 万亩，林木绿化率达到 42%。在 80 年代，右玉开始成功种植油松、樟子松和落叶松，大面积发展苗圃，推广种植“三松”，做到了“适地适树合理栽，再把三松引进来”，全县林业综合效益明显提高。

袁书记在右玉干部学院的一次报告会上说：“组织让我去右玉当县委书记，我当时就想，我不仅要让右玉有林子，还要让林子长票子。那个时候我是横下一条心，接好前任的绿色接力棒。”实践证明，心系百姓立足长远的政绩观推进了右玉的绿色大业。20 世纪 80 年代，右玉生态畜牧业得到了长足发展，直到今天，右玉不仅守住了绿水青山，而且农民一半的收入来自发展畜牧业。

进入 90 年代，右玉经历了 3 届县委政府班子，他们始终坚持植树造林、绿化右玉大地。为完成山西省基本绿化县造林任务，提出了“上规模、调结构、抓改造、重科技、严管护、创效益”的“十八字”战略方针。1992 年，右玉成为全省首批基本绿化县，并被授予“全国治沙先进单位”“三北防护林体系建设第一期工程先进单位”荣誉称号。

1996 年 6 月，右玉县委九届四次全委（扩大）会议提出：发展灌木经济，力争在 21 世纪初把右玉建成拥有百万亩以上灌木资源的“沙棘柠条王国”，形成三北地区的特色林业基地。“灌木经济”的提出，打破了过去只讲生态和社会效益而不讲经济效益的观念，追求的是生态效益、社会效益、经济效益的统一。

发展“灌木经济”重点抓好林业“三基”建设：一是以柠条、沙棘为主的防护、放牧林基地建设。在防止水土流失、发挥生态效应的同时，为全县畜牧业的发展创造有利条件，做到以林促牧、林牧并重，形成良性循环。二是以沙棘和仁用杏为主的经济林基地建设，全县经济林力争达到 8 万亩。三是以右玉、威远苗圃为骨干，大力发展园林和城市绿化苗木，以及适合当地的树种苗木，搞好苗木基地建设。

到 1999 年年底，全县新建千亩沙棘园 3 个，新增苗圃 2400 亩，新增沙棘林 5 万亩、柠条 10 万亩。全县人工造林面积达到近 130 万亩，林木绿化率达到 43.8%，真正实现了“乔灌混交立体栽，绿色屏障建起来”的目标。1998 年，在原有沙棘饮料厂的基础上，引进了大集团在右玉建厂开发沙棘产品，为右玉沙棘产业发展起到了积极的龙头带动作用。

借改革开放的春风，以袁浩基、师发为主要代表的党员干部，为官一任，造福一方，尊重科学，百折不挠，统筹经济建设与生态建设的关系，坚持乔灌草三个层次一起上，生态经济社会三个效益一起抓，不断丰富着右玉的绿化蓝图，兑现了“要让右玉老百姓尝到种了这么多年树的甜头”的承诺。

跨入新世纪，第 16 任县委书记高厚上任。他在一次干部大会上，给大家算了一笔账：从 1949 年到 1999 年，国家拨付给右玉的各类扶持资金累计有 20 多个亿，户均达到 10 万元，可还是没能根本改变右玉的贫穷。所以说，光靠国家发放点救济款、扶贫款是救不了右玉的。要改变右玉的穷貌，就只有一条路，那就是得靠我们自己干！对于右玉来说，时不我待，势在必行，要拿出百米冲刺的速度迎头赶上，使全县人民群众早日跨入小康社会。

右玉是农业县，农村经济的发展直接影响着整个县域经济的发展，要想抓住机遇，加快发展，实现赶超，就必须在农村经济发展上确立大思路，谋划大战略，明确大目标，实施大动作。沿循这样一个思路，高厚和县委、县政府的同志们立足县情，汇聚民智，规划实践了跨越赶超的三大战略：一是实施移民并村撤乡强镇战略。实施“百村万人大移民”。二是实施退耕还林还草还牧战略。退还 15 度以上坡地耕地，打造畜牧强县。三是实施种植业结构调整战略。扩大经济作物的种植面积，粮田面积与经济作物面积的种植比例达到 6∶4。

到 2004 年，全县共建设移民新村 7 个，100 多个自然村，上万村民实现了整体迁移。全县退耕 30 万亩，建成各类苗圃 54 个，育苗面积达到 3850 亩，新增多年生草地 15 万亩。全县累计造林面积达到 138.8 万亩，林木绿化率达到 47%，实现了“退耕还林连片栽，山川遍地靓起来”。大面积的退耕还草，带动了一批规模养殖大户的兴起，推动了全县畜牧业的快速发展。通过“三大战略”的有力实施，全县农村经济结构实现了由以农为主向以牧为主的历史性转变。

右玉的绿色发展实现了再一次飞跃。

步入新世纪我们又迎来了蓝图的升级——建设富而美新右玉。2004 年 8 月，第 17 任书记赵向东上任时，右玉风沙基本得到治理，已经成为“塞上绿洲”。群众温饱问题已经得到解决，如何更好地发展成为面

■ 右玉县乡村绿化成效显著

临的主要问题。

赵向东书记面对这个问题，首先组织了大调查，让四大班子全面深入调查，围绕如何巩固右玉的成果、如何发展右玉的成果开展了大讨论。他们形成的共识：生态建设是右玉的立县之本、强县之基，是右玉最大的当家本钱，必须抓紧抓牢；“贫穷守不住绿色”，“绿”和“富”不是对立的，人与自然要和谐共生。秉持这一思想，党政班子确立了“建设富而美新右玉”的奋斗目标，提出了建设新型煤电能源、绿色生态畜牧、特色生态旅游“三大基地”，走出一条生态建设、人居环境、经济效益三者科学发展之路。

在持续不断抓生态建设的同时，右玉积极推进绿色生态向生态经济转变，上档提质建设“多元生态”，即依托丰富的生态资源，大力开发生态农业、生态工业、生态旅游“三大”生态产业。优化农业结构，构建生态农业体系，实施退耕还林还草还牧、农民进城、牧畜进圈、林草进田“一退三还三进”工程，确立“生态畜牧立县”战略；发挥龙头效应，构建生态工业框架，集中扶持对增加农民收入具有显著带动作用的农业产业化龙头企业和优势农林产品基地；盘活资源优势，加快生态旅游开发，整合生态环境、人文古迹、边塞风情三大特色旅游资源，举办生态文化旅游节，打造“塞上绿洲”生态旅游品牌。逐步走出一条生态与畜牧联姻、生态与旅游联动、增绿与增收共赢的可持续绿色发展之路。

从 2008 年 5 月起，以陈小洪为书记的右玉县党政班子继续高扬绿色发展的大旗，把握右玉经济社会发展的阶段特征，按照转型发展的总体思路，进一步加大结构调整力度，转变发展方式，全县生态建设全面提档，生态产业整体增效，生态保护同步跟进。“生态促经济、经济兴生态”的蓝图正在右玉大地渐次展开。

2011 年 9 月，继任的第 19 任县委、县政府一班人，立足右玉经济社会发展现实，从传承弘扬右玉精神的新高度和建设生态文明的新要求出发，把大生态建设提升到战略层面，把生态兴县和富民强县结合起来，坚持走“生态建设产业化、产业发展生态化”道路，绿色经济在右玉已经形成。

2016 年 1 月以来，第 20 任右玉县党政班子从前任手中接过绿色接力棒，在绿水青山就是金山银山理念指引下，自觉坚持“五大发展理念”，牢牢把握省委、省政府支持右玉加快绿色发展的重大机遇，围绕“提升绿水青山品质、共享金山银山成果”主题主线，大力实施脱贫攻坚和旅游兴县“两大战略”，加快生态优势向经济优势、发展优势的转化步伐，努力走出一条北方生态脆弱地区和贫困落后地区绿色发展的新路子，全力打造全国“两山”理论示范区、全域旅游发展样板区、乡村振兴先行区，加快建设环境好、产业优、人民富的美丽右玉。

到 2018 年年底，全县累计造林面积达到 162.4 万亩，林木绿化率达到 56%，实现了新时代“绿水青山秀塞外，金山银山富起来”的目标。

曾经风沙肆虐贫瘠干旱的右玉，如今四季如画，常年有景，右玉 70 年的生态建设让右玉人民的生存环境发生了天翻地覆的变化！

今日的右玉，人民幸福、社会和谐，在全省实现首批脱贫，95% 的沙化土地得到治理，先后获得了国家 AAAA 级旅游景区、美丽中国示范县、联合国最佳宜居生态县等荣誉。2013 年，右玉县委获得“人民满意的公务员”集体荣誉称号，2017 年被环境保护部评为“绿水青山就是金山银山”实践创新基地和国家生态文明建设示范县。右玉羊肉、沙棘、小杂粮等特色农产品远销全国各地。右玉 70 年坚持不懈植树造林、防风治沙，完全打破多年前国际环境专家“右玉不适宜人类居住”的断言。

2017 年 12 月 18 日，习近平总书记在中央经济工作会议上指出：“从塞罕坝林场、右玉沙地造林、延安退耕还林、阿克苏荒漠绿化这些案例来看，只要朝着正确方向，一年接着一年干，一代接着一代干，生态系统是可以修复的。”

种树就是种精神

下面我们横向分析右玉在 70 年来治沙造林过程中，孕育形成的右玉精神。

在右玉，植树造林调苗难、栽植难、成活难。右玉每棵树都经受了无数次风沙、干旱、冷冻的考验。栽活一棵树需要“栽三年、扶三年、勤浇勤护又三年”。由于气候寒冷，春季土地解冻晚，树坑要提前在秋季挖好。这里土地贫瘠，树木成活率低，栽上死了，死了再栽，为了给树浇水，男女老少需要到很远的地方挑水，力气小的就用脸盆端。可以说十分耕耘一分收获。曾有人戏言：在右玉种活一棵树，比养大一个孩子还难！据统计：70 年来，右玉挖过的树坑排列起来，总面积已经覆盖了整个右玉县国土面积 14 次！

从张荣怀为首的第一届县委起，右玉 20 任县委、政府班子清醒地认识到：种树就是讲政治，种树就是种民心、聚民心，既是职责也是使命。右玉的县委书记们选择了种树，实际上是选择了“山河秀美、人民幸福”的理想，选择了“为官一任，造福一方”的信念，选择了“心忧天下、关爱百姓”的情怀。

我们为什么能够这样做？是什么样的一种政绩观让右玉 20 任县委书记能够做到 70 年一张蓝图绘到底的？在这过程中右玉精神是如何形成的？如果是大自然逼出来的，北方及右玉周边生态脆弱的地方很多，为什么奇迹只在右玉诞生？

第 18 任县委书记陈小洪说：“种树就是种精神。”这是一个县委书记对种树的深刻理解，也是对右玉精神的准确把握。

2012 年 9 月，习近平总书记在《山西省学习弘扬右玉精神的报告》上作出批示：“右玉精神”体现的是全心全意为人民服务，是迎难而上、艰苦奋斗，是久久为功、利在长远。

种树种深了群众感情——用第 17 任县委书记赵向东的话说，就是要“让群众感受到组织的关怀”。对群众有深厚的感情，这是每一个右玉县委书记的共同特点，在种树的过程中，表现得更加生动。70 年艰苦奋斗造林治沙过程中，右玉的领导干部和群众在一起同吃同住同劳动，群众感情更加深厚起来。可以说，是种树种深了群众感情，让群众感受到了组织的关怀。

右玉一直传承着每年干部和群众都要义务植树的传统，20 世纪 50 多年的造林治沙过程中，主要依靠干部群众义务植树造林。每年到了植树季节，县里都要发动各村群众植树造林，义务投工投劳。植树造林成为右玉人的自觉行动。在植树工地，干部群众一起干，每天要求群众挖多少个树坑，书记县长也必须挖多少个。领导干部与普通干部一样，一把铁锹磨得锃亮，粗糙的双手和农民一样，从外表看认不出谁是领导，谁是群众。就是这样，领导干部同群众“同吃同住同劳动，吃苦在前干在先”的艰苦奋斗作风，感染了群众、带动了群众、培养了深厚的群众感情。

县委书记张荣怀的通讯员王玉明，在回忆录中记录到。书记在下乡调研，都是睡在农家炕，吃着农家饭，一走就是十天半个月。条件好一点后，有的书记们开车下乡时，看见群众赶路走，主动停下车就拉上一程，知道有的群众家里缺点针头线脑就顺便带去。有一次和张荣怀书记一同下乡调研，因为自己不敢骑马，走累了，张荣怀书记便让他骑着马，书记为通讯员牵马赶路。

第 17 任县委书记赵向东在任时，群众来找他从不敲门，推门就进。赵书记说：作为县委书记，你不能怕群众，关住门是害怕群众的表现，群众很不容易，他们遇到困难，你就得关心他。你和群众的感情就是：你关心群众，群众才能感受到，群众才能支持你。

王占峰现在是右玉的造林模范，而当时人们称他为“野人”。他承包了一条荒沟，独自一人在荒沟坚持植树造林。一次，王占峰找赵书记解决造林用水的问题。在县委会议上和班子成员讨论如何支持帮助王占峰渡过难关的时候。会议上出现了不同的声音，因为县里财政极为困难，很难拿出资金帮助王占峰。第二年 3 月，赵书记把春季植树造林动员大会放在了王占峰所承包的荒沟里召开。面对各级干部，赵书记问道：“由县政府出资 10 万元，谁能做到在荒沟里坚持 10 年植树造林？如果我们右玉县现在有 10 个王占峰，右玉便会有 10 条荒沟治理好，如果我们有 100 个王占峰，就会有 100 条荒沟治理好，现在王占峰同志遇到了困难，需要我们县委、政府帮助他渡过难关。我们就应该帮助他，我们帮的不仅仅是王占峰同志一人，帮助的更是千千万万个像王占峰同志一样，将自己的全部无私奉献给右玉绿色事业的群众。”通过这次现场会，县委、政府班子成员统一了意见，抽调资金帮助王占峰修建了一座小型水库，帮助王占峰渡过了难关，这座水库至今依然在使用，王占峰 30 多年造林达 4000 亩，因为造林成绩突出被评为绿化劳模。赵书记通过帮助一个普通群众去引导全民参与植树造林的社会风气，增进了群众的感情也推进了右玉的治沙造林工作。

在赵向东同志刚刚担任县委书记时，有位村民叫姚守业，来到他的办公室，赵书记便给他倒茶、递烟，热情接待。有一次，姚守业感慨地和赵书记说：“咱们现在的农村真不如以前啊，以前各村都有一个社房，村里有什么事情都在这里讨论，现在各村的社房都不在了，人们每天站在街头，看着羊群走了又回来，连个商量事儿的地方都没有，建议抓紧时间把在各村废弃的学校改造成村级组织活动场所。”赵书记采纳了他的建议。在县委组织部的牵头下，右玉迅速完成了全县村级组织活动场所的改建。之后国家开始号召建设村级活动场所，右玉县成为全省第一个村级活动场所全覆盖的县。后来，报纸还专门报道了姚守业的事迹《俺给书记当参谋》。

一次，《人民日报》记者采访赵向东书记时问到：为什么右玉县委号召什么，群众就跟着干什么？赵向东说：“我感觉到右玉的老百姓就是从种树认识了共产党，从种树认识了共产党的县委书记，认识了共产党的干部。”

种树种实了责任担当——“出了问题我负责”，这是右玉第 2 任县委书记王矩坤的话。习近平总书记指出：“担当就是责任，好干部必须有责任重于泰山的意识，坚持党的原则第一，党的事业第一，人民利益第一，敢于旗帜鲜明，敢于较真碰硬，对工作任劳任怨、尽心竭力、善始善终、善作善成。”

作为县委书记，经常要处理各种矛盾，在做决策的时候，是不是敢于担当、善于担当就要看是不是把党的事业、人民的利益摆在第一位。

1953 年春天，右玉全县遭遇了罕见的春荒，大部分群众家中断粮，处于饥饿之中。有人甚至想重走西口路，背井离乡，到口外去谋生。为了解决群众生活困难的问题，第 2 任县委书记王矩坤和县长李文仁迅速向上级打报告，请求救助。国家给右玉下拨了 80 万斤“白马牙”救灾玉米，当作救灾粮。王矩坤和李文仁跟班子成员研究后决定，把救灾粮的分配和植树造林结合起来，用“以工代赈”的方法，发放救灾粮。按照政策要求，救灾粮是要无偿发放给灾民解决他们的基本生活问题的。面对赈灾和植树的双重压力，他鼓励干部说：“出了问题我负责。”王矩坤顶着压力，按照植一亩树给发放 17 斤救灾玉米的方案下发救灾粮，作为植树造林的报酬，既解决了群众的吃粮问题，又促进了植树造林。在发放赈灾粮的大会上，王矩坤讲到：“我们要靠自己的双手改变自己的命运，改变右玉的穷困面貌。这些粮食我们不能当作救济粮，要当作‘植树粮’。要想明天不饿死，今天必须多植树！”

1958 年春，右玉下放一个从上海来的“右派分子”——刚从南京林学院毕业的大学生张沁文。第 5 任县委书记庞汉杰得知后，经常把他请到家里。知道上海人吃不惯莜面山药蛋，便通过太原的朋友弄来大米，让妻子给他做大米饭吃，在他的安慰和鼓励下，让这位心灰意冷的年轻人重拾信心。面对书记的殷切期望，张沁文说：“庞书记，你说吧，要我做什么？”庞汉杰说：“希望你能把学到的知识用于右玉的林业建设，帮助右玉搞好林业规划工作。”张沁文把全部精力投入到了右玉的林业建设中，在深入调研的基础上，向县委递交了一份关于右玉林业建设的“规划意见书”。庞汉杰在听取了张沁文的建议后，又通过多次调研协商，最终制定了右玉县流域治理规划。

有人担心庞汉杰和“右派分子”走得太近会受到牵连，犯了错误。庞汉杰不以为然地说：“我们用的是他所学的知识，只要他能为右玉作贡献，就是可用之才。我能犯什么错误？”这个“右派分子”还被提拔为右玉县林业局副局长，在右玉一干就是 18 年，为右玉的林业建设作出了突出的贡献。他们之间的友情也一直持续到 1986 年庞汉杰病逝。

种树种出了带头表率——“让别人干，自己先干”，这是姚焕斗书记常说的一句话。在右玉，每年春秋两季植树季节，党员领导干部都要带头义务植树，和农民群众干一样的活，吃一样的饭。这种党员干部实干苦干带头干，形成了上下一条心、干群一股劲的凝聚力。

从 1989 年姚焕斗担任县委书记，他知道自己就是右玉的火车头，跑得快慢就要看车头具有多大的牵引力了。他要求各单位都要有一张贴在显眼处的“参加义务植树造林考勤表”，而他自己的大名就列在县委机关考勤表的第一位上。每天他亲自画出勤符号，供大家监督。列着姚焕斗名字的考勤表，就是他的一张决心书，一条动员令。姚焕斗常说：“叫别人干，自己先干。”从春季造林，到夏秋预整地，姚焕斗要参加劳动、要参加上级会议、要考虑造林之外的多项工作。他经常是每天工作长达 16 个小时！ 姚焕斗常常蹲点亲自抓工作、搞建设，与右玉干部群众朝夕相处，他的脸是黑的，甚至暴了皮；手是粗糙的，老茧厚厚的，

右玉县京津风沙源治理工程

■ 杨树是右玉造林的主要树种

看上去就是一位地地道道的老农。干部群众不叫他姚县长、姚书记，而叫他“焕斗哥”，常说“焕斗哥真是个实干家，扑下身子就懂个受”。

20 世纪 70 年代末，右玉被列入三北防护林体系建设工程重点县。时任县委书记常禄对全县林业建设进行了全面规划之后，和县长车永顺全党动员，领导带头大力推进植树造林。他要求县、社、队三级党政一把手要坚决做到“三个亲自”，即亲自制定规划，亲自植树造林，亲自检查验收。县委常委分片负责，每年带头植树劳动不少于一个月，结束后向县委交账。为了带动机关干部，常禄带领自己的妻子、子女上工地植树。孩子们因为发烧没上山植树而受到他的严厉批评。常禄说：“我来到了右玉，就是右玉人了，孩子们，你们也是右玉人呀。种树是咱们的头等大事，只有种活了树，才能挡住风沙，右玉人才能过上好日子。有这么个俗话：村看村，户看户，群众看干部。我是县委书记，要起模范带头作用。你们作为我的孩子，也要带头啊。全县人民都在看着我，也都在看着你们呐。”一天夜里，常书记也因为感冒发起了高烧，去医院输了液。到了第二天一大早，他又扛起了铁锹上山种树。他身后，是他的妻儿老小。在这以后的八年里，每到植树季节，常禄书记的一家人一起上山义务植树，没有缺勤过一天。

党员领导干部作风好，群众就服气。“说话有人听，办事有人跟”。70 年来，每年植树季节，右玉的领导干部从上到下全部带头开展义务植树造林，机关企事业单位一个系统一座山，一个单位一片林，先后营造了十几个造林基地，总面积达 30 多万亩。据不完全统计，在 70 多年的植树造林过程中，全县广大农民义务投工投劳达两亿多个工日。仅近 30 年来，全县干部职工的义务绿化投入累计达 6000 多万元，每年坚持义务植树投劳捐款，人均达 1 万元。在党员干部的带动下，全县人人争当“造林英雄”，筑起了“先锋林”“民兵林”“青年林”“三八林”等一道道绿色屏障，涌现出了一批绿化英模。直至今日，我们虽然已经开始工程化、机械化植树，但右玉的干部群众依然坚持每年义务植树，右玉的党员干部每年都要捐款植树。

种树种牢了情怀境界——用第 4 任县委书记马禄元话说就是“不计职务高低、个人得失”。70 年来，右玉党员干部坚持党和人民的利益高于一切，个人利益服从党和人民的利益，吃苦在前，奉献在先，克己奉公。

1956 年 4 月，马禄元担任县委书记后，因为造林业绩突出，在北京受到毛主席接见。由于一战黄沙洼的失败，上级派了庞汉杰来任右玉第一书记，他实际上成了副职。马禄元的妻子一时想不通：“你应该向组织提出，既然右玉来了第一书记，你这个县委书记是不是要调到其他地方。”马禄元说：“右玉的工作现在到了最困难的时期，地委派庞书记来，是从右玉需要出发，是对我工作的支持，我不计较职务高低、个人得失，只盼着老百姓能尽早过上好日子。”他和庞汉杰心往一处想、劲往一处使，在右玉的关键历史时期，并肩作战、接续奋斗，把绿化和固沙事业推向了一个新阶段。马禄元说：“民为衣食父母，官是人民公仆”，“靠山吃山要养山，荒山变成金不换”。

庞汉杰从山西省城太原到了右玉任职不到 3 年，由于塞上高原干冷风大的气候，就患了严重的鼻窦炎和神经衰弱症，身体一天天消瘦。1960 年春节后，地委为了照顾他的身体，调他到浑源县担任县委常务书记，并在浑源疗养。庞汉杰离开右玉刚刚 4 个月，觉得自己曾向组织保证让右玉局部绿起来的愿望还没有实现，多次要求重返右玉。庞书记向雁北地委领导恳求：“我离不开右玉，我还有许多事情没有干完，我还有许多计划没有来得及实施，我舍不下那么多我亲自植下的树，舍不下那么多还没有来得及种下树的沙梁子，舍不下那么多人民群众。”“你再给我 3 年时间，让我把在右玉想干还没来得及干的事情干完了，我保证听从组织安排，让我到哪儿我就到哪儿工作。”当时雁北地委第一书记王铭三从他诚恳而真诚的眼神里，理解了他的胸怀。同意他重返右玉工作。

第 12 任县委书记袁浩基 1983 年任命时年仅 38 岁，为尽快适应工作，他放弃在大同优越的生活条件，带着妻儿老小举家搬迁到右玉。他经常下乡，甚至在大年三十还在下乡的路上，看村里的老百姓年过

得咋样。

袁书记大部分时间扑在乡镇、农村，就连他的父亲在弥留之际，他仍在乡镇研究问题，布置工作，不得已给县医院打电话，嘱咐县医院的同志要全力救治他的父亲。在他安排好乡镇工作赶回县城时，父亲已经丧失意识，他握着父亲的手默默地守了整整一夜，次日凌晨，父亲便辞世了！

袁书记有两个孩子，来右玉工作的时候，他们的学习成绩均是名列前茅的。跟着袁书记一同来右玉，一方面右玉的教学质量远不如大同；另一方面因为袁书记工作繁忙，很难抽出时间关心教育孩子，一年之后两个孩子的学习成绩严重下降。

右玉的县委书记们在树木中树人，树人中树木。领导干部的无私奉献，化风成俗，形成了攻坚克难的凝聚力，营造了一个党风正、民风纯、一心干事业的社会风尚，在右玉的大地上铸就了一座绿色丰碑。

2015 年 1 月 12 日，习近平总书记在同中央党校第一期县委书记研修班学员座谈时指出：山西右玉县地处毛乌素沙漠的天然风口地带，是

一片风沙成患、山川贫瘠的不毛之地。新中国成立之初，第一任县委书记带领全县人民开始治沙造林。六十多年来，一张蓝图、一个目标，县委一任接着一任、一届接着一届率领全县干部群众坚持不懈干，使绿化率由当年的0.3%上升到现在的53%，把“不毛之地”变成了“塞上绿洲”。抓任何工作，都要有这种久久为功、利在长远的耐心和耐力。

20 任县委书记，70 年绿色接力，162.4 万亩人工造林。右玉干部跑的是“接力赛”，右玉人民跑的是“马拉松”。

立足新时代，右玉将牢记习近平总书记的嘱托，不忘初心，牢记使命，在全面建成小康社会的新征程中再谱绿色发展的时代篇章，赋予右玉精神新的时代内涵。

社会评价

右玉精神就是一种坚持不懈的“植树精神”，多年来，在这场只有起点、没有终点的绿化“接力赛”中，历届县委县政府把种树这件事情和群众的生存发展紧密地联系在一起，在曾经风沙肆虐的“不毛之地”上，书写了“塞上绿洲”的绿色传奇。

纵观右玉70年的绿化历程，就像一场历经70年而不竭的马拉松，如果说群众是这场马拉松主体，那么历任县委书记、县长就是领跑者。70年来，他们始终一个心思、一种干劲，换班子不换方向、换领导不换精神，一任接着一任干、一张蓝图绘到底。

从参加工作至今，不知道去右玉采访过多少次，可每次都能看到右玉的新变化、新面貌。

70 年前，一年一场风，从春刮到冬，是右玉的真实写照。地处毛乌素沙漠边缘的右玉县，属晋西北高寒冷凉、干旱区，国土面积 1969 平方公里，辖 4 镇 6 乡 1 个风景名胜区 288 个行政村。新中国成立初期，全县仅有残次林 8000 亩，林木绿化率不足 0.3%，土地沙化面积达 76%。70 年来，历届县委、县政府团结带领全县人民坚持不懈植树造林，坚韧不拔改善生态，昔日的“不毛之地”变成了如今的“塞上绿洲”，全县林木绿化率达到 56%。

他叫李云生，右玉县马头山村人，今年 64 岁，精神矍铄，20 年前，他的家乡马头山是一个饱受风沙侵蚀的小山村，土地贫瘠、人口稀少、交通不便，是右玉县第一批被列入移民并村的重点村。

看着眼前的一切，从小在这里长大的老李很是痛心，凭着对这片土地的热爱、怀着逝去老父亲的重托，李云生辞去了多年驾校校长的职务，毅然决然地选择留下，并一口气签下了马头山 1 万多亩荒山 50 年的承包治理合同。

一眨眼，20 年的时间如白驹过隙，这个曾经的驾校校长变成了花甲老人，治理荒山的酸甜苦辣也只有他知道，可昔日“荒山不长草、风吹石头跑”的马头山却变成了“山顶松柏戴帽、山间果树缠腰”的花果山。

但这只是个缩影。

周脉，男，73 岁，植树 21 年；

赵富，男，70 岁，植树 30 年；

庞公平，男，85 岁，植树 33 年；

贾玉明，男，76 岁，植树 25 年；

于润芝，女，68 岁，植树 19 年；

侯世堂，男，66 岁，植树 35 年……

在右玉的人物名录里，正是千千万万个像李云生一样的右玉人，以右玉人特有的韧劲、犟劲、执着劲，撑起了右玉的碧水蓝天、绿水青山。

如今的右玉，“天蓝、水碧、空气鲜”已是常态，林木绿化率也从原来的不到 0.3% 扩大到现在的56%。并先后获得“三北防护林工程建设突出贡献单位”“全国治沙先进单位”“全国绿化模范县”“全国绿化先进集体”“国土绿化突出贡献单位”“生态文明建设示范县”“绿水青山就是金山银山”实践创新基地“关注森林活动20周年突出贡献单位”等荣誉称号，实现了从“荒漠”到“绿洲”的华美蜕变。习近平总书记曾5次对“右玉精神”作出重要批示，指出：“右玉精神体现的是全心全意为人民服务，是迎难而上、艰苦奋斗，是久久为功、利在长远。”

——山西省林业和草原局办公室　景慎好

（文字：景慎好，中共右玉县委；图片：景慎好；视频：中共右玉县委）

我出生在沙漠边上的村庄，“我的根在杭锦旗，魂在库布其”。童年给我印象最深的两件事，就是饥饿和沙尘暴。小时候我有两个梦想，一是让沙漠变成绿洲，另一个是不再挨饿。在我眼中沙漠就是一种财富，是有价值的东西，我们可以把问题变成机遇，这也是我们亿利人一直以来的所作所为。

——库布其治沙带头人、亿利集团董事长王文彪

内蒙古亿利集团

内蒙古亿利集团 是中国生态产业服务商，联合国认定的全球治沙领导者企业，创立于1988年。三十多年来，亿利始终将“为人类治沙”作为崇高的使命追求，创造了“党委政府政策性推动、企业规模化产业化治沙、社会和农牧民市场化参与、技术和机制持续化创新、发展成果全社会共享”的库布其模式，绿化库布其沙漠6000多平方公里，创造了5000多亿元的生态财富，生态减贫超10万人。亿利集团先后获得“中国脱贫攻坚奖”“国土绿化奖”“绿色长城奖章”和“国家科技进步奖”，获得联合国“全球治沙领导者奖”和“地球卫士终身成就奖”。库布其沙漠亿利生态示范区被命名为“绿水青山就是金山银山”实践创新基地。

公司规模治理实现“人进沙退”的绿色奇迹

——记“库布其治沙模式”创造者内蒙古亿利集团

库布其沙漠是中国第七大沙漠，位于阴山山脉南侧，黄河“几”字弯的南岸，总面积 1.86 万平方公里，蒙古语的意思是“胜利在握的弓弦”。30 年前，库布其生态环境恶劣，是危害我国北方生态安全的风沙源，人民极度贫困。在党中央、国务院各有关部委及内蒙古自治区、鄂尔多斯市各级党委、政府长期的大力支持下，亿利集团不断深化认知革命，通过市场化的理念、产业化的手段、规模化系统化的治沙“三大法宝”，重建人与自然伙伴关系，特别是党的十八大以来，亿利库布其治沙在习近平生态文明思想引领下驶上了快车道，科技创新的步伐、治理绿化的效率大幅度提高，在茫茫大漠上绘就了一幅“绿水青山图”。又以生态为底色，建立起一二三产业融合发展的循环经济体系，通过产业导入带动农牧民脱贫致富，走出了一条绿富同兴、共治共享的新路子。

如今，库布其由漫漫黄沙变成了绿水青山，正在由绿水青山向金山银山转变，为中国生态文明建设先行先试作出了积极的探索和艰苦卓绝的努力，为世界荒漠化防治探索实践了可持续发展之路，将“绿水青山就是金山银山”的伟大理念写在大漠上。亿利库布其治沙模式、技术已经成功推广到我国西部沙区及河北、甘肃、青海、新疆南疆等生态脆弱区，并承担了西藏那曲高寒高海拔科技植树重大科技攻关项目、三北防护林建设等大型生态工程。2014 年，联合国将库布其沙漠亿利生态治理区确立为全球首个沙漠生态经济示范区。2017 年，联合国授予亿利库布其治沙人“地球卫士终身成就奖”。2018 年 12 月，生态环境部授予库布其沙漠亿利生态示范区“绿水青山就是金山银山”实践创新基地称号。

■ 2019 年 7 月 27 日，第七届库布其国际沙漠论坛在库布其沙漠举办，习近平主席再次为论坛致贺信，孙春兰副总理到会宣读主席贺信并发表了主旨演讲

库布其治沙是习近平生态文明思想的成功实践

党的十八大以来，以习近平同志为核心的党中央把生态文明建设作为统筹推进“五位一体”总体布局和协调推进“四个全面”战略布局的重要内容，谋划开展了一系列根本性、长远性、开创性工作，推动生态文明建设和生态环境保护从实践到认识发生了历史性、转折性、全局性变化。在习近平生态文明思想指引下，全党全国贯彻绿色发展理念的自觉性和主动性显著增强，美丽中国建设迈出重要步伐。正是在这样的时代背景下，经过长期努力，库布其治沙模式书写了防沙治沙的绿色传奇。

习近平总书记对库布其治沙非常关怀和重视。党的十八大以来，习近平总书记通过批示、指示、讲话等多次肯定库布其治沙扶贫工作。2016 年两会期间，习近平总书记听取了亿利集团的汇报，表示要持续关注和支持亿利库布其治沙扶贫事业。2017 年，习近平总书记向第六届库布其国际沙漠论坛发来贺信，肯定库布其治沙是中国防治荒漠化的成功实践。2019 年 7 月 27 日，总书记向第七届库布其国际沙漠论坛发来贺信，充分肯定库布其治沙为国际社会治理环境生态、落实 2030 议程提供了中国经验，赋予了库布其新的历史使命。9 月 18 日，习近平总书记在河南主持召开黄河流域生态保护和高质量发展座谈会并发表重要讲话。总书记指出，新中国成立以来黄河治理取得巨大成就，中游黄土高原蓄水保土能力显著增强，实现了“人进沙退”的治沙奇迹，库布其沙漠植被覆盖率达到 53%。

在习近平生态文明思想的引领下，库布其治沙坚定践行“绿水青山就是金山银山”理念，取得了推动绿色发展的显著成绩，展示了人与自然关系如何在科学理念指导下和谐共生并实现经济社会良性发展的样板。

系统化、规模化治沙，库布其变成绿水青山

库布其曾是水草丰美的生态宝地。约一千年前，汉武帝开始在库布其推行移民戍边。南北朝时期的《敕勒歌》中描述的“敕勒川，阴山下，天似穹庐，笼盖四野，天苍苍，野茫茫，风吹草低见牛羊”，就是库布其壮阔的景色。但是，随着人类不科学的、过度的开发活动加剧，库布其土地退化越来越严重，清朝时这里已变成了荒漠。30 年前，库布其沙漠变成了我国北方生态灾害，每年有上亿吨黄沙吹入黄河。沙尘暴每年上百起，一夜之间就可以吹到北京、天津，危及华北地区。库布其当地老百姓处在极端贫困状态，年收入不足 400 元。

1988 年，亿利创业起步于库布其沙漠腹地的一座盐场。当时的企业，经营十分困难，所处环境极度恶劣，如果不治理沙漠，企业就会被沙漠吞噬。为了生存，亿利集团成立了林工队，专门植树治沙，当时只有 27 人。没有技术、没有人才、没有资金、没有道路，亿利治沙的起步异常艰难。从盐湖周边开始植树，亿利人逐渐探索治沙方略。在长期

实践中，亿利治沙借鉴古人智慧，分而治之。亿利规划了分区治理，将库布其沙漠划分为“三区一带”：西部为生态修复与保护区，中部为生态过渡区，东部为生态产业经济区，一带为沙漠绿化带。按照“南围、北堵、中切割”的治沙策略，在沙漠南缘封沙育林，阻挡沙漠蔓延；在北缘建设防沙锁边林，牢牢锁住沙漠；在中间修筑多条纵横交错的穿沙公路，以路划区，分块治理。同时，生态移民、自然封育、飞播造林、人工种植多管齐下，水、电、林、路、机、信、网等基础设施配套展开。30 年来，亿利库布其治沙逐步构建了“政府主导、企业主体、社会组织和公众共同参与”的沙漠生态治理体系。

2018 年 6～7 月，中国林业科学研究院、中国治沙暨沙业学会、内蒙古农业大学、北京林业大学等权威机构先后发布了亿利库布其 30 年治沙成果报告，认定亿利集团在库布其治沙 30 年，投入产业资金 300 多亿元、公益资金 30 多亿元，治理沙漠 6000 多平方公里，植被覆盖率由不足 3% 增加到 53%，沙尘天气逐年减少，把沙尘挡在了塞外，把清风送给了北京，带动库布其及周边群众 10.2 万人受益。如今的库布其，人口被迫外迁的现象完全消除，人、沙、绿洲、动物和谐共生，呈现出一幅生态优美、生活恬美的生动画面。

科学化、智能化治沙，使库布其治理绿化效率提高，成本降低

科技创新是亿利治沙的利器。历经 30 年的积累，亿利建立了沙漠研究院、种质资源库、技术中心和规划院，研发创新了多项技术并取得了大量的专利。亿利集团参与的“风沙灾害防治理论与关键技术应用”项目获得 2018 年度国家科学技术进步二等奖。这项国家荣誉表彰，认定亿利库布其治沙 30 年所取得的多项科技创新，为解决我国风沙灾害防治问题，创建了“政产学研用”有机结合的“库布其模式”，在风沙

灾害严重的库布其沙漠得到广泛应用。该项成果是我国风沙灾害防治理论与实践的完善和拓展，推广应用 100 多万公顷，直接经济效益 300 多亿元。

亿利治沙的科技创新成果不仅切合我国荒漠化治理的实际需要，效率高，有效降低成本，并且正在向智能化、数据化迈进，主要体现在以下八个方面：

一是智能微创植树技术。传统植树必须要经过挖坑、植苗、填土、浇水，种一棵树需要十几分钟，现在采用微创气流法，将四道工序一次性完成，种一棵树只要十几秒钟，树木成活率由 20% 提高到了 80% 以上。核心技术主要是减少了土壤扰动，保护了土壤的墒情和原有结构，瞬间冲洞原理形成保水防渗层，每棵树只需要 3 千克水。采用这项技术可以在沙丘的任何位置种活树，彻底颠覆了打网格种树。算一笔经济账：亿利这项专利节约了投资，节约了用水量，节约了人工，大大提高了种树效率。采用这项技术每亩节省 1200 元以上，其中节约打网格每亩 800 ～ 1000 元。亿利在 2009 年发明了这项专利技术，9 年来一共种植了 154 万亩树，节约费用 22.5 亿元，如果在中国西部沙区大规模推广，将可以节约资金 2 万亿元。

二是风向数据法植树。亿利充分运用大数据原理，对过去一些地区使用的“前挡后拉”植树方法进行融合再创新。通过大数据精准判断沙漠风沙运动规律，精准测量沙丘迎风坡植树的位置，与微创气流法结合，破解了沙漠斜坡流沙大、挖坑难的问题。利用“风、树、沙”互动的原理，实现了“风吹、树挡、沙降”，可谓是“大自然改造大自然”的杰作。过去亿利在沙漠种树，需要推土机把大沙丘推平，每亩需要 1500 ～ 2000 元，投入大，而且违背了自然和生态规律。这两项技术的融合和创新，互为作用，相得益彰，在库布其沙漠大范围运用，治理面积 30 多万亩，沙丘高度整体降低了 1/3，至少节约了 4.5 亿～ 6 亿元成本。这项技术可以在全国沙漠地区、全世界沙漠推广应用。

三是甘草平移种植治沙改土技术。甘草是免耕无灌溉、容易在沙漠中生长的豆科植物，根瘤菌十分丰富，是治沙绿化改土和生态产业化的先锋植物。亿利多年来专注甘草种植方法的研究，发明了甘草平移半野生化的种植技术，特点是让甘草横着种、横着长，长得好、长得快。传统的甘草种植方法，竖着种、竖着长，每棵仅能治理0.1平方米沙漠，不具备规模化、机械化种植和采挖的条件，而且采挖破坏生态非常严重。亿利创新的甘草平移种植技术实现了浅层生长、不破坏生态，并实现了“一举三得”：一是一株平移甘草较传统方法种植扩大9倍绿化面积；二是实现了规模化、机械化、产业化，大幅度增加了产量，形成了甘草健康产业链（主要产品复方甘草片、甘草良咽、甘草甜素片），每年有十几亿元的销售收入、一亿多元利润；三是带动扶贫，目前通过“公司+农户”种植甘草132万亩，近2000户5500多人从中受益。种甘草是亿利治沙的利器，种甘草是亿利发展产业的重要方式。库布其模式推广

当地农牧民在亿利库布其生态光伏扶贫项目种植甘草

过程中，甘草“打头阵”，在西部沙漠都成功落地。亿利在库布其种植的甘草还带动形成了中蒙药健康产业链，年收益超过 10 亿元，甘草种植扶贫在西部各大沙漠治理中推广均成功落地。

四是建立了种质资源库。沙漠是一种特殊的环境，既缺少水，又缺少肥，而且含盐量很高，普通植物难以生存。根据适者生存的理论，这里生长的植物是长期环境胁迫选择的结果，而这些植物又是沙漠治理之本。保护和利用这些植物就显得尤为重要。30 年前能在库布其生长的植物寥寥无几。为了在库布其沙漠建绿，亿利集团不仅利用了当地的原生态植物，还引进了同纬度其他地区的“三耐”植物，丰富了库布其沙漠的植物多样性。一直以来，亿利把研究种质创新工程放到治沙研究的首位。在国家林业和草原局的支持下，亿利投资建设了中国西部最大的沙生灌木及珍稀濒危植物种质资源库。目前，已经搜集了 1000 多种耐寒、耐旱、耐盐碱的植物种子相关材料，包括沙生草本、沙生灌木、珍

亿利集团在库布其沙漠建立中国西部珍稀濒危植物种质资源库，培育、驯化、扩繁了 1000 多种植物，并发明 100 多项生态种植技术

稀濒危、生态修复、药用植物。目前，已采集并保存了 852 种，并对优质的种质资源进行了应用开发和推广输出。这些是治沙之本、治沙利器。库布其引种到新疆南疆 18 种植物，成功了 11 种；那曲高原科研项目越冬成活率 70% 以上的物种中有一半是从库布其引种的。

五是高原极端逆境树木栽植管护技术。2016 年，在科技部和西藏自治区党委政府的重视支持下，亿利库布其专家团队承担了那曲 4600 米海拔植树科研攻关项目，挑战严寒、风大、紫外线强、冻土层厚、氧气稀薄等树木生长难题。经过近两年的刻苦攻关，从库布其、青海以及本土引种的几种耐极限植物长势良好，成活率均在 70% 以上，共计成活了 5 万多棵，人类第一次在海拔 4600 米以上种出“小森林”，为世界屋脊增添了绿色屏障。目前，亿利库布其专家团队继续抗寒、抗风、抗紫外线、抗冻土层、抗缺氧等“五抗”科技攻关，建设“北京—库布其—青海—拉萨—那曲”五级联动种质体系，加强种苗培育和驯化、数据采集和分析，深化高海拔地区植物生长机理研究，努力实现两年成活、三年成功、十年成林的目标。

甘草是亿利治沙的利器，种甘草是亿利发展产业的重要方式，亿利在库布其种植的甘草还带动形成了中蒙药健康产业链，图为亿利阿木古龙甘草健康产业园区

六是生态大数据平台。随着治沙生态工程在各地向纵深推进，亿利研发创建了生态大数据技术平台，对接亿利在七大沙漠分布的20个大型综合数据监测及采集设备，监测生态环境数据，为沙漠治理和生态修复提供科学决策依据，让亿利的多种生态治理技术更加科学、协调、高效地组合实施，提供远程技术支持。遥感科学国家重点实验室与亿利签订了合作协议，共同建设遥感科学国家重点实验室西北实验基地，进一步提高荒漠化治理的科技水平。双方将重点围绕植被遥感分析、大气环境遥感监测、水环境遥感监测、矿山遥感监测、遥感信息提取算法及软件系统开发等研究方向开展深度合作，对亿利库布其生态示范区、青藏高原第三极生态变化、“一带一路”沿线典型区域沙漠生态大数据系统等进行重点研究，科学推广亿利集团30多年来在库布其实施生态治理工程积累的经验，推动西北地区国产卫星遥感技术及应用发展。

七是无人机飞播造林技术。依托卫星导航，遥感测量复杂地形，无人机将亿利研发的特殊种子包衣弹射到特定区域，一天可飞播540亩左右，解决沙漠腹地人难进、树难种、种树贵的问题。目前，亿利已经研发成功第一代无人机植树技术，正在研发下一代无人机植树技术。

八是生物土壤改良剂。以库布其本地树、草、土、水和矿物质的残留物作为原料，经特殊工艺生产出促进土壤团粒结构形成的新型黏剂，每亩成本1000多元就可以实现沙地变土地，节水30%，增产40%。亿利正在北方干旱、半干旱地区的土壤改良修复工程中推广这项技术。

党的十八大以来，亿利生态治理技术已经从防治沙漠化升级到盐碱地治理、石漠化治理、水环境治理、矿山修复、高寒高海拔植树等综合解决方案。先后承担了三北防护林、京津风沙源、北京冬奥会、新疆南疆、西藏那曲、青海祁连山山水林田湖草保护修复等大型生态工程，建设怀来生态公园、天津生态公园、长江生态公园、霸王河生态公园等多个生态产业服务项目。同时，正在巴基斯坦、乌兹别克斯坦、尼日利亚等国家和地区展开生态治理合作。

市场化、产业化治沙，使库布其的绿水青山产生金山银山的价值

宇宙万物是平等的，互为伙伴、互相依存。比如沙漠，它不仅是无机的躯体，还把它的物产转化为我们有机生命的组成部分。通过认知革命，亿利重新认识了沙漠，不再把沙漠当成一种负担，而是当成一种资源，认识到沙漠是可以治理的、可以利用的，所以亿利集团遵循“产业生态化和生态产业化”的绿色发展观，坚持“向沙要绿、向绿要地、向天要水、向光要电”。充分运用沙漠充足的阳光、土地和生物资源，引进国内外大型企业共同发展第一、二、三产业融合的产业体系。一是农业治沙。挖掘沙漠植物经济价值，适度开发甘草、苁蓉、有机果蔬等种植加工业。二是工业治沙。利用工业废渣和农作物秸秆等生物质，发展土壤改良剂、复混肥、有机肥料等制造业。三是能源治沙。通过“板上发电、板间养羊、板下种草”的方式，光伏板生产绿色能源，草林种植防风治沙，养殖产生的生物肥又可反补种植，实现良性互动。四是金融治沙。联合数十家大型企业和金融机构发起了“绿丝路基金”，通过金融手段撬动更多资金，投资沙漠产业。五是旅游治沙。依托大漠风光，挖掘蒙元文化，大规模发展沙漠旅游，年接待游客超过 20 万人次。

在生态改善的基础上，亿利构建了“1+6”立体循环生态产业体系，实现了绿化一座沙漠，培育了生态修复、生态工业、生态光伏、生态健康、生态农牧业、生态旅游六大产业。

如今的库布其，牛羊在太阳能电池板下悠闲地吃着草，光伏发电源源不断地输入国家电网，大漠绿洲和浩瀚星空吸引着越来越多的游客，甘草、苁蓉转化为地道中蒙药产品，有机蔬果源源不断地运往全国。引用库布其老支书、亿利民工联队队长陈宁布说过的一句话：“在库布其，只要你肯干，遍地都是钱。”

通过在库布其长期的市场化、产业化治沙实践，亿利集团三十年磨

一剑，锤炼了生态产业服务模式，通过系统化、规模化、科技化治沙与生态修复，将退化的未利用土地修复为可利用的农业、工业、城市和生态土地，提升土地增值收益，并在此基础上导入洁能环保、生态文旅、生态康养、农牧业体验等绿色产业，实现生态修复和绿色生态产业的可持续融合发展。亿利集团创新实践了短期生态工程技术服务收益、中期土地增值收益和长期的绿色生态产业投资运营收益回报机制，形成“三层饼”盈利模式，突破长周期、高投入、低效益的发展瓶颈，让政府、企业、投资者、市场和社会利益共享。

平台化、多元化治沙使库布其实现了从沙进人退、荒凉贫瘠到人沙和谐、绿富同兴的转变

30 年来，亿利集团在内蒙古自治区、鄂尔多斯市和杭锦旗党委、政府的支持下，依托“绿起来与富起来相结合、生态与产业相结合、生态治理与企业发展相结合”的发展模式，把库布其作为一个绿色惠民、绿富同兴的大平台，把绿水青山和金山银山作为最普惠的民生福祉，让利于民，造福于民，带动 20 多万沙区农牧民脱贫致富。公益性生态建设投资 30 多亿元，产业投资 380 亿元，其中库布其沙漠所在的杭锦旗、达拉特旗、准格尔旗、鄂托克前旗以及新疆阿拉尔、甘肃武威等沙区百姓彻底摆脱了贫困，贫困人口年均收入从不到 400 元增长到目前的 1.4 万元。特别是党的十八大以来，直接脱贫 3.6 万人。

一是生态移民挪穷窝、转方式。亿利深刻体会到，一些生态极度脆弱地区，必须实施生态移民；但生态移民的稳定器就是相关产业的支撑。否则，今天搬迁移民，两三年后就人去楼空。企业 30 年先后投资 5000 多万元，在库布其和西藏山南高山、沙漠地区建设了汉蒙藏 4 个生态移民村，共帮扶贫困户 373 户 1000 多人。1996 年库布其盐海子新村、2006 年库布其道图新村、2016 年库布其杭锦淖尔新村和 2017 年开

建的西藏扎囊新村，让贫困户从沙漠走出来，成为技术工人、养殖户、种植户、旅游户、餐饮服务户、民工联队长、小老板等“七种身份”的新时代的农牧民。

二是生态产业破穷业、利长远。亿利库布其治沙主要是采用一二三产业融合发展的方式推动脱贫。

“一产扶贫”主要是生态种养殖业扶贫。先后流转农牧民土地150多万亩，农牧民入股土地90多万亩。一是以甘草为代表的道地中药材种植扶贫。推行了企业提供种苗、技术服务和订单收购的“三到户”甘草产业扶贫。2017年以来带动库布其周边5个乡镇12个嘎查村种植甘草65万亩，带动5500多人受益。这种模式同步在新疆、甘肃和内蒙古的阿拉善推行。二是推行了“公司＋专业合作社＋养殖农户”的养殖扶贫模式。把沙漠灌木平茬与肉牛、肉羊舍饲养殖结合在一起，带动517户农牧民实行标准化养殖和规模化种植，人均收入超过2万元。2016年，无偿投入700多万元，向杭锦旗全部国家级贫困户（1219户3058人）每户捐赠10只基础母畜，进行集约化养殖，2018年又投入148万元继续帮扶了杭锦旗新增的171户贫困户。三是组建民工联队就业扶贫。依托亿利在全国20多个省市实施的生态修复工程，组建有组织、有专业能力、有考核体系、有党小组的治沙民工联队232支6000多人，输出劳务治沙、种树、种草、种药材，实现了“一人打工，一户脱贫”目标。

“二产扶贫”主要是贫困户参与工业园区和光伏产业建设和运营扶贫。库布其生态工业循环经济园区直接解决贫困家庭子女就业315人。库布其已建成的光伏产业，在建设工程中通过租用沙地、工程发包、劳务外包等方式，带动5170人致富。2017年，亿利又全面实施“光伏组件清洗＋板下种植养护”精准扶贫工程，带动57户贫困户脱贫。每个贫困户平均承包4兆瓦光伏组件清洗和板下种植，每兆瓦1500～2000元，每年清洗4次，平均每户可增收3.5万元。该项扶贫工作采用“滚动扶贫”的方式，让已脱贫户及时退出，同时选配未脱贫户进行帮扶。

“三产扶贫”主要是通过旅游产业扶贫。亿利利用库布其沙漠公园旅游业，带动周边 1303 户农牧民发展起家庭旅馆、餐饮、民族手工业、沙漠越野等服务业。

三是生态教育扶贫扶志扶智、拔穷根。针对沙漠地区教育条件薄弱状况，亿利捐资 1.2 亿元在库布其沙漠地区建设了集幼儿园、小学、初中、职业高中为一体的全日制亿利东方学校，在校师生规模 1300 多人。每年还提供 100 万元的“奖教奖学”专项基金，用于教师和学生的奖励以及贫困学生的助学。同时成立了“农牧民党校和培训学校”，每年培训近 4000 名农牧民。

2018 年，在全国工商联和中国光彩事业基金会的号召下，亿利设立了 1.2 亿元“光彩亿利生态职业教育专项基金”，启动了亿利生态职业教育与就业扶贫行动，计划 3 年资助内蒙古鄂尔多斯、西藏山南、云南昭通、青海海北、四川凉山州等地的 3 万名职业类贫困学生和青壮年

■ 2009 年，亿利集团捐资 1.2 亿元建成亿利东方学校

贫困户完成生态职业教育和技能培训，并引导就业创业，脱贫致富。

根据联合国 2017 年发布的《中国库布其生态财富评估报告》，亿利库布其 30 年治沙创造了 5000 多亿元生态财富，其中 80% 属于社会效益。亿利集团的扶贫贡献得到了各级党委、政府的肯定，2016 年获得首届“全国脱贫攻坚奖”，2017 年获得“全国万企帮万村优秀民营企业奖”。

近年来，亿利积极向西部沙区输出库布其经验，累计在塔克拉玛干沙漠、腾格里沙漠、乌兰布和沙漠、科尔沁沙地、张北坝上等地治沙 100 多万亩，并向全国 20 多个省份 200 多个县市输出生态修复技术，实施“三地一河”治理工程。亿利正在抓紧推动库布其经验“走出去”，向“一带一路”沿线国家和地区推广。

库布其国际沙漠论坛连续成功举办七届，成为中国生态文明建设向“一带一路”延伸的重要平台

库布其国际沙漠论坛创办于 2007 年，每两年举办一届，至今已连续成功举办七届，亿利是主要承办方。库布其国际沙漠论坛永久会址位于亿利库布其生态治理区内，12 年来，向来自 40 多个国家的 2000 多名政要、专家、企业界代表、公益环保人士和媒体代表展示了中国防治荒漠化的成功实践，推广了中国生态文明思想和理念。

2019 年 7 月 26 ~ 28 日，第七届库布其国际沙漠论坛召开，主题为“绿色‘一带一路’共建生态文明”。习近平总书记高度重视，专门向论坛发来贺信。总书记在贺信中指出，“中国高度重视生态文明建设，荒漠化防治取得显著成效，库布其沙漠治理为国际社会治理环境生态，落实 2030 议程，提供了中国经验。”

联合国秘书长古特雷斯、巴基斯坦总理伊姆兰·汗分别向论坛发来了贺信。古特雷斯在贺信中赞赏中国为全球生态环境治理作出了巨大贡献，指出库布其治沙是一种非常好的模式，能够为人类解决未来的生态

问题和贫困问题提供借鉴。伊姆兰·汗在贺信中表示，习近平生态文明思想引领中国荒漠化防治和大规模减贫取得了举世瞩目的成就，在库布其沙漠尤为显著，希望亿利创新的库布其技术和经验能尽快在巴基斯坦的“百亿棵树绿色海啸计划”中得以复制，树立中巴两国兄弟般关系和积极合作的又一典范。

中共中央政治局委员、国务院副总理孙春兰出席开幕式并致辞，指出库布其治沙是中国成功治理荒漠化的缩影，实现了既增绿又增收，既治沙又治贫的良性发展，库布其的治沙经验得到了国际社会的广泛认可，正在通过“一带一路”倡议等合作方式，为更多荒漠化地区带去绿色希望。全国政协副主席万钢发表了主旨演讲：“在习近平生态文明思想指引下，‘一带一路’防治荒漠化和绿色发展，科技创新是关键，库布其治沙的科技创新实践在西藏那曲得到了成功应用，提供了可复制、可借鉴的成功案例。”时任内蒙古自治区党委书记李纪恒在讲话中指出：“内蒙古自治区遵循习近平总书记‘生态优先、绿色发展’的重要指示，库布其治沙取得了美丽与发展双赢，愿与‘一带一路’沿线分享库布其模式和经验。”

论坛与会嘉宾通过实地考察、高级别全体会议、对话论坛、学术论坛等环节，以及绿色金融、农牧民增收等分论坛，围绕“一带一路”生态文明建设和全球防治荒漠化提出了真知灼见。论坛在广泛沟通和充分磋商的基础上，通过了《第七届库布其国际沙漠论坛共识》。来自西部省区、“一带一路”沿线国家和地区以及联合国各有关机构的代表，纷纷表示希望复制、借鉴亿利库布其治沙模式，并与亿利达成了治沙生态合作项目。

库布其治沙模式具有重要的理论和实践意义

库布其沙漠治理坚持人与自然和谐共生，实现了沙区群众生存、生产、生活的根本性转变；坚持“绿水青山就是金山银山”，构建起以生

■ 依托生态修复，亿利集团在库布其沙漠中发展生态旅游产业

态为底色、一二三产业融合发展的沙漠绿色经济循环体系；坚持良好生态环境是最普惠的民生福祉，带动群众脱贫致富奔小康；坚持山水林田湖草是生命共同体，实现了立体化、系统化治沙；坚持用最严格制度最严密法治保护生态环境，保护来之不易的沙漠生态治理成果；坚持建设美丽中国全民行动，实现了多元化共同治理沙漠；坚持共谋全球生态文明建设，与世界共同分享沙漠治理的经验。亿利库布其治沙破解了"沙漠怎么绿、钱从哪里来、利从哪里得、如何可持续"的世界治沙难题。立足于人类文明变迁的历史反思和对当今世界的现实观照，基于建设美丽中国，可以说，库布其治沙模式在理论和实践等方面具有重要意义。

一是库布其治沙模式验证了绿色发展理念的当代意义。马克思主义高度重视人与自然的关系。马克思认为，"人靠自然界生活"，自然不仅给人类提供了生活资料来源，而且给人类提供了生产资料来源。自然物构成人类生存的自然条件，人类在同自然的互动中生产、生活、发展，人类善待自然，自然也会馈赠人类，但“如果说人靠科学和创造性天才征服了自然力，那么自然力也对人进行报复”。习近平总书记指出，“人与自然是生命共同体，人类必须尊重自然、顺应自然、保护自然”，“绿色发展，就其要义来讲，是要解决好人与自然和谐共生问题”。社会主义现代化是人与自然和谐共生的现代化，既要创造更多物质财富和精神财富以满足人民日益增长的美好生活需要，也要提供更多优质生态产品以满足人民日益增长的优美生态环境需要。库布其治沙模式遵循人与自然的辩证法，对如何解决好人与自然和谐共生问题进行了积极探索，并取得了显著成效。

二是库布其治沙模式走出了一条正确处理经济发展和生态环境保护关系的路子。生态环境保护的成败，归根结底取决于经济结构和经济发展方式。经济发展不应是对生态环境和资源的竭泽而渔，生态环境也不应是舍弃经济发展的缘木求鱼，而是要坚持在发展中保护、在保护中发展，实现经济社会发展与人口、资源、环境相协调，不断提高资源利用水平，加快构建绿色生产体系。环境治理是一个系统工程，要把生态文明建设融入经济建设、政治建设、文化建设、社会建设各方面和全过程。库布其治沙模式为在实践上正确处理经济发展和生态环境保护的关系提供了一条可借鉴的新路。它用实践告诉人们，保护生态环境实质上就是保护生产力，改善生态环境实质上就是发展生产力，保护和改善生态环境必将推动经济发展。

三是库布其治沙模式有利于助推美丽中国建设。走向生态文明新时代，建设美丽中国，是实现中华民族伟大复兴中国梦的重要内容。建设生态文明，关系人民福祉，关乎民族未来。当前在美丽中国建设中存在的突出问题，大都与认知不到位、缺乏技术创新、体制不完善、机制不健全、法治不完备等有关。建设美丽中国，必须坚持绿色发展，必须由被动走向主动，必须发挥技术创新的基础作用，必须发挥好政府和市场

“两只手”的作用，必须满足人民日益增长的优美生态环境需要，必须推进制度创新、体制机制创新。库布其治沙模式在上述方面都作出了积极探索和重要贡献。

四是库布其治沙模式有利于破解治理生态环境的难题。中国是世界上最大的发展中国家，经济发展需要相应的环境容量和能源消耗，但又不能走传统老路。一方面，中国一定要走出一条绿色发展之路；另一方面，中国应当为全球生态安全作出贡献，积极引导应对气候变化国际合作，成为全球生态文明建设的重要参与者、贡献者、引领者，彰显负责任大国形象，推动构建人类命运共同体。

据美国航空航天局 2019 年 2 月公布的卫星监测数据，地球的绿色面积相比 17 年前有明显增长，中国贡献了 25%，库布其沙漠治理绿化面积的贡献占 1‰。从全球生态安全、治理成效和经验模式的角度来考量，库布其沙漠治理的贡献主要在于：

■ 亿利集团在库布其沙漠建设 710 兆瓦生态光伏电站，创新“治沙 + 发电 + 种植 + 养殖 + 扶贫”模式，带动当地百姓脱贫

一是破解治理生态环境信心不足的难题。沙漠治理信心不足，首要是由于认知不到位、技术创新缺失，见不到沙漠治理成效。库布其治沙模式通过认知革命和技术自主创新，打破了“沙漠不可治理”的坚冰，为维护生态安全、推动生态文明建设作出了重要贡献。

二是破解治理生态环境动力不足的难题。生态环境保护动力不足，主要源于处理不好经济发展和环境保护之间的关系。库布其治沙模式找到了正确处理经济发展和环境保护之间关系的好路子，赢得了各方的支持。其最突出的特征，就是充分发挥了政府、企业和社会三个主体的作用，形成了绿色发展的合力。这种“共治共享”的合力机制，对于破解中国乃至世界的环境保护和绿色发展难题，具有重要的启示意义。

三是破解治理生态环境能力不足的难题。治理生态环境能力不足，与认知不足、技术创新不够、社会支持不力有关。库布其治沙模式实现了认知革命、技术自主创新和共治共享，具备了较强的生态环境治理能力，因而较好地解决了这一难题。

生态安全是总体国家安全观的重要内容。绿色发展是全球产业发展的必然趋势，绿色经济既是全球化时代新的经济增长点，也是国际竞争的新焦点。要以习近平生态文明思想为指导，把库布其治沙模式发扬光大，让良好生态环境成为人民生活质量的增长点、成为经济社会持续健康发展的支撑点，并借此讲好中国绿色发展、建设生态文明的故事，传播中国环保“好声音”。

在习近平生态文明思想的指导下，新时代生态文明建设的中国实践，不仅将不断满足人民日益增长的优美生态环境需要，而且将以美丽中国的生动画卷，为中华民族永续发展奠定基础，还将以生态文明建设的中国经验，为推进人类可持续发展作出贡献。

社会评价

中国历来高度重视荒漠化防治工作，取得了显著成就，为推进美丽中国建设作出了积极贡献，为国际社会治理生态环境提供了中国经验。库布其就是其中的成功实践。

——2017 年 7 月 29 日，习近平主席向第六届库布其国际沙漠论坛的贺信（《人民日报》，2017 年 7 月 30 日）

库布其沙漠生态经济的发展模式和实践经验，为世界上其他荒漠化地区和国家提供了宝贵经验，应该通过“一带一路”倡议的逐步实施，广泛推广到非洲、中东、拉美等饱受沙尘肆虐的国家和地区，造福当地人民。

——联合国副秘书长兼联合国环境署执行主任埃里克·索尔海姆在“一带一路”沙漠绿色经济创新中心揭牌仪式上的讲话。（人民网，2017 年 6 月 24 日）

2019年夏，深入库布其沙漠腹地探访，印象中黄沙漫漫的大漠图景始终未曾遇到，反倒是随处可见郁郁葱葱的花棒、沙柳、柠条，让人忘却了自己置身于沙漠之中。7月下旬，几场大雨过后，沙漠腹地蓄出大大小小的水洼，水中耸立的株株灌木看似水草一般，不时还有飞鸟掠过。本以为这儿到处是沙漠，没成想却像到了湿地。

库布其当地的农牧民，是库布其治沙事业最广泛的参与者、最坚定的支持者和最大的受益者。亿利集团通过租地到户、包种到户、用工到户的模式，带动沙区广大农牧民治沙致富。许多农牧民拥有了沙地业主、产业股东、旅游小老板、民工联队长、产业工人、生态工人、新式农牧民等新身份，生活质量如芝麻开花节节高。

高毛虎，独贵塔拉镇杭锦淖尔扶贫新村村民。以前因为穷，得了个外号“高要饭”。2004年，亿利集团鼓励有能力的农民工牵头组建治沙民工联队，承包生态种植工程，高毛虎积极响应。依托亿利集团微创气流植树法等先进技术和模式，他承包的生态工程从几十亩、几百亩，逐步发展到上千亩。到2019年，高毛虎和他的民工联队在库布其沙漠累计承包种植工程10万亩，他也成为远近闻名的“百万元户”。高毛虎说：“这几年，树多了，沙尘暴少了。没有治沙，就没有现在的好光景。”

库布其沙漠的治理，创造了“党委政府政策性推动、企业规模化产业化治沙、社会和农牧民市场化参与、技术和机制持续化创新、发展成果全社会共享”的库布其模式，走出了一条“治沙、生态、产业、扶贫”四轮平衡驱动的可持续发展之路。

——亿利集团

（图文、视频：亿利集团）

绿色脊梁上的坚守

——新时代中国林草楷模先进事迹

统筹组

组　长　黄采艺　刘东黎

副组长　杨　波　徐小英

成　员　章升东　林　琼　刘庆红　杨　轩　刘继广　于界芬
孙　阁　景慎好　敖　东　王红凌　贺鹏飞　宋宝华
张旭光　曹　钢　柴明清　张庆志　李　洁　刘世农
杨　劼　刘　峰　赵　侠　冯　梅　王占金　陈昱川
宋晓英

撰稿组

撰　稿（按姓氏笔画排序）

马爱彬　王　冠　刘成艳　米何妙子　阮友剑
孙　阁　孙　鹏　李　英　李咏梅　吴　浩
宋晓英　张彤宇　张尚梅　张　雷　陈永生
陈　杞　武　丽　敖　东　柴明清　郭利平
郭雪岗　蒋　巍　景慎好　薛裕光

统　稿　董　峻　陈永生

编辑组　于界芬　李　敏　周文琦　何　鹏　刘香瑞
于晓文　王　越　张　璠

美术编辑　曹　来　曹　慧　赵　芳

技术支持　李思尧　朱　旭